Путівник по чорному туризму: Чорнобиль

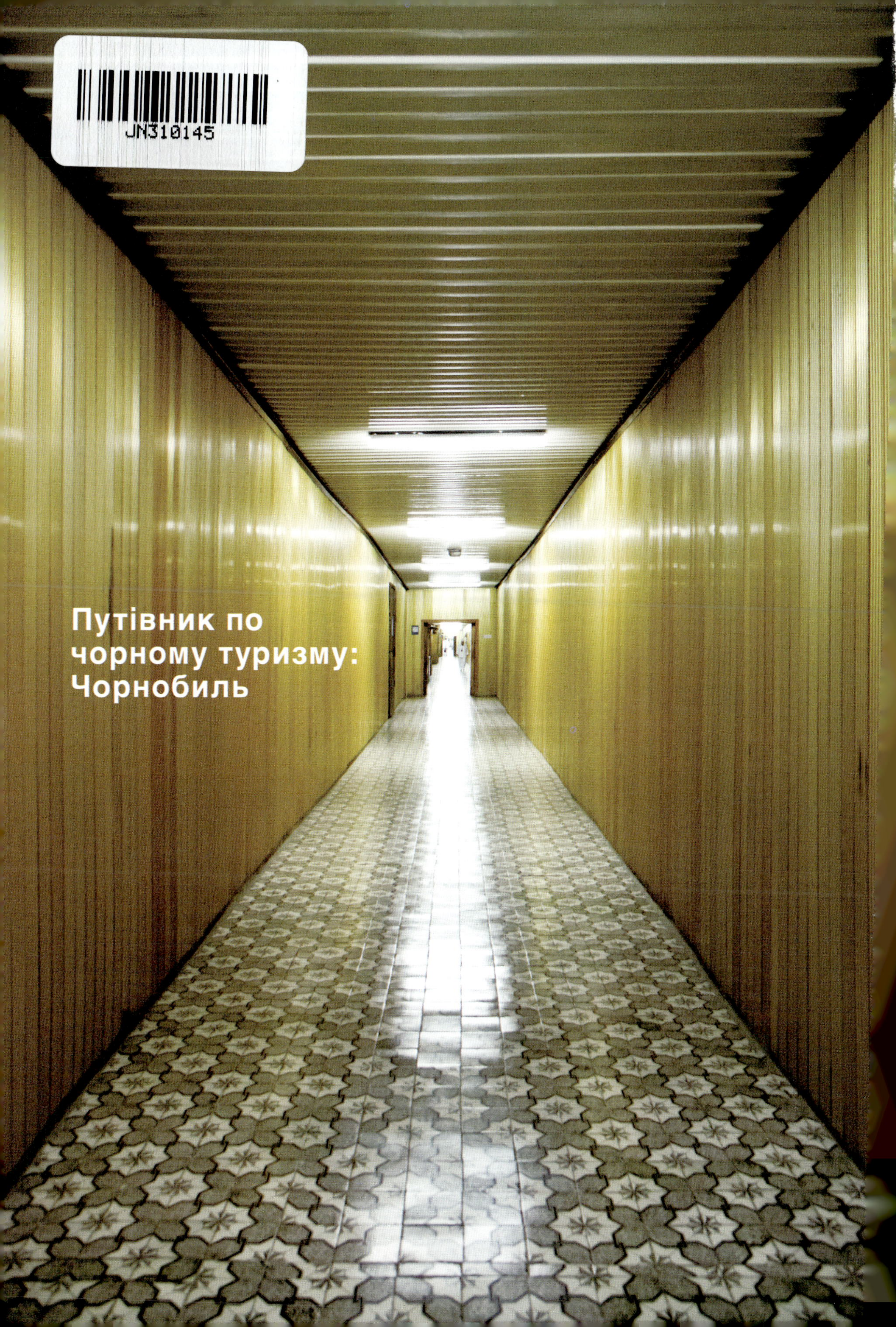

Чернобыльская атомная электростанция имени В. И. Ленина

1986.4.26 01:23　51° 23' 22" N, 30° 5' 56" E

［事故機］

1機

［大気圏への放出放射能］

520万TBq

［核燃料棒］

1661本

［深刻な放射能汚染地域］

福島　チェルノブイリ

1万**3000**km²

(555kBq/m²以上、約年間10mSv以上に相当)

［避難者数］

11万**6000**人

(ベラルーシ、ウクライナ、ロシア3ヶ国合計)

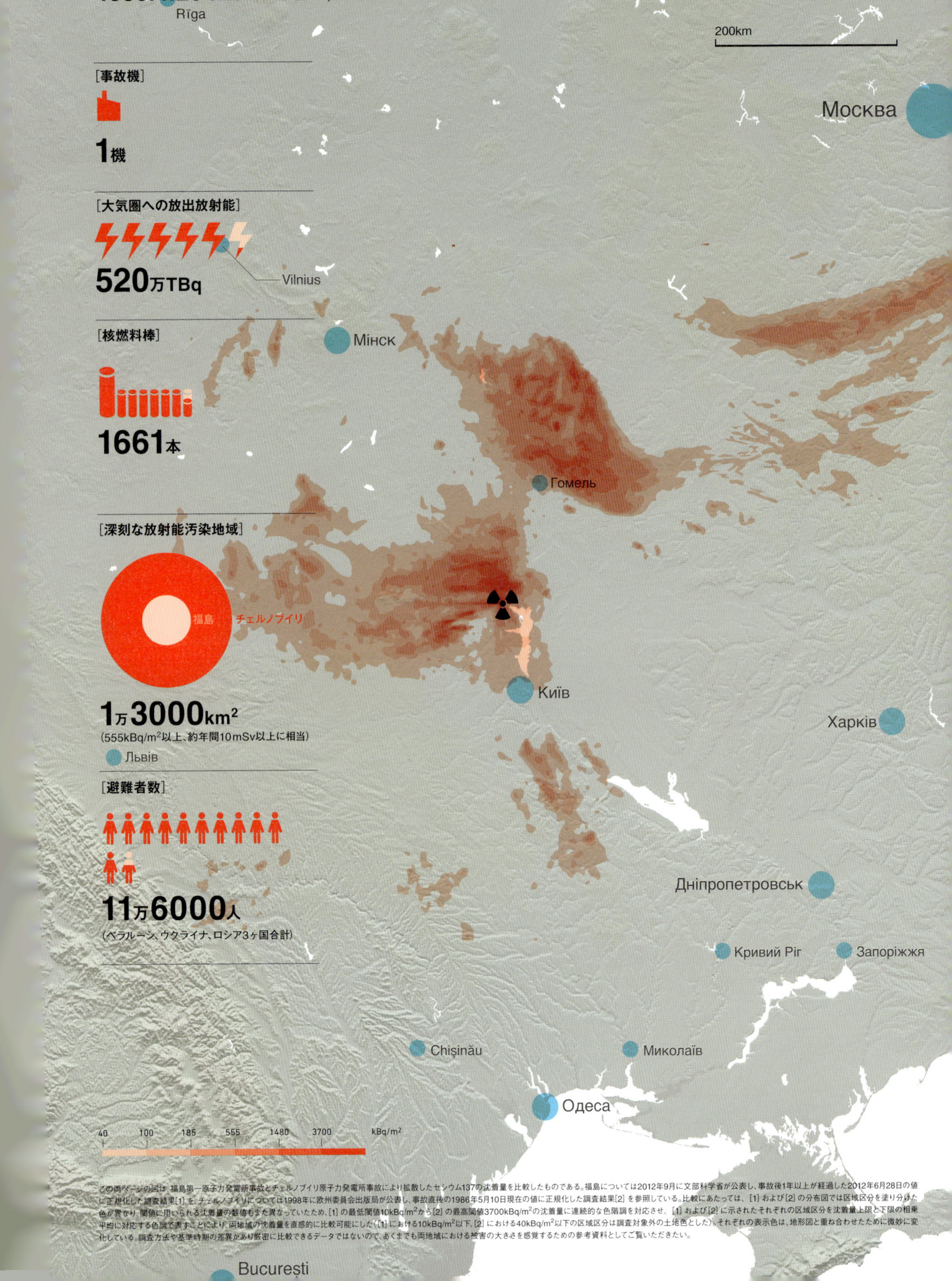

この両ページの図は、福島第一原子力発電所事故とチェルノブイリ原子力発電所事故により拡散したセシウム137の沈着量を比較したものである。福島については2012年9月に文部科学省が公表し、事故後1年以上が経過した2012年6月28日の値に正規化した調査結果[1]を、チェルノブイリについては1998年に欧州委員会出版局が公表し、事故直後の1986年5月10日現在の値に正規化した調査結果[2]を参照している。比較にあたっては、[1]および[2]の分布図では区域区分を塗り分けた色が異なり、閾値に用いられる沈着量の数値もまた異なっていたため、[1]の最低閾値10kBq/m²から[2]の最高閾値3700kBq/m²の沈着量に連続的な色階調を対応させ、[1]および[2]に示されたそれぞれの区域区分を沈着量上限と下限の相乗平均に対応する色調で表すことにより、両地域の沈着量を直感的に比較可能にした([1]における10kBq/m²以下、[2]における40kBq/m²以下の区域区分は調査対象外の土地色とした)。それぞれの表示色は、地形図と重ね合わせたために微妙に変化している。調査方法や基準時期の差異があり厳密に比較できるデータではないので、あくまでも両地域における被害の大きさを感覚するための参考資料としてご覧いただきたい。

東京電力福島第一原子力発電所

2011.3.11 14:46　37°25'17" N, 141°2' 1" E

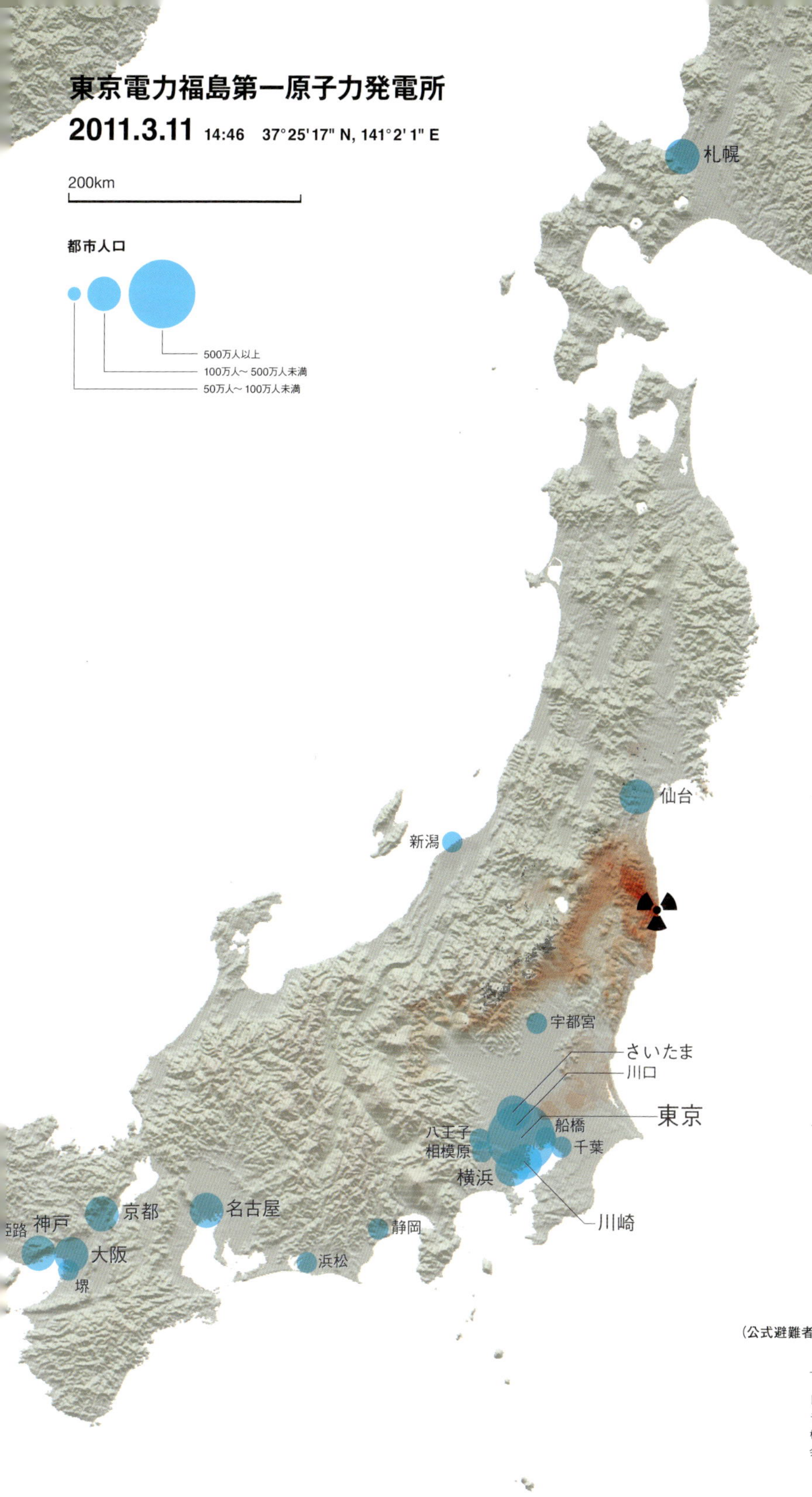

［事故機］

4機

［大気圏への放出放射能］

90万TBq

［核燃料棒］

4604本

（炉内1496本／プール内3108本）
※1号機から4号機合わせて

［深刻な放射能汚染地域］

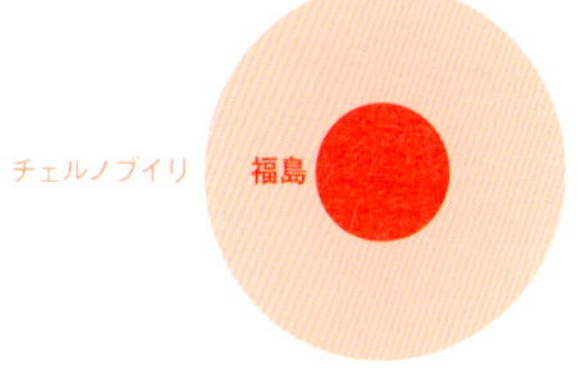

1800km²

（年間5mSv以上）福島県

［避難者数］

14万6520人

（公式避難者数、政府指定区域以外からの自主避難者を除く）

［出典］放出放射能、放射能汚染地域、避難者数は、リチャード・F・モールド『目で見る チェルノブイリの真実 新装版』小林定喜訳（西村書店、2013年）、東京電力福島原子力発電所事故調査委員会『国会事故調 報告書』（徳間書店、2012年）による。

放射線量

10　30　60　100　300　600　1000　3000　kBq/m²

積雪のためデータ取得不可

［1］報道資料「①第5次航空機モニタリングの測定結果、及び②福島第一原子力発電所から80km圏外の航空機モニタリングの測定結果について」、文部科学省、2012年。http://radioactivity.nsr.go.jp/ja/contents/7000/6289/24/203_0928.pdf
［2］De Cort et al., *Atlas of Caesium Deposition on Europe after the Chernobyl Accident*, Office for Official Publications of the European Communities, 1998.
作図：加藤賢策（LABORATORIES）　地図提供：ジオカタログ株式会社 © 2013 GeoCatalog Inc.

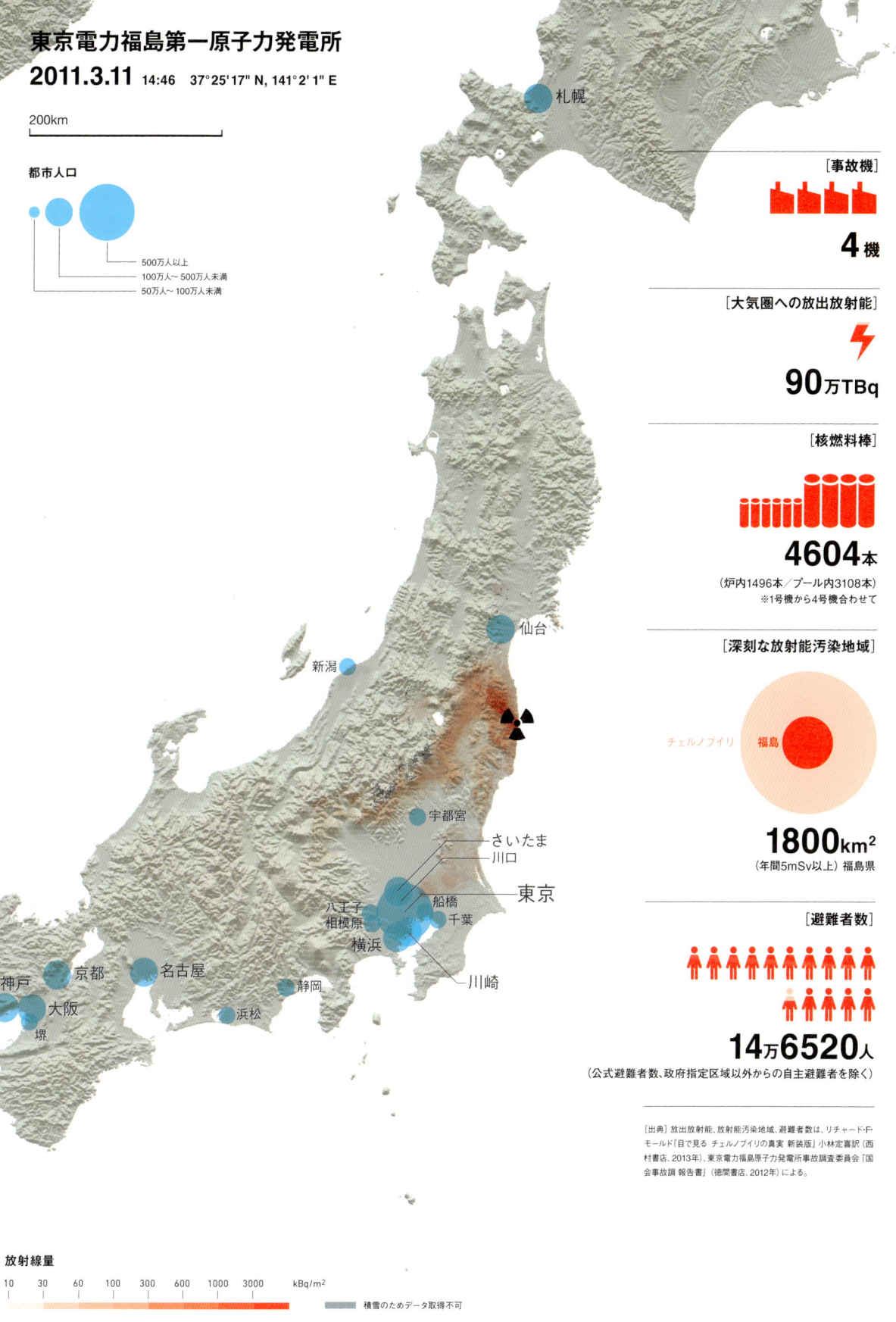

旅のはじめに

На початку подорожі

東浩紀《あずま・ひろき》
編集長
写真＝新津保建秀

『チェルノブイリ・ダークツーリズム・ガイド』をお届けします。

一九八六年四月二六日、ウクライナ（旧ソ連）北部の湿地帯、チェルノブイリで世界を震撼させる原発事故が起こりました。発電所の四号炉が、人為的なミスにより炉心溶融を起こし爆発、膨大な量の放射性物質がウクライナ、ベラルーシ、ロシアの三ヶ国にばらまかれたのです。数十万の人々が避難を余儀なくされ、広大な土地が汚染され無人の地になりました。本書は、そんな悲劇から二七年を経たいま、事故の跡地はどうなっているのか、事故の記憶はどのように受け継がれているのか、そしてウクライナの人々は事故からどのような教訓を得ているのか、現地取材のうえで構成したレポートです。

チェルノブイリの事故は、発生当時、二度と繰り返してはならないものだと言われていました。しかし、日本ではその二五年後、国際原子力事象評価尺度で同じレベル7に分類される、福島第一原子力発電所事故が起きてしまいます。チェルノブイリの事故と福島の事故は、さまざまな条件が異なり単純に同一視はできません。けれども、多くの人々が生活の場を奪われ、広大な土地が汚染されたことは共通しています。福島の、そして東日本の未来を考えるうえで、原発事故の「先輩」であるウクライナの人々の経験は、多くの気づきを与えてくれることでしょう。

とはいえ、チェルノブイリを扱った書物は日本でもすでに数多く出版されています。広島と長崎の被爆体験をもち、原発依存率も低くない日本では、もともと事故への関心は高いものでした。とくに福島第一原発事故以後の二年間では、多くの日本人がチェルノブイリを訪れ、新聞やネットに報告をあげています。それでは、いまあらためてチェルノブイリをめぐる書物を出版することの意味はなんでしょうか。

本書の特徴は、チェルノブイリの状況を、おもに「観光」に注目し、報告している点にあります。

チェルノブイリの事故は深刻なものでした。その傷はいまだ癒えていません。そもそも、事故を起こした四号炉の廃炉作業は終わっていない、どころか始まってすらいないのです。四号炉はいま「石棺」と呼ばれるコンクリートの建造物に覆われていますが、これは応急措置にすぎず、膨大な量の放射性物質がいまだ棺内に留まっています。廃炉が終わり、チェルノブイリの地が事故前に近い環境に戻るときがいつになるのか、めどは立っていません。後遺症で苦しむ人々も数多くいます。

それでも、チェルノブイリの、そしてウクライナの生活は続いています。ウクライナの首都、キエフは事故現場からわずか一〇〇キロしか離れていませんが、三〇〇万人近い人口を抱え、いまも活気を失っていません。立入禁止区域内の村はたしかに廃墟になっていますが、発電所の一部の機能は残っており、廃炉作業もあるため、仕事の場としてのチェルノブイリは生き続けています。市内には役所や研究所があり、食堂があり売店があり、バスターミナルには多くの労働者が列をなしています。そしてなによりも驚くのは、原発とその周辺地域が、外国人を含めた観光客を積極的に受け入れ始めていることです。いまでは立入禁止区域内には、除染が進み、自然減衰によって空間放射線量が下がった場所が広大に拡がっています。そのため、キエフに行き、指定のツアー会社に申し込みさえすれば、だれでも簡単に、打ち棄てられた街を訪れ、事故を起こした四号炉のすぐ近くで記念写真を撮ることができるのです。

原発事故と観光⁉と、読者のみなさんは驚きを感じるかもしれません。ひとによっては嫌悪感すら感じるかもしれない。「観光」という言葉には軽薄な印象がつきまといます。原発事故から日の浅い日本では、その反応はやむをえません。

とはいえ、チェルノブイリの被災者の傷も、福島と同じく浅いものではなかったはずです。その彼らが、どのような経緯で、またなにを目的として、観光客の受け入れを決めたのか。そして、無責任な観光客が向ける「好奇」の視線に対して、どのような感情を抱いているのか。ウクライナと日本では、風土も異なれば政治制度も異なり、同じ政策は無理かもしれません。けれども、たとえ福島でその選択がされなかったとしても、チェルノブイリの実態の報告は、一〇年後、二〇年後の福島第一原発周辺地域の復興を構想するうえで、また事故の記憶の次世代への継承を考えるうえで、日本の読者にも大きなヒントを与えてくれるはずです。本書の取材は、そのような考えのもと企画されました。

チェルノブイリの観光地化に福島の未来を見る——本

書は、そのような関心から構成された、あまり類例のない「チェルノブイリ本」になっていると思います。

福島の、そして日本の未来に関心のある、すべてのひとに手に取ってもらえれば幸いです。

本書は二部構成になっています。

第一部は「観光」編です。ここでは、取材陣が実際に体験した一泊二日の立入禁止区域内ツアーの内容を、キエフにあるチェルノブイリ博物館の展示とともに紹介しています。

本書の出版と矛盾するように聞こえるかもしれませんが、言葉にはどうしても限界があります。取材を終えたわたしたちは、できれば読者のみなさんにも、ぜひ現地に赴き、原発事故の深刻さと——陳腐な言い方になってしまいますが——そのような事故を引き起こした人類の傲慢さ、そして愚かさを体感していただきたいと感じました。そのため本書では、報告をまとめるだけでなく、誌面を旅行ガイド風に構成し、立入禁止区域の訪問でなにを見るべきか、最低限の情報を掲載しています。低線量被曝が心配な方のために、取材過程で計測した放射線量も掲載しました（専門家同行のうえでの計測値ではないことにご注意ください）。

ただし、今回わたしたちが取材用に手配したのは、被災者中心のＮＰＯが主催する特別なツアーで、一般的なツアーとは内容が異なっています。また、会社によってもさまざまなプログラムがあるようです。もしみなさんがチェルノブイリを訪れたとしても、紹介された訪問先に必ずしも行けるとは限りません。詳細については、旅行会社にお問い合わせください。

第二部は「取材」編です。ここでは、立入禁止区域庁副長官、チェルノブイリ博物館副館長、元事故処理作業員の作家、ＮＰＯ代表、旅行会社代表など、官民双方のさまざまな立場の方々に、観光地化するチェルノブイリの現状と未来についてじっくりと話を伺っています。インタビュアーを務めたジャーナリストと社会学者による、詳細な考察も掲載しています。彼らはともに、この二年間、それぞれの現場で福島第一原発事故についても取材を重ねてきた書き手です。

取材を終え、わたしたちの心にもっとも強く残っているのは、話を伺ったウクライナ人たちが、政府側市民側、原発推進あるいは原発反対、それぞれ異なった政治的な立場を取りながらも、みな口を揃えてチェルノブイリの記憶の風化を語り、観光客だろうが物見遊山だろうが映画の舞台だろうがなんだろうが、人々がチェルノブイリに関心をもってくれるのであればそれはいいことだと答えていたことです。その割り切りは、事故後二年強しか時間が経過しておらず、いまだ記憶も傷も強烈なままであり続けている日本人にはなかなかわかりにくい感覚ですが——しかし、いつか必ず直面するであろう現実のように思われました。

立入禁止区域内のパルィシフ村。自主帰還者が住むはずだが、面会はかなわなかった。

N 0.08〜0.15 μSv/h

ϟт 11.34～12.50 μSv/h

チェルノブイリ原子力発電所3号機冷却水ポンプ室。発電所内見学はここで終わる。

原発事故と観光、このいっけん矛盾するように見える二つの対照的な言葉の組み合わせにこそ、現実の複雑さが、善悪では割り切れない人間のしたたかさが、そして未来への「希望」が宿っていると、わたしたちは考えています。

最後にタイトルについて。

本書のタイトルには「ダークツーリズム」という言葉が入っています。直訳すると「暗い観光」となるこの言葉は、広島やアウシュヴィッツのような、歴史上の悲劇の地へ赴く新しい旅のスタイルを意味します。観光学の先端で注目されつつある概念であり、本書のなかで簡単に解説されています。本書は、チェルノブイリがまさにダークツーリズムの新しい訪問先になりつつある、その事態についてのガイドであると同時に、チェルノブイリという例を通してダークツーリズムという新しい概念に触れる、そんなガイドにもなっています。

また本書には「思想地図β4-1」というややこしい副題も付されています。「思想地図β」とは、弊社ゲンロンが一年に一回発行している書籍のシリーズ名で、本書はその四冊目にあたります。「4-1」となっているのは、その四号が二分冊で構成され、その一冊目であることを意味しています。本書の内容はじつは、続いて刊行される『福島第一原発観光地化計画』と題された書籍「思想地図β4-2」と深い関わりをもっており、執筆者も重なっているのです。

『チェルノブイリ・ダークツーリズム・ガイド』は、独立して読むことができるように編集されています。必ずしも続編を読む必要はありません。けれども、『福島第一原発観光地化計画』では、本書に掲載した取材内容を踏まえたうえで、未来の福島第一原発周辺地域をどのように「観光地化」すればよいのか、大胆な思考実験と提案を試みています。本書が取材編あるいは現実編だとすれば、続編は構想編もしくは未来編といったところでしょうか。

現実はいつも空想の隣にあります。本書でも補遺として、チェルノブイリに繋がり、またチェルノブイリから始まる空想について、論考と資料を掲載しました。チェルノブイリの現実は、福島をめぐる空想に連なっているのです。

ご興味があれば、続編のほうも手に取っていただけると嬉しく思います。

福島第一原子力発電所の事故は、けっして例外的なものではありません。その二五年前にはチェルノブイリがありました。そしてまた、二〇年後、三〇年後には（あってはならないことですが）、アジアかアフリカか世界のどこかで同規模の事故が生じるかもしれません。わたしたちは、福島を、そのようなグローバルな事故の連鎖のなかに位置づける必要があります。

それでは、わたしたちは原子力技術を放棄するべきでしょうか。むずかしい問いです。

ただひとつ、つぎのようなことは言えます。フランスの思想家、ポール・ヴィリリオは、技術の発明とは事故の発明だと指摘しました。わたしたちは、新しい事故の可能性に曝されることなしに、新しい技術を手に入れることはできません。自動車でも航空機でも情報技術でも生殖技術でも、そして原子力でも、その条件は変わりません。未来に向かって進むことが、新しい事故の可能性の開拓なしにはありえない——それは、わたしたちがいま享受している、科学技術文明の基本条件そのものなのです。

だとすれば、今後原子力を推進するにせよ放棄するにせよ、とりあえずは事故の記憶だけは失わないようにせねばなりません。未来は新しい事故の可能性なしにはありえない——それは裏返せば、歴史とは、事故の連鎖の記憶にほかならないということを意味しているはずだからです。

チェルノブイリの、福島の記憶を未来に受け継ぐために、「忘れてはならない」とお題目を唱える以外になにができるのか。それが本書を貫く問題意識です。わたしたちは、そのひとつの回答を探るためにチェルノブイリまで行ってきました。

それでは、旅を始めましょう。原発事故と観光の、悲劇と欲望の交差点へようこそ。

チェルノブイリの観光地化が本書の主題だ。とはいえチェルノブイリがあるのは日本ではなじみの薄いウクライナ。また、27年に及ぶ事故後の歴史は、「ゾーン」「サマショール」「石棺」といった特殊な言葉をいくつも生み出した。ツアールポに入るまえにまずは基礎情報を整理しておこう。そもそもチェルノブイリ事故はどんな事故で、そしてどのような言葉で語られているのか？　　構成＝上田洋子＋編集部

チェルノブイリ原子力発電所 事故概要

1986年4月26日、ソビエト連邦（現ウクライナ）のチェルノブイリ原子力発電所4号機で、大規模な原子力事故が発生した。放射性物質は広域に拡散し、現在のウクライナ、ベラルーシ、ロシアの3国にあたる地域で、およそ40万人の人々が立ち退きを迫られた。被害者の数は計測方法によりさまざまで、約4000人、約9000人、約1万6000人など諸説ある。

当時チェルノブイリ原発では4基の原子炉が稼働しており、5号機、6号機の建設も進められていた。事故前日、4号機では停電時の電力供給実験が予定されていたが、事故の過程で制御棒の設計ミスと操作ミスが重なり、炉内で炉心溶融が発生する。続けて2度の水蒸気爆発が起こり、炎は減速材に用いられていた黒鉛に引火。鎮火までの10日間にわたって、放射性物質が吹き上げられ続けた。事故に対応した作業員のうち28人が、急性放射線障害により間もなく息を引き取った。事故は28日にようやく公表され、またたく間に世界中で報道されることになる。

放射性物質の放出を抑えるため、4号機はコンクリートと鉄板による石棺で覆われた。「ゾーン」と呼ばれる半径30km圏内は、現在も原則立ち入りが禁止されている。一方で2011年2月、ウクライナ政府は事故現場周辺を巡る見学ツアーを解禁。1年で約1万4000人の観光客が現地を訪れている。

ゾーン観光地化への歩み

ゾーンの見学は、放射能汚染が落ち着いてきた1990年代半ば頃にはじまり、今では多くの旅行会社が観光ツアーを提供している。1995年には国営のゾーン広報機関が設立され、外国人見学の受け皿ができた。以降、ゾーン見学は、チェルノブイリのマイナスイメージを払拭するための重要な役割を担っていく。当初はジャーナリストや専門家を対象としていたが、徐々に一般人向けの観光に門戸を開き、2011年から観光地化が本格化する。現在、政府に直接立ち入り申請をしている旅行会社は約20社（うち5社が全体の訪問数の約80%を占める）。日帰りツアーの標準的な料金は一人当たり150ドル前後。18歳以上で健康であればゾーンを観光できる。

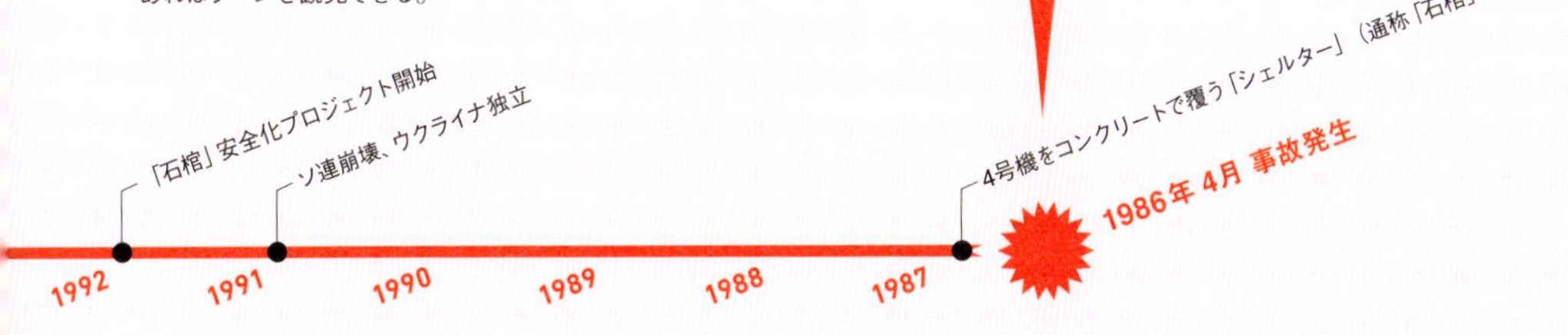

ликвидатор リクヴィダートル

事故処理作業員。ロシア語の「リクヴィダーツィヤ（閉鎖、清算、解消）」は、ラテン語の liquidus（液体の、純粋な、おとなしい）に由来し、「事業の閉鎖や解体」、また「戦後処理」等、「残された問題の解消」を意味する。チェルノブイリ事故と戦争のイメージが結びついた語でもあるだろう。事故の収束作業に携わった人は60万人とも80万人とも言われている。そこには原発作業員、消防士、警察・軍・医療関係者から、運転手、ボランティアまで、さまざまな職種の人が含まれていた。膨大な動員の裏には、限定された情報のもとで行われた救国の英雄募集キャンペーンがあり、多くのソ連の若者がボランティアに駆けつけた。

Чернобыльская АЭС チェルノブイリ原子力発電所

事故当時、稼働中のRBMK1000型の原子炉を4機配備、2機を建設中。ソ連時代の正式名称は「V.I.レーニン記念チェルノブイリ原子力発電所 Чернобыльская АЭС (атомная электростанция) имени В. И. Ленина」。「レーニン記念」の称号は名誉あるものであり、これを冠していた原発は、チェルノブイリとレニングラードのふたつだけのようだ。1991年のウクライナ独立後は、しばらく改編されず、1997年からは、前年に設立された国営企業「エネルゴアトム原子力発電会社」の管轄下に入る。2001年、国営特殊企業「チェルノブイリ原子力発電所」Державне спеціалізоване підприємство "Чорнобильська АЕС"として再編。2005年から非常事態省を経て、現在は立入禁止区域庁の管轄。

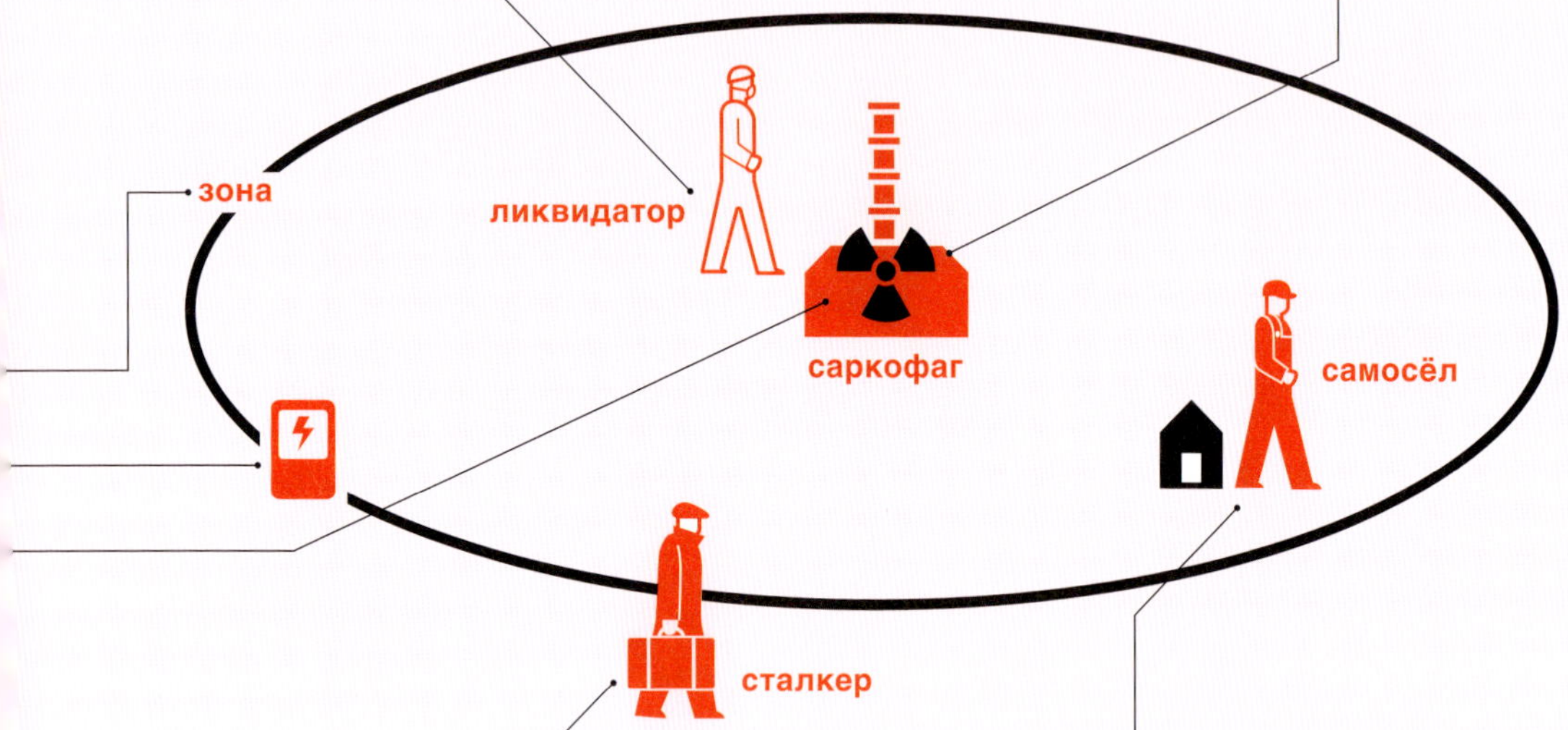

сталкер ストーカー

語源は英語 stalker で、「こっそり後をつける者」という意味。日本語で迷惑行為を指す「ストーカー」と同じ言葉である。この語のロシア語への導入はストルガツキー兄弟の『路傍のピクニック』（1972）で、英国作家キップリングの小説『ストーキイと仲間たち』（1899）に想を得ている。その後、タルコフスキーの映画（1979）の影響もあり、リスクを負いながら、人類の未知の遺産を探検する人を指すようになった。この言葉は、状況が作品に似たチェルノブイリ・ゾーンで浸透し、禁止地域への「案内人」とスリルを求める「旅人」の両方が「ストーカー」と呼ばれている。

самосёл サマショール

自主帰還者。ロシア語で「みずから住むもの」という意味。人数がもっとも多かった1987年で約1200人、2013年現在は190名ていどであるという。よその土地や高層住宅になじめない、故郷への愛着が捨てられない、経済的にやっていけないなど帰還の理由はさまざま。高齢者がほとんどを占め、政府は新たなサマショールの受け入れを一切認めていないため、自然な人口減少が起こっている。彼らは年金の他は家庭菜園や自然の恵みで自給自足生活を送っており、立入禁止区域庁、エコセンター、志のある旅行会社やNPOなどがさまざまな形で生活支援をしている。

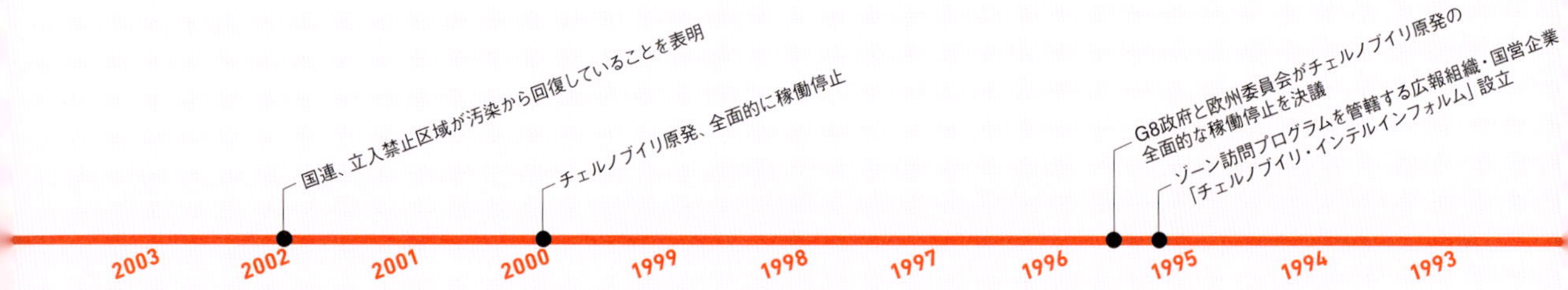

地名・人名の表記について

本書では地名・人名について、ウクライナ語あるいはロシア語のいずれかを用いている。事故当時、ウクライナはソヴィエト社会主義共和国連邦内の共和国のひとつだった。基本的にはバイリンガル政策が取られていたが、ソ連としての対外的な言語はロシア語だった。情報の混乱を避けるため、地名については、ウクライナ語での表記を前提とし、すでに日本語にロシア語経由で定着している名称があるものに関しては、慣例に従った（例 チェルノブイリ Чернобыль）。人名に関しては、すでにロシア語経由で紹介されている場合、また本人の希望があった場合にロシア語を用いている。なお、原発関係の用語や、あきらかにロシア語を経由してウクライナ語になった言葉は、ロシア語表記を用いている。

ウクライナ語	ロシア語
Марія マリヤ	Мария マリヤ
Київ クィイウ	Киев キエフ

取材対象について

チェルノブイリ原子力発電所はウクライナにある。しかし原発事故による放射能汚染は、ウクライナ、ロシア、ベラルーシの3ヶ国にまたがっている。年間10mSv相当の深刻な汚染地域は3ヶ国合計で13000km²以上に及び、3ヶ国それぞれにいまもひとが住むことのできない強制避難区域が設けられている。したがって原発事故の全体像を捉えるためには、本来は3国にまたがった取材を行わなければならない。一方本書は事故跡地の観光地化を主題としているため、取材対象を原発そのものを管轄下に置くウクライナ政府の対応と同国内の立入禁止区域に絞った。現在ではベラルーシの首都、ミンスク発のチェルノブイリツアーも存在している。

зона ゾーン

正式名称はチェルノブイリ立入禁止区域 зона відчуження / зона отчуждения（ウクライナ語／ロシア語）。一般に「ゾーン」の略称で呼ばれるが、これは小説・映画『ストーカー』に登場する立入禁止区域と同名である。もとはチェルノブイリ原発の周囲30km圏の強制移住区域を指した。1990年代にポリーシャ（ポレシエ）地方の村々など、30km圏外の一部の居住区が強制移住になり、1997年に立入禁止区域が追加された。一般人が立ち入るには管轄省庁の許可を受ける必要がある。なお、「立入禁止」と訳される語には「強制収用」「疎外」の意味があり、住民の立ち退きと政府による管理が意味されている。

放射能測定について

今回の取材で放射能測定に用いた機材は以下のとおり。

M Safecast bGeigie mini　内蔵のガイガーカウンターとGPSユニットが連動し、空間線量を位置情報と同時に記録する。防水ケースに収められており、主に自動車に搭載して使用。ツアーバスに取り付け、屋外の空間線量を測定した。

N Safecast bGeigie nano　bGeigie mini をさらに小型化したもの。車載用としても使えるが、今回は持ち歩き、バスを降りて徒歩で行動した場所についても線量を記録した。

X Safecast X Kickstarter　Safecast が Kickstarter で集めた資金で開発した、タッチパネル式の線量計。

T TERRA MKS-05 with Bluetooth Channel　ウクライナの Sparing-Vist Center社製の線量計。γ線、β線の空間線量と累積線量が計測可能。2日間のツアーの被曝積算線量の計測に使用した。

саркофаг 石棺

正式名称は、チェルノブイリ原子力発電所第4号機シェルター。事故で爆発した4号機からの放射性物質の拡散を封じるコンクリート建造物のこと。「石棺」という、古代の棺になぞらえたいささか皮肉な呼称を、ジャーナリストも専門家も事故の年から用いているが、公には「シェルター（覆うもの）Укриття」施設と呼ばれる。石棺の建設には約9万人が携わり、1986年6月の着工から206日で完成した。想定耐用年限は30年ていどと、応急措置的なものとして設計されている。2012年から、旧石棺を覆う巨大なアーチ状建造物「新安全密閉施設 Новий безпечний конфайнмент」の建設開始、2015年完成予定。新石棺の想定耐用年は100年で、このなかで廃炉処理が行われることになっている。

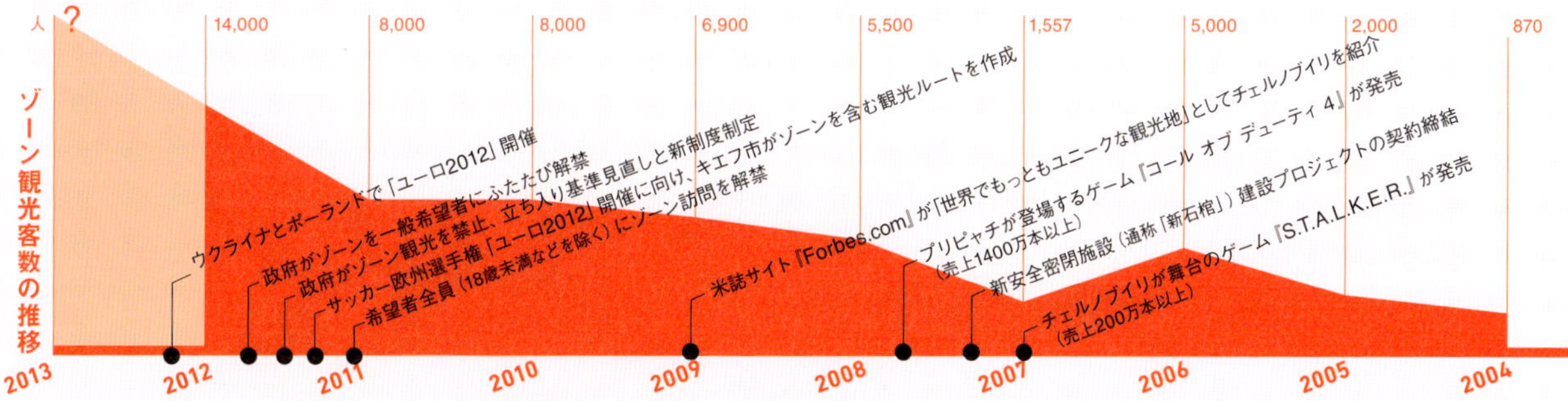

観光客数：2007年は上半期のみ、2011年は訪問禁止期間（6月23日から12月1日）を含む数字。2004年から2010年までは露版Wikipedia「チェルノブイリゾーンの観光 Туризм в зоне отчуждения Чернобыльской АЭС」による。2011年および2012年は立入禁止区域庁による。

ϟT 3.09 μSv/h

建築中の「新石棺」。廃炉再開のため世界最大のアーチ型建築が作られる。

ϟT 0.28 ～0.63 μSv/h

チェルノブイリ原子力発電所2号機制御室。事故を起こした4号機制御室とまったく同じデザインだ。

カバー写真：新津保建秀　　表紙写真提供：PRIPYAT.com

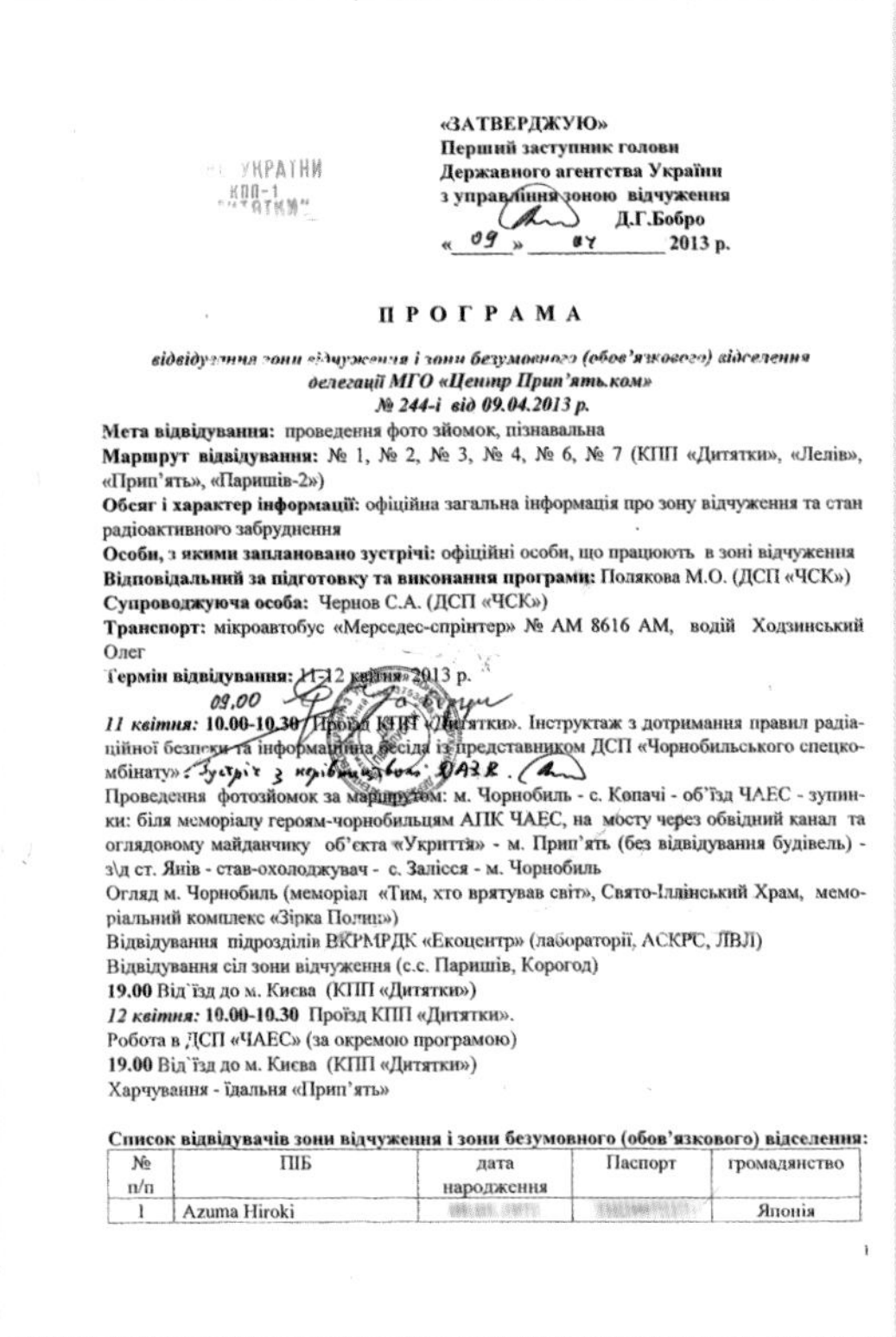

«ЗАТВЕРДЖУЮ»
Перший заступник голови
Державного агентства України
з управління зоною відчуження
Д.Г.Бобро
«09» 04 2013 р.

П Р О Г Р А М А

відвідування зони відчуження і зони безумовного (обов'язкового) відселення делегації МГО «Центр Прип'ять.ком» № 244-і від 09.04.2013 р.

Мета відвідування: проведення фото зйомок, пізнавальна
Маршрут відвідування: № 1, № 2, № 3, № 4, № 6, № 7 (КПП «Дитятки», «Лелів», «Прип'ять», «Паришів-2»)
Обсяг і характер інформації: офіційна загальна інформація про зону відчуження та стан радіоактивного забруднення
Особи, з якими заплановано зустрічі: офіційні особи, що працюють в зоні відчуження
Відповідальний за підготовку та виконання програми: Полякова М.О. (ДСП «ЧСК»)
Супроводжуюча особа: Чернов С.А. (ДСП «ЧСК»)
Транспорт: мікроавтобус «Мерседес-спрінтер» № АМ 8616 АМ, водій Ходзинський Олег
Термін відвідування: 11-12 квітня 2013 р.
09.00
11 квітня: **10.00-10.30** Проїзд КПП «Дитятки». Інструктаж з дотримання правил радіаційної безпеки та інформаційна бесіда із представником ДСП «Чорнобильського спецкомбінату». Зустріч з керівництвом ДАЗВ.
Проведення фотозйомок за маршрутом: м. Чорнобиль - с. Копачі - об'їзд ЧАЕС - зупинки: біля меморіалу героям-чорнобильцям АПК ЧАЕС, на мосту через обвідний канал та оглядовому майданчику об'єкта «Укриття» - м. Прип'ять (без відвідування будівель) - з\д ст. Янів - став-охолоджувач - с. Залісся - м. Чорнобиль
Огляд м. Чорнобиль (меморіал «Тим, хто врятував світ», Свято-Іллінський Храм, меморіальний комплекс «Зірка Полин»)
Відвідування підрозділів ВКРМРДК «Екоцентр» (лабораторії, АСКРС, ЛВЛ)
Відвідування сіл зони відчуження (с.с. Паришів, Корогод)
19.00 Від'їзд до м. Києва (КПП «Дитятки»)
12 квітня: **10.00-10.30** Проїзд КПП «Дитятки».
Робота в ДСП «ЧАЕС» (за окремою програмою)
19.00 Від'їзд до м. Києва (КПП «Дитятки»)
Харчування - їдальня «Прип'ять»

Список відвідувачів зони відчуження і зони безумовного (обов'язкового) відселення:

№ п/п	ПІБ	дата народження	Паспорт	громадянство
1	Azuma Hiroki	[illegible]	[illegible]	Японія

1

№ п/п	ПІБ	дата народження	Паспорт	громадянство
2	Tsuda Daisuke	[illegible]	[illegible]	Японія
3	Kainuma Hiroshi	[illegible]	[illegible]	Японія
4	Shintsubo Kenshu	[illegible]	[illegible]	Японія
5	Ueda Yoko	[illegible]	[illegible]	Японія
6	Sukeda Tetsuomi	[illegible]	[illegible]	Японія
7	Kojima Yuichi	[illegible]	[illegible]	Японія
8	Tokuhisa Noriyasu	[illegible]	[illegible]	Японія
9	Toda Seiji	[illegible]	[illegible]	Японія
10	Sekine Kazuhiro	[illegible]	[illegible]	Японія
11	Сирота Олександр	[illegible]	[illegible]	Україна

Загальна кількість відвідувачів: 11 осіб

Фото- і відеозйомка за маршрутом прямування в межах дії Закону України «Про користання ядерної енергії та радіаційну безпеку» та Інструкції «Про порядок охорони державної таємниці, а також іншої інформації...».

Заст. директора
Центру ОТЗ ДСП «ЧСК» **В.П. Махно**

«ПОГОДЖЕНО»
Завідувач сектора з питань режиму
С.В.Бірук
«9» 04 ***2013 р.***

Начальник режимно-секретного відділу ДСП «ЧСК»
С.В.Манжос
«__» ______ ***2013 р.***

Підстава: Запити № 922 від 01.04.2013 р.

2

今回の取材にあたり、ウクライナ政府が発行したゾーン内見学許可書。ツアーガイドは各チェックポイントや施設でこの書類を担当者に示し、見学許可を得る。右上には立入禁止区域庁副長官ボブロ氏のサイン。ПРОГРАМА（プログラム）と書かれた下には、ウクライナ語でツアールートが詳細に指定されている。スケジュール調整ミスのため、実際には行けなかった場所も多い。表から裏にかけて記されているのは、ガイドを含めたゾーン入場者全員の誕生日、パスポート番号、国籍。ガイドのシロタ氏は、「この書類だけで5つもサインが必要なんだ。これがウクライナなんだよ！」と苦笑していた。

01

観光する

Подорожувати

ウクライナ
Україна

キエフ州
Київська область

キエフの街並み。地下道も発達しており、売店や両替店が軒を連ねている。移動は車かメトロが便利だ。

聖ミハイル黄金ドーム修道院。ソ連時代に一度破壊され、1998年に復元が完了した。向かいにはソフィア大聖堂がある。

面　積	60万3700km^2。世界45位。
人　口	4543万人(2012年の推計)。世界27位。
首　都	キエフ(人口281万人)。
公用語	ソ連末期よりウクライナ語が唯一の公用語。ただしソ連時代の名残りもあり、東部およびクリミア自治共和国内ではロシア語話者が多数派。
ビ　ザ	90日以内の滞在では不要。
通　貨	フリヴニャ(UAH)。1フリヴニャ=12.5円(2013年5月24日現在)。
国　旗	もともと「独立ウクライナの旗」と呼ばれていた独立のシンボルの旗が国旗として採用された。上半分の水色は空を、下半分の黄色は小麦を象徴しているとする見方が一般的。
時　差	日本との時差は7時間。3月の最終日曜日から10月の最終日曜日にかけてはサマータイムが採用されるため、時差は6時間となる。
宗　教	キリスト教が主で、ウクライナ正教会(キエフ総主教庁系、モスクワ総主教庁系)が約70%を占める。次いでウクライナ東方カトリック教会(14%)、ウクライナ独立正教会(2.8%)など。イスラム教、ユダヤ教の信徒も。

首都キエフについて
1500年以上の歴史を持ち、9世紀後半から1240年にかけてキエフ大公国の首都として栄えた古都。伝承ではキィ三兄弟によって開かれたため、「キィの町」という意味で名付けられた。古くからの宗教建築が数多く残り、11世紀に建造されたソフィア大聖堂とキエフ・ペチェールスカ大修道院はともに世界遺産に登録されている。

通信環境
携帯電話はNTTドコモ、au、ソフトバンクともに国際ローミングサービスが利用できる。ただしパケット定額制サービスが利用できるのはauのみ。それ以外のキャリアのユーザーは、日本でモバイルWi-Fi端末をレンタルするか、現地でSIMカードを入手するのが望ましい。端末も現地で購入可能。ゾーン内でも電波は入る。

日本からのアクセス
日本とウクライナの直線距離はおよそ9000km。直行便はなく、モスクワを経由した場合のフライト時間はおよそ12時間(トランジットを除く)。経由地はモスクワをはじめパリ、フランクフルト、ドバイなど様々。

MAP A ウクライナ全図

キエフ市からチェルノブイリ原発までは約100km。キエフを出発したツアーは徐々に深くなる白樺の森のなかを走り抜ける。チェルノブイリ市およびプリピャチ市はキエフ州イヴァンキフ地区に属する。キエフ州はウクライナ北部の州で、ドニプロ（ドニエプル）河にソ連時代に作られた人工湖、キエフ貯水池沿いに拡がっている。同貯水池は幅20km、長さ110kmにおよぶ巨大なもので、面積は琵琶湖の1.5倍近い。チェルノブイリ立入禁止区域は針葉樹の森が拡がる自然豊かな地域。同地域は、南ベラルーシと北ウクライナを中心とし、ロシアとポーランドにもまたがる「ポリーシャ」と呼ばれる広大な湖沼森林地域の一部をなしている。

キリル文字表記について

本書では人名・地名を、現地表記のままキリル文字で記している。キリル文字はラテン文字と似ているが異なる音素を表す字母を含む。またロシア語とウクライナ語では同じ文字が異なる音を表すこともある。たとえば「и」はロシア語では母音「イ」を表すが、ウクライナ語では「ウィ」を表す。日本の読者には馴染みが薄い文字だが、にもかかわらず本書でキリル文字表記を採用したのは、そのほうがネットでの検索可能性が高いからである。「Chernobyl」では決して到達できないサイトに「Чорнобиль / Чернобыль」（ウクライナ語／ロシア語）だと到達でき、自動翻訳を使えばあるてい ど読むことができる。キリル文字の入力もいまではOSに依らず簡単だ。本書で関心を抱いた読者はぜひキリル文字の世界に足を踏み出してほしい。

ラテン文字と異なるおもなキリル文字（ロシア語）

Б→B　Г→G　Д→D　Ж→ZH　И→I
Л→L　Н→N　П→P　Ф→F　Х→KH
Ц→TS　Ч→CH　Ш→SH　Ю→YU　Я→YA

MAP C ゾーン拡大図

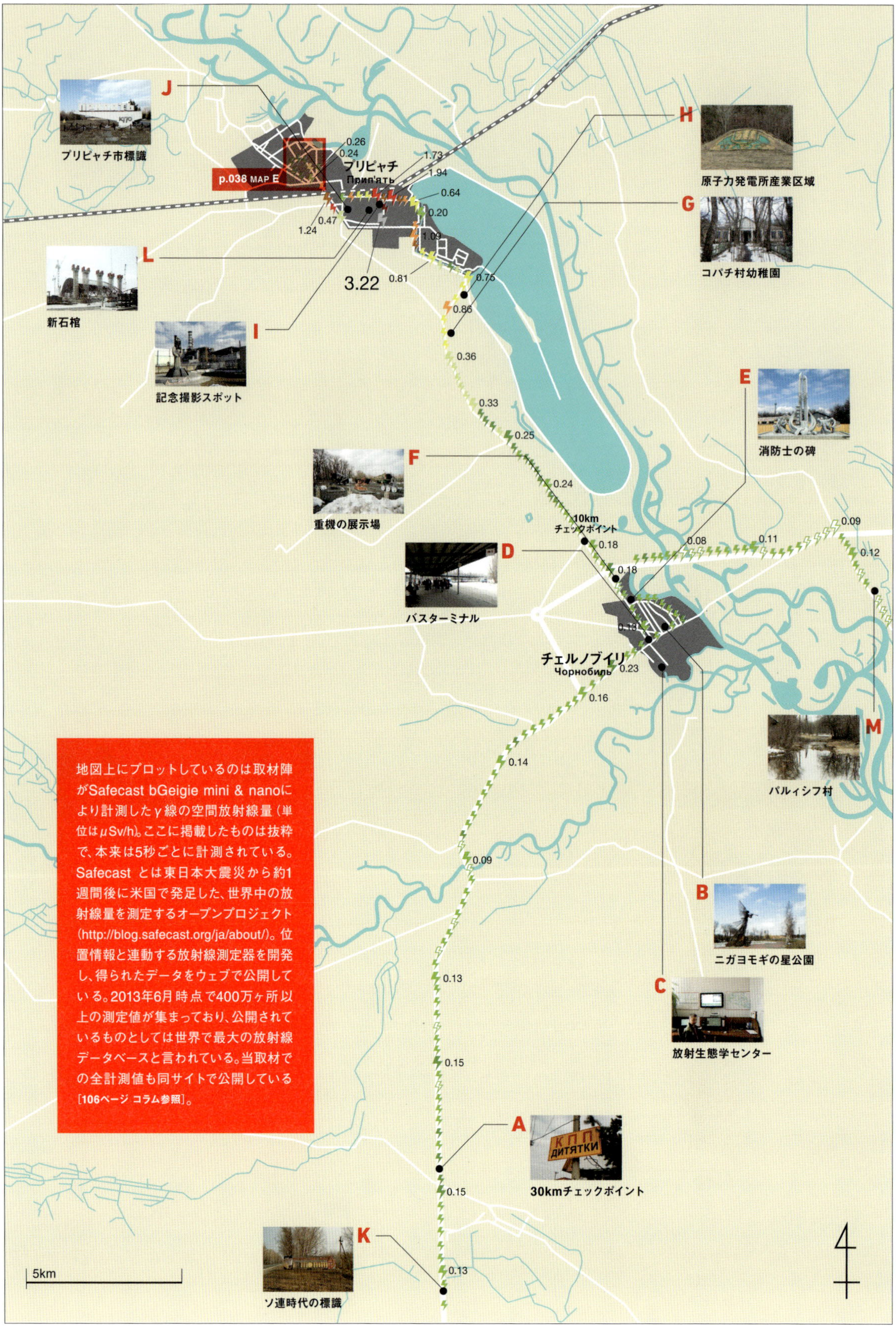

地図上にプロットしているのは取材陣がSafecast bGeigie mini & nanoにより計測したγ線の空間放射線量(単位はμSv/h)。ここに掲載したものは抜粋で、本来は5秒ごとに計測されている。Safecast とは東日本大震災から約1週間後に米国で発足した、世界中の放射線量を測定するオープンプロジェクト(http://blog.safecast.org/ja/about/)。位置情報と連動する放射線測定器を開発し、得られたデータをウェブで公開している。2013年6月時点で400万ヶ所以上の測定値が集まっており、公開されているものとしては世界で最大の放射線データベースと言われている。当取材での全計測値も同サイトで公開している[106ページ コラム参照]。

01

チェルノブイリに行く

ゾーンを歩く

Їхати в Чорнобиль

Прогулюватися зоною

день 1

1日目

2013年4月11日

文＝東浩紀＋編集部
写真＝新津保建秀＋編集部

ゾーンへ

チェルノブイリ原子力発電所へのツアーは、事故現場から南に一〇〇キロのキエフから始まる。取材陣九名は、フレシチャティク大通りに面したホテルの駐車場からメルセデス・ベンツのワゴン車に乗り込んだ。天気予報は雨だったが、空は意外と落ち着いている。

車内には取材陣のほか、NPOプリピャチ・ドット・コム代表のアレクサンドル・シロタ氏［100ページ インタビュー参照］が同乗する。一般市民がチェルノブイリのゾーン（立入禁止区域）内を見学するには、区域内の機関を公式訪問する形をとるか、政府が認めた旅行会社あるいはNPOが運営するツアーへの申し込みが必須だ。今回わたしたちは、日帰りが基本の一般的なツアーではなく、あるていどの自由が利き、ゾーン近くでの宿泊も体験できるツアーを選んだ。ツアー内容は旅行会社やNPOによって大きく異なる。本記事で紹介する内容は、あくまで一例にすぎないことをお断りしておく。

チェックポイント〜チェルノブイリ市

出発時にトラブルがあり一時間ほど浪費し、キエフ市内を抜けたのは九時過ぎだった。のどかな田園風景を走る快調なドライブが続き、馬車で行き交う農民も目に入る。二時間弱ほど走ると、前方に検問所のような施設が見えてきた。ディチャトキ Дитятки のチェックポイントだ01。便宜的に「三〇キロチェックポイント」と呼ばれているが、「三〇キロ」の数字は目安で正確なものではない。

検問の手前には小さな慰霊碑が建っている02。警官の撮影は厳禁。ツアー客はここで全員パスポートチェックを受ける。トイレもある03。ゾーン内にあまりトイレはないので、ここで用を済ませておくのをお勧めする。とはいえ、施設は汚く、日本人だと使用をためらう人が多いかもしれない。手続きには意外と時間がかかる。全員の身分確

02

03

30kmチェックポイント
ディチャトキ

КПП Дитятки MAP C A

標識のКППは「チェックポイント」の意。すべての車両が一時停止するため、手続きを待つあいだに、ほかのツアー車両も続々とやってきた。なかには日本人客の姿も。

05

チェルノブイリ放射生態学センター MAP C C

Чорнобильський радіоекологічний центр

通称エコセンター。ゾーン内の空間放射線量や、入退出する車両の汚染状況などを監視している。現在のシステムは2009年より稼働している。

день 1

04

ニガヨモギの星公園 MAP C B

Меморіальний комплекс "Зірка Полин"

2011年、事故25周年の式典に合わせて作られた公園。敷地内には強制避難の対象となった村の標識が並ぶ「記憶の道」など、意匠を凝らした展示が並ぶ。

06

07

08

バスターミナル&売店 MAP C D

売店はアルコールが充実しており、ウオッカ、ビール、ウイスキーの瓶が並ぶ。アイスクリームやポテトチップスなどの菓子類や、ちょっとした日用品も販売している。炭水化物はパンていどしかない。

認が済むと、ワゴンの助手席に立入禁止区域庁の強面の役人が乗り込んでくる。ツアーがあらかじめ提出されたスケジュールどおりに進行しているのか確認する、いわばお目付役である。ゾーン内の危険について諸注意が記された指示書が渡され、サインを求められた。サインが終わると、ようやくゾーン内だ。

チェックポイントを過ぎ、白樺の林をさらに一〇キロほど走るとチェルノブイリ **Чорнобиль** 市に入る。行政区域としてのチェルノブイリ市と事故を起こしたチェルノブイリ原子力発電所は、直線距離では一五キロ以上離れている。チェルノブイリ市そのものは、かつてはユダヤ人が多かったという古い街だ。日本では「チェルノブイリ」の地名は原発事故ではじめて知られることになったが、この地にも事故のまえに長い歴史があったのである［**62ページ コラム参照**］。

ワゴンを降りて、さっそく日本から持参した携帯型測定器 TERRA MKS-05 を取りだす［**13ページ参照**］。空間放射線量を確認した。計器が示す数字はおよそ〇・一マイクロシーベルト毎時。チェルノブイリの事故と福島の事故では、拡散した核種が異なり単純比較はできない。とはいえ、数字そのものは東京都内と比べてやや高いていど。意外な低さに驚きの声があがる。まずは立入禁止区域庁舎に寄り、取材入りの挨拶を済ませる。人が歩き、車が走る日常の光景が広がるが、実際には市内はいまも居住が禁止されている。大人はいても、子どもはだれひとりいない。

市内では、原発事故をモチーフにした屋外

10

重機の展示場 MAP C F

ここに並ぶ重機は、汚染物質の積もった3号機の屋根を清掃する際に用いられたもの。レプリカではなく実際に使用された機械が並んでいる。

09

消防士の碑 MAP C E

消防士たちが自主的に資金を出し合い、事故直後に消火活動にあたった人々を顕彰するために作った碑。事故10周年の1996年に完成した。「世界を救った人々に捧ぐ」と記されている。

展示が並ぶニガヨモギの星公園 **Меморіальний комплекс "Зірка Полин"** を中心に見学04［48ページ参照］。総合デザイナーのアナトーリ・ハイダマカ氏がみずから案内し、ひとつひとつの展示の象徴性について詳細な解説を行ってくれる。公園名は聖書の一節から。チョルノーブィリ（チェルノブイリ）はウクライナ語で「ニガヨモギ」を意味する。新約聖書のヨハネの黙示録第八章にある「ニガヨモギの星が落ちて水が汚染されるだろう」との記述が、事故を予見したものとして話題になった。そこからの引用だ。公園は二〇一一年に事故二五周年を記念しオープンしたばかりで、今後も拡張計画がある。

続けて、立入禁止区域内の空間放射線量を監視し、安全を確保している研究施設、チェルノブイリ放射生態学センター **Чорнобильський радіоекологічний центр**（エコセンター）を見学05。広大なゾーン内のどこでも、異常な数値が検出されればすぐに対応が取れるようになっている。放射線量のリアルタイムでのネット公開も検討中とのこと。突然の取材にもかかわらず、ていねいな対応が印象に残った。ゾーン内での勤務という気負いは見られない。

チェルノブイリ市〜原子力発電所

市内取材に時間を取られ、昼食は売店での購入に。バスターミナル06には小さなキオスク07があり、スナックが売られている。杖をつきショールを被ったいかにもスラブ風の老婆が現れ08、シロタ氏が「彼女が自主帰還者、いわゆるサマショールだよ」と耳打ちをしてくれる。「サマショール」とはゾーン内での居住を黙認された元住民のことで、いまでは高齢化が進んでいる。

昼食を終え、いよいよチェルノブイリ原子力発電所に向かう。原発は北西の方向。市街から出るまっすぐな道の途中に、事故の収束作業に尽力した消防士たちの碑09や活躍した重機の展示10が並ぶ。消防士たちの碑の台座には「世界を救った人々に捧ぐ」の言葉が刻まれている。重機展示の道路を挟んだ向かい側には広大な草地が広がっていた。「ここはヘリポートで、金を出せば空から原発見学も可能なんだ。ただし一人一〇〇〇ドルだけどね」とシロタ氏が苦笑を漏らす。

原発に近づくには、さらにもうひとつ、レリフ **Лелів** のチェックポイントを通過しなければならない。ここも「一〇キロチェックポイント」と呼ばれているが、必ずしも正確に一〇キロ地点にあるわけではない。「三〇キロ」「一〇キロ」という呼び名は、立入禁止区域内をさらに二つの領域に分ける指標にすぎないようだ。レリフではパス

ニガヨモギの星公園近くに立つレーニン像。ソ連時代をしのばせる。

день
1

コパチ村幼稚園 MAP C G

Дитячий садок у селі Копачі

幼稚園はチェルノブイリを扱ったドキュメンタリーで頻繁に取り上げられる。村の名前は「掘る」という意味の言葉に由来するが、いまはほとんどの建物が土に埋められてしまった。

チェルノブイリ原子力発電所 産業区域 MAP C H

Промплощадка ЧАЭС

「産業区域」は建設中のまま放置された5、6号機や冷却塔を含む広い範囲。そのなかに1–4号機が並ぶ狭義の原発敷地がある。敷地に入るまでは自由に撮影が可能。

ポートの照会は不要で、降車も求められなかった。

チェックポイントを過ぎて五分もすると、コパチ Копачі と記された標識が見えてくる。コパチは原発事故で破棄された村のひとつ。建物の多くは壊され処分されたが、街道沿いの幼稚園だけがいまでも当時の姿をとどめている11。観光客が必ず訪れるスポットとのことで、わたしたちもちょうどベラルーシ人の若者の一団とすれ違った12。壁が崩れ、雪解け水の雨漏りがしたたる建物内には小さな椅子や朽ちた人形が転がり、撮影対象には事欠かないが、じつはその多くは観光客が記念写真のために作り上げた人工の光景とのこと13。ぬかるんだ地面に放射線測定器を近づけると、数字がぐいぐいと上がる。七マイクロシーベルト毎時。森のなかにはホットスポットも多い。

コパチ村から発電所はもうすぐだ。林を抜けると、冷却水供給のため作られた人工湖の水面が目に入る。「チェルノブイリ原子力発電所産業区域」の入口を示す標識が現れ14、左手に曲がると、まずは建設途中で破棄された二基の巨大な冷却塔が目をとらえる15。青空との対照が目に眩しい。続いて同じく事故で破棄された五号機と六号機16。一九八六年四月に四号機が爆発事故を起こしたとき、これらの施設はすべて建設中だった。膨大な量の放射性物質を至近距離で浴びた建設資材は、解体するわけにも搬出するわけにもいかず、工事中のすがたのまま二七年間野ざらしになっている。何台もの大型クレーンが赤錆を浮かべ朽ちているそのすがたは、人類の愚かさを象徴しているかのようだ。

発電所区域の敷地は広い。五、六号機の建設予定地から四号機がある発電所本体まではまだ二キロほど離れている。車が進むと、つぎに目に入るのは十字架のように立ち並ぶ無数の鉄塔と送電線群。チェルノブイリ原発は、じつは発電だけではなく、ソ連時代はウクライナ全土への送電拠点としての役割も担っていた。事故後もこの機能は維持されている。左手には新しく建設中の使用済核燃料貯蔵施設17。ウクライナ政府は、ゾーン内の土地の有効活用として放射性物質の貯蔵を進めている。撮影のために降車すると、シロタ氏から、放射線量が高いので舗装された車道からは出ないようにと注意を受けた。bGeigie mini では一マイクロシーベルト毎時。

撮影を終え、さらに道なりに進むと狭義の原発敷地内に入る。チェルノブイリ原発は、一号機から四号機まで建屋が東から西へ一直線に四つ並び、そのあいだを通路が繋いでいる構造。観光客の車はそれを東から回り込み、裏を通って四号機へ向

使用済核燃料貯蔵施設のハヤト2 ХОЯТ-2。
2015年の完成を目指し、建設が進められている。

день
1

18

チェルノブイリ原子力発電所記念撮影スポット MAP C I

モニュメントは事故後20年の2006年に建造されたもので、台座の石碑には、事故収束や石棺造営にあたった作業員への顕彰が記されている。他のツアー客もここで記念撮影を行っていた。

かう道を取る。ここでは原則として撮影禁止。カメラを向けると一日身柄を拘束されることもあると告げられ、取材陣の緊張が高まった。と同時に、徐々に見えてくる四号機のすがたに静かな興奮も広がる。

　ワゴンが止まる。目のまえに、一九八六年に事故を起こしたチェルノブイリ原子力発電所四号機と、その炉心をコンクリートで覆った施設、通称「石棺」がそびえ立つ18。石棺内にはまだ膨大な量の放射性物質が残り、廃炉作業は始まってもいない。手前には、両手を象《かたど》った石のモニュメント。モニュメントと石棺を背景に撮影に興じるツアー客のすがたは、チェルノブイリ観光の記事で必ず紹介される光景だ19。後ろを振り返ると、老朽化した石棺を解体し、新しく廃炉作業を開始するため、いま国際組織で建設中の巨大なアーチ型の施設「新石棺」が目に入る。なぜかここでは新石棺

19

取材陣も記念写真を撮影。右から3番目、迷彩服の人物がアレクサンドル・シロタ氏。4月上旬はまだ雪が残っていた。

の撮影は厳禁だ［35ページ参照］。

モニュメントから石棺までの距離はわずか三〇〇メートル。みないっせいに計測器を覗き込む。五マイクロシーベルト毎時。思ったほどは高くない。短時間ならば、Tシャツとジーンズで訪れても問題はなさそうだ。二七年前の四月二六日、まさにこの地から全世界に向かって膨大な量の放射性物質がばらまかれた。取材陣は口々に感想を漏らしながら、撮影を続けた。

原子力発電所〜プリピャチ〜エコポリス

原発に最寄りの街は、チェルノブイリではなくプリピャチ Прип'ять と呼ばれる街である。四号機からプリピャチ市街までは、車でわずか五分。その途上には、建設が開始された一九七〇年の年号とともに、プリピャチという市名がロシア語で記された有名な道しるべがある20。

プリピャチはかつて五万人近い住民を抱える原発労働者の街だったが、事故直後の強制避難で無人となった。旧ソ連時代のデザインをとどめた集合住宅の廃墟が拡がる。チェルノブイリ観光で欠かせない訪問場所であるとともに、世界の「廃墟愛好家」の聖地としても知られている。プリピャチ訪問は二日目に予定されていたが、この日も短時間ながら見学することとなった。紹介は二日目の報告と併せて行うことにする［37ページ参照］。

プリピャチ見学を終えたあとはチェルノブイリ市に帰還。ニガヨモギの星公園の向かいに位置する食堂で夕食を取る21。わたしたちが参加したツアーでは、二日目を含め、ゾーン内の食事はすべてこの食堂で取るよう定められており、時間も変えることができなかった。指定の時刻に指定の場所に行かなければならないので、行動の自由度は下がる。メニューも事前に決まっており、ハムやチーズのオードブルとともにスープと肉料理が選ぶまもなく供される。学校給食を想像するとよいだろう。とはいえ、ボルシチやヴァレーニキ（水餃子）、豚肉のカツレツなど、ウクライナ家庭料理の味はなかなか悪くない22。ちなみに、素材はゾーン外から運び込まれているとのこと。

夕食後はいちどゾーンの外に出なければならない。一〇キロのレリフ、三〇キロのディチャトキのチェックポイントでは、退出時に降車を義務づけられ、それぞれ放射線量の測定がある23。腕と靴だけを測定する簡易的なもので監督者も不在

シロタ氏からツアー参加者へのおみやげとして配られた手作りのマグネット。事故前後のプリピャチが対比されている（年号に注目）。

プリピャチ市標識 MAP C J

プリピャチの街が取り上げられる際には必ず紹介される標識。人工都市らしい未来的なデザインが特徴的だ。

食堂

写真は1日目の夕食で、右から豚肉とブイヨンのスープ、人参とキャベツとビーツの前菜、豚肉のメインディッシュと、豆とそば粥のつけあわせ。

道路沿いには白樺の木立ちが広がっている。

簡易的な測定器。基準値以下だとゲートが開く。監視員はとくにいない。

だったが、三〇キロチェックポイントの場合、β線磁束密度五〇毎平方センチメートル毎分以上だと警告が鳴るとのこと。場合によっては靴の廃棄を求められることもあるので注意。

ゾーン近くには複数の宿泊施設があり、最近では外国人向けのホテルも建設されている。今回わたしたちは、ゾーンの少し南のフルジニフカ **Фрузинівка** 村に位置するキャンプ場「エコポリス **Екополіс**」を選んだ24。原発事故後、ゾーン内で研究を続けた環境生態学者が住んでいたところで、いまは宿泊施設に変わっている25。森に包まれてコテージが点在するほか、敷地は川に面しておりボート遊びもできるしバーベキュー機材も整っている26。とはいえ、到着時には時刻は二〇時を回っており、取材陣には、ボートに乗る気力もバーベキューを焼く体力も残されていなかった。

エコポリス
Екополіс

敷地内のコテージにはキッチン、冷蔵庫、シャワーなどが完備されている。内装は部屋により大きく異なるが、動植物の絵をあしらった派手なものも多い。

27

ソ連時代の標識 MAP C K

ソ連時代の行政区分に基づくもので、現在の行政区分とは一致しない。レーニンの肖像だけが外され、当時のままの姿をとどめる。

チェルノブイリに行く

ゾーンを歩く

Їхати в Чорнобиль

Прогулюватися зоною

день 2

2日目

2013年4月12日

文＝東浩紀＋編集部
写真＝新津保建秀＋編集部

エコポリス〜チェルノブイリ市

二日目の朝も早い。今日は目玉である原発所内の見学が控えている。取材陣の意気も上がる。

エコポリスからディチャトキまで車で一五分。まずは、一日目に見逃していたソ連時代の道しるべに立ち寄る27。赤い文字で勇ましく「チェルノブイリ地区」と記されている。中心の金色の円にはかつてレーニンの顔が刻まれていたらしい。

チェックポイントでは昨日と同じ強面の役人が乗り込んでくる。パスポートの照会を済ませ、ふたたびゾーン内へ。白樺の林が美しい。

道中でシロタ氏が歓声をあげる。なにかと振り向けば、馬の群れが草を食んでいる28。野生化した馬はゾーンの無人化と生態系回復を象徴する。昨晩と同じ食堂で朝食を終え、原発に向かう。

原子力発電所管理棟

原子力発電所の管理棟に到着したのは、すでに一〇時半近く29。所内には最低限の手荷物しか持ちこめない。許可された場所・方向以外の撮影も厳禁。車を降りて左を向くと、一号機の建屋がすぐ目の前にそびえている。撮影可能かと尋ねると、苛立たしげに制止された。案内役のシロタ氏も緊張しているようだ。

取材担当の原発職員が現れるまで、管理棟入口で長いあいだ待たされる。冷戦崩壊から二〇年以上経つとはいえ、ウクライナはやはり旧ソ連国家。官僚制の名残りが残っており、ツアーの進行も意外なほど時間がかかる。ヘルメットを被った作業員がすぐ横を通り過ぎた。外国人観光客に慣れているのか、とくに反応もない。

ようやく現れた担当者にパスポートを渡し、通行証を発行してもらう。通行証には小型の個人線量計が付随している30。ツアー終了後、参加者それぞれに個別に被曝積算線量が連絡されるほか、将来ふたたび発電所を訪れた場合にも通算の被曝積算線量を管理できるようになっているという［41ページ参照］。館内への入口には自動改札機に似たゲートが設置されている。ひとりひとり通行証を読み取り装置にかざし、職員が四桁の暗証番号を入れることで扉が開く仕組み。ゲートを抜けると今度は金属探知機を通される。

担当職員に導かれるまま階段を上る。階段の壁には興味深い写真やグラフが張られているが、これも撮影禁止だ。チェルノブイリ原子力発電所は、管理棟から西に向かって一号機、二号機、三号機、四号機と一直線に並び、あいだを長い連絡通路が

28

野生の馬。ツアーガイドたちもあまり見かけないそうだが、取材陣は何度か遭遇することができた。

MAP D 原発内部

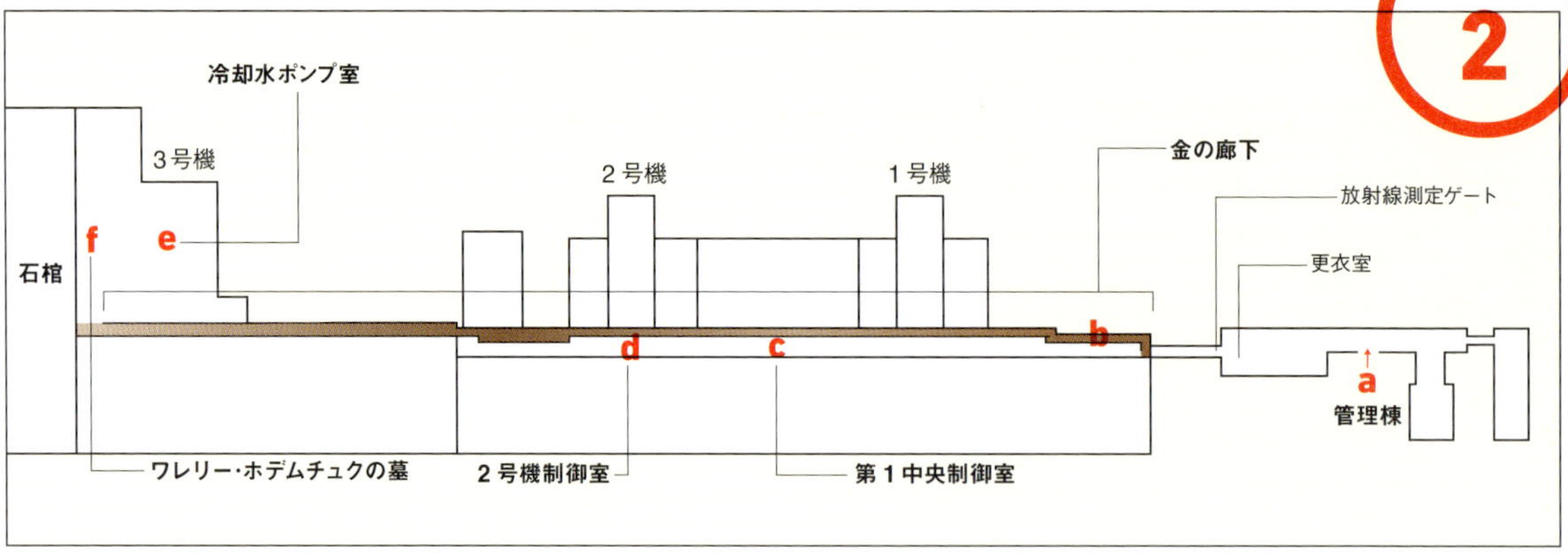

原発敷地内の平面図。管理棟から4号機までがひと繋がりになっている。

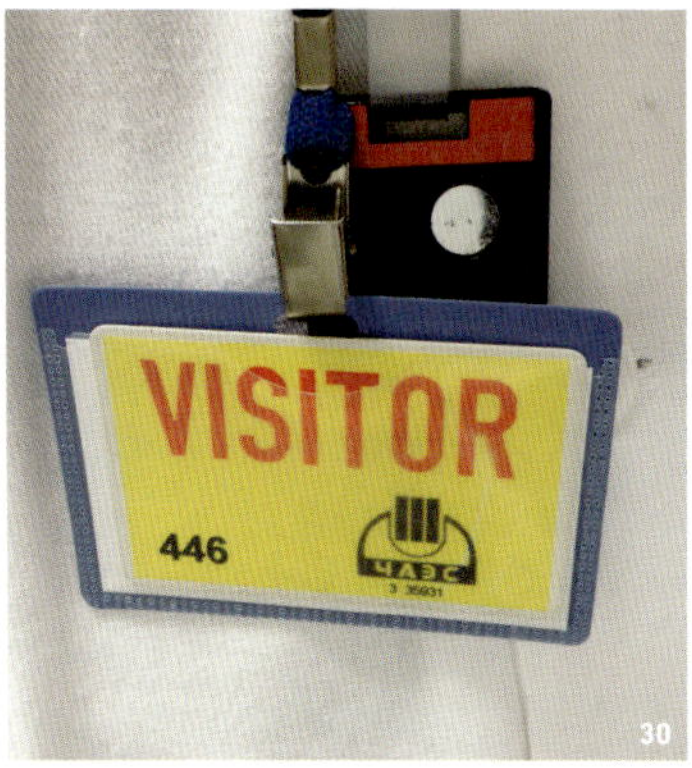

右上の写真手前に写る「VISITOR」と記されたカードが入構証で、ICカードになっている。その後ろに見える、黒い長方形の小さな機器が積算線量計。計測データはのちにデータで受け取ることができる。

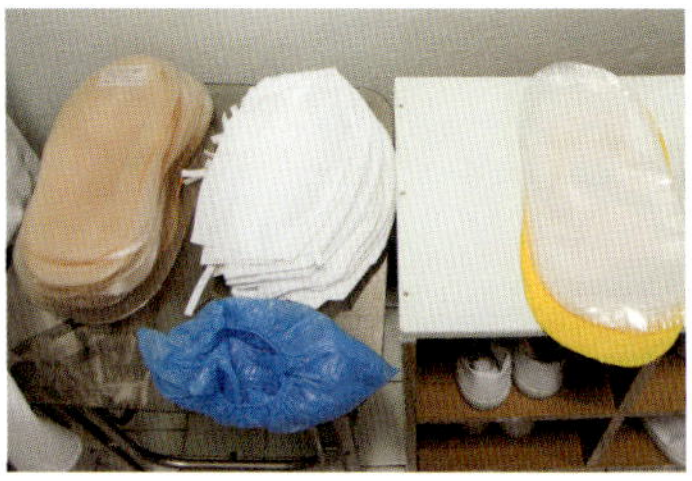

原子力発電所管理棟 MAP D a

Административно-бытовой корпус ЧАЭС

入口を入ってすぐの場所でしばらく待機することになる。壁際に職員向けと思われる「チェルノブイリ原子力発電所ニュース」が掲示されており、使用済核燃料貯蔵施設の建設情報などが掲載されていた。

貫く構造になっている。まずは連絡通路のある階まで上がらなければならない。

連絡階で小部屋に通される。ここで上着を脱ぎ、白衣を着て帽子とシューズカバーを身につける31。放射性物質が付着しないように、髪の毛はすべて帽子に入れる。ゴム製のシューズカバーは使い捨てで、脱げやすいので注意。携帯電話などの通信機器はすべて電源を切るように要請される。カメラ機能しか使わないと訴えても例外はないので、撮影を希望するなら別途コンパクトカメラを用意したほうがよい。

金の廊下〜第一中央制御室

身支度が整ったところで連絡通路へ。窓の外はすべて撮影禁止。廃炉作業関連なのか、敷地内では重機も動いている。

一号機建屋に入ると、通路の壁が金色に変わる。通称「金の廊下」**Золотой коридор** と呼ばれるこの通路こそ、四号機まで繋がるチェルノブイリ原発の柱だ32。壁は発電所が開業した一九七八年当時から金色とのこと。色の選択にとくに意味はないそうだが、何百メートルもさきまでまっすぐ金色の壁が延びる非現実的な光景に一同息を呑む。

最初に案内されたのは、一号機と二号機のあいだに位置する第一中央制御室 **Центральный щит управления (ЩУ)-I** 33。一日目の報告で記したように、チェルノブイリ原発の配電機能はいまも生きている。そのため中央制御室は現在も稼働しており、白衣を着た職員が働いている。制御機器はすべて開設当時のものがそのまま使われている。

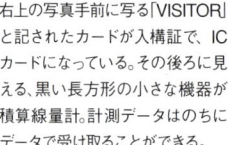

32

金の廊下 MAP D b

Золотой коридор

右手には原子炉や冷却ポンプが、左手には各制御室が並ぶ。天井および壁面の塗装は事故以前と変わらないが、床は除染のために張り替えられている。

33

34

35

第1中央制御室 MAP D c

Центральный щит управления (ЦЩУ) - I

配電機能を担う現役の設備。事故以前は3－4号機の向かい側にもうひとつの中央制御室があったが、現在はこちらだけが使われている。

机にはキーボードもなければディスプレイもなく、あるのは古風なスイッチボードやダイヤル式の電話のみ34。中央の机を取り巻くように設置されているのは、骨董品もののメインフレームコンピュータ。裏に回ると配線が剥き出しになっている35。作業中の職員に話を伺うと、事故以前から働いている職員も珍しくないとのこと。彼らにしてみれば、古い環境のままのほうが仕事がしやすいのかもしれない。

津波に襲われた福島第一原発と異なり、チェルノブイリ原発の施設は事故を起こした四号機以外はほぼ無傷で残っている。管理棟も中央制御室も機能し続けていることに、あらためて驚きを覚えた。

二号機制御室〜三号機冷却水ポンプ

次に訪れたのは二号機制御室 **Блочный щит управления (БЩУ)-II** 36。灰色を基調とした三〇〇平方メートルほどの空間に足を踏み入れた瞬間、取材陣から驚きの声が上がった。チェルノブイリ原発の事故は作業員の小さな操作ミスから始まった。その現場として報道された制御室と、まったく同じ光景が拡がっていたのだ。四号機の制御室は現存しないが、それはこの部屋とまったく同じデザインだったとのこと。事故の瞬間にタイムスリップしたかのような錯覚に囚われる。

中央制御室が原発全体の管理を担うのに対し、こちらは二号機の炉心を直接に制御していた場所。二〇世紀中葉に夢見られた「未来」がそのまま結晶化したような、まるでキューブリックの映

37

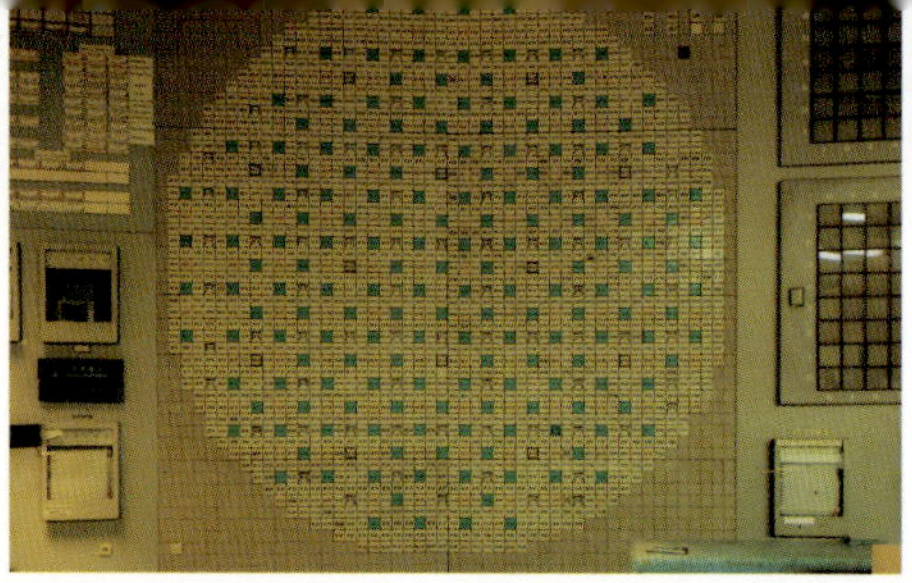

38

36

2号機制御室 MAP D d

Блочный щит управления (БЩУ)- II

現在はすでに使われていないが、事故現場である4号機制御室とまったく同じデザインである。4号機のものは事故による火災で損傷している。

41

冷却水ポンプ室 MAP D e

写真は3号機の冷却水ポンプ。取材中もっとも高い放射線量を記録したポイントでもある。4号機でもかつてまったく同じ形状のものが稼働しており、停電テストのためポンプへの給電が停止されたことが事故の要因のひとつとされる。右手の階段はさらに奥へと繋がっており、作業員たちが行き来していた。

40

39

ワレリー・ホデムチュクの墓 MAP D f

左の碑文には「英雄　ワレリー・ホデムチュク」と記されており、右側には助けを求め両手を上げてもがく人の姿が彫り込まれている。手前に見えるのはウクライナ国旗と同じ配色のリボン。遺体は壁を隔てた4号機内にあると思われるが、いまだに発見されていない。

画のような美しい空間だ。壁の奥に拡がる二つの円形表示盤は、炉心のかたちを反映している。並んだメーターはかつて制御棒ひとつひとつの温度を示していた37。中央制御室と異なり、二号機制御室の機器はすでに機能していない。ハンドルやボタンには機能停止を示す白いテープが貼られているが、なかには触れることのできるものもある38。触れていいかと尋ねると、職員は肩を竦めて頷いた。ハンドルを握り、硬い笑顔で記念写真を撮る取材陣。人類の夢と挫折が交差した特異点として、この制御室そのものが貴重な産業遺産と言える。

　制御室を出て、さらに金の廊下を西へ。右手の扉から三号機建屋に入る。細い鉄の階段を上ると、剥き出しのパイプが天井を這う薄暗い廊下に出る39。案内役の職員が、この左側の壁のむこうはもう石棺ですと静かに告げた。手許の計測器では一〇マイクロシーベルト毎時。突き当たりには、事故当時四号機内で作業をしていて、そのまま封じ込められてしまった職員、ワレリー・ホデムチュクの墓碑が設けられている40。いまでも遺族が訪れ、花を手向けているとのこと。

　見学コースの終点は三号機の冷却水ポンプ室41。立ち並ぶ巨大な黄色の逆円錐は、金の廊下や二号機制御室と同じSF的な美しさを湛《たた》えている。放射線量は一二・五マイクロシーベルト毎時。高い。ウクライナ人の作業員が、取材陣の横を通り過ぎさらに奥へ淡々と歩いて行った。

新石棺

冷却水ポンプ室の見学を終えると、金の廊下をひたすらまっすぐ戻ることになる。管理棟まで戻るのに早足で一〇分以上。管理棟入口で、シューズカバーを捨てゲートを潜る。腕と靴の放射線量を確認するお馴染みの装置42。何度も出会うので取材陣も慣れてきた。

　管理棟を出て、通行証を首からかけたままワゴンに乗る。次は一日目にも訪れた石棺前の広場へ。

　とはいえ、今度の目的は石棺ではなく、いま建設中の「新安全密閉施設 **Новий безпечний конфайнмент**」、通称「新石棺」だ43。新石棺は、すでに紹介したように、老朽化した石棺（旧石

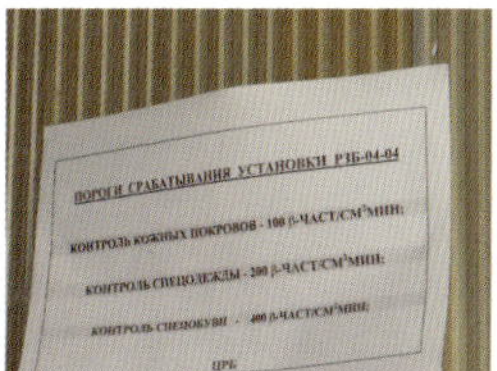

42

上は、測定器が作動する値が示された表。部位によって基準は異なり、皮膚表面のβ線磁束密度が100毎平方センチメートル毎分を超えると通過できない。作業服はその2倍、作業靴は4倍まで許容される。

棺）を解体し、廃炉作業を再開するために建設されているアーチ型の構築物。建設を担当するのはフランスが中心となった国際コンソーシアム「ノヴァルカ」だ。二〇一五年完成が目標で、最終的には一〇八メートルの高さになるというが、いまはまだ半分ほどしかない。四号機の西の敷地で組み立てられ、完成後はレールのうえを動かして四号機を石棺ごとすっぽり覆うことになるという。

新石棺の見学は、広場横の小さな展示棟から始まる。旧石棺内部が再現された詳細な立体模型とともに44、新石棺の計画経緯が記されたパネルがウクライナ語と英語の二ヶ国語表記で掲げられている。壁には協力する各国の国旗。広報担当の職員が現れパネルの説明を始めるが、あまりに長いため途中で打ち切ることにする。

展示棟を出て新石棺工事現場の見学へ。作業員用の入口から敷地内に入る。ふたたびセキュリティチェック。通行証をかざし、職員が暗証番号を入れる同じ仕組みのゲート。音楽が流れ、作業員が冗談を飛ばし合っている。「廃炉作業に関わる原発作業員」というイメージからはずいぶん離れた、リラックスした空気だ。

入口建屋を出ると、左手に現在の旧石棺が、右手に新石棺が同時に見える広大な空間に出る45。新旧両石棺の対照が印象的。新石棺は滑稽なまでに巨大な構築物で、原発事故の愚かさがあらためて実感される。あたりには重機の作動音が鳴り響き、ノヴァルカのヘルメットを被った作業員が何人も行き交っていた。

新石棺 MAP C L

Новий безпечний конфайнмент

2年後の完成に向けて着々と工事が進んでおり、取材中も絶えず作業の音が聞こえた。完成時の半分ほどのサイズとはいえ巨大さに圧倒される。

新石棺展示棟

模型は事故後の4号機の状態を詳細に再現している。内部の見学壁面には事故後の対応や新石棺計画についてのパネルや図面が並ぶ。

写真中央が新石棺。完成後、左手に見える旧石棺のうえにレールで滑らせて移動し、その全体を覆う計画になっている。右端に見えるのが作業員用の出入口。

プリピャチ

新石棺の見学を終えた時点ですでに一三時四〇分。このあと一七時までに、プリピャチの取材とサマショールの村の訪問をこなさなければならない。発電所見学のプログラムには、ほかにも建設中の核燃料貯蔵施設など興味深い対象が含まれていたが、切り上げることとした。昼食を取る時間もない。管理棟に通行証を返却し、急ぎワゴンへ。

プリピャチ市内へ向かう。市街地の手前にはチェックポイントが設けられ、見学許可の確認がある。とくに降車の必要はない。シロタ氏によれば、ゲート設置の目的は、放射線量の管理よりむしろ略奪防止にあるとのこと。事故直後は略奪が目立ったのだ。

プリピャチは、チェルノブイリ原発の新設に併せ作られた人工都市。市の名前は隣接する川の名前から取られた。人工都市なので市街地には九―十階建てほどの集合住宅が立ち並ぶ。ところどころに残るソ連の国章。一九八六年に凍結されたプリピャチの街には、いまだ栄光の時代のソ連が生き残っている。そこがロシア人のノスタルジアを呼び起こすらしい。日本での「三丁目の夕日」のようなものか。

プリピャチ見学は、多くが中央広場 **Центральна площа** より始まる 46。街を貫くレーニン大通り **проспект Леніна** を背にして 47、正面には「文化宮殿《エネルギー作業員》」が 48、右手には「ホテルポリーシャ」が、左手にはレストランが立ち並ぶ大きな広場。広場にはいまでは木が生い茂って

中央広場 **Центральна площа**

かつては街の中心として賑わっていたが、いまは植物が繁茂しており見る影もない。写真左手に見えるのがホテルポリーシャ。

レーニン大通り **проспект Леніна**

ゲート付近の鉄道橋から中央広場まで、プリピャチ市を南北に縦断する目抜き通り。通り沿いにはアパート、商店、幼稚園などが並んでいた。

いるが、かつては開けた空間だった。ホテルポリーシャのさらに右隣には、事故直後に処理作業の中心となったオフィスビルが残っている。入口には、いまでも原子力の三つ葉マークが見える49。

文化宮殿は、その名のとおり文化とスポーツの中心となる公共施設。なかには劇場や体育館があった。かつてプリピャチは廃墟マニアの聖地だったが、近年は建造物の老朽化が進み、廃墟内への立ち入りは原則として認められていない。とくに今年は例年になく雪が多かったらしく、屋根に積もった雪が溶け出しているのか、晴天にもかかわらず屋内ではたえまなく水がしたたっていた。

ガイドによる案内は望めないので、希望者は自己責任で足を踏み入れることになる。劇場の楽屋を覗くと、旧ソ連時代の指導者の肖像画が無雑作に立てかけられていた50。ショッピングセンターの地下倉庫は、闇のなか雪解け水が滝のように流れ落ちる、まるでタルコフスキーの映画のような幻想的な空間になっている51。

文化宮殿の裏に回ると、小さな遊園地の跡地がある。一九八六年の五月一日、つまり事故のわずか五日後に開園予定だった、悲劇の遊園地。回転遊具やゴーカート乗り場の廃墟とともに、高さ二〇メートルほどの小さな観覧車が残されている52。黄色のゴンドラが印象的なこの観覧車は、いまではプリピャチ観光のシンボルとなっている。ゾーン内を撮影した写真集やプリピャチを舞台とした映画・ゲームでは必ず登場するので、目にしたことのある読者も多いだろう。

同行のシロタ氏はプリピャチ出身で、小学生時代に原発事故を経験した。当時、母親は文化宮殿で働く女優だったという。思い出話に耳を傾けながら、レーニン大通りと垂直に交わるクルチャトフ通り **вулiца Курчатова** を散策する。シロタ氏が通っていたプリピャチ第一学校の運動場は、いまでは木が生い茂り林のようだ。校舎の屋根はつい先週崩落してしまったとのこと53。シロタ氏は「プリピャチは消えゆく運命だ」と語る。クルチャトフ通りの東端、プリピャチ川の入江には、おしゃれなカフェが寂しげにぽつんと残されていた54。

市内の放射線量も意外なほど低い。観覧車前の計測で〇・二マイクロシーベルト毎時ほど。それでもシロタ氏は、地面には座らないように、ものを置かないようにと注意を怠らなかった。

サマショールの村〜チェルノブイリ市

取材の最後はサマショールが住む村へ。強制避難のあと、法令を破り立入禁止区域内に自主的に帰還したという彼らは、どのような生活を送っているのか。日常に近い場所で取材ができるよう、

MAP E プリピャチ市内

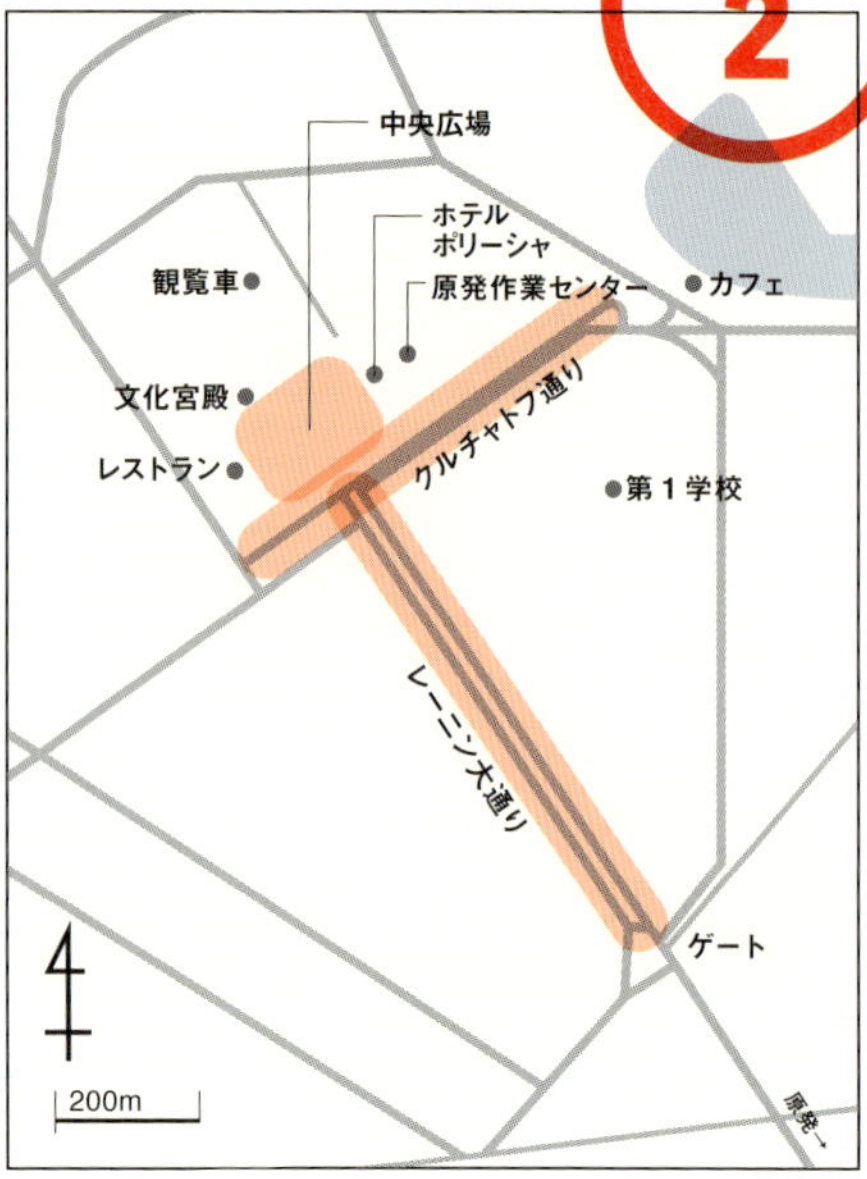

およそ0.6km^{2}の居住区域に5万人弱が密集する人工都市であった。通りの名前になっているイーゴリ・クルチャトフは、「ソ連原爆の父」とも呼ばれる核物理学者。

《エネルギー作業員》というのは施設の名前。シロタ氏の母親は、演劇人としてこの文化宮殿の芸術クラブで活躍していた。なかにはスポーツセンターも併設されており、プールやボクシングリングの跡が残っている。下は、人でにぎわう事故以前の様子。

50

51

49

52

53

54

55

雪解け水のために増水しているプリピャチ川。左右に水に浸かった白樺が、中央奥には原発や冷却塔が見て取れる。

56

パルィシフ村 Паришів MAP C M

サマショールが住むと聞き訪れたが、この日は不在だった。広河隆一『チェルノブイリ 消えた458の村』（日本図書センター）によると、避難前は600世帯、1000人がここに住んでいたという。

あらかじめアレンジをお願いしていた。

　車は原発へ向かう途中で東に左折し、プリピャチ川を越える55。雪解け水で川が氾濫し、白樺の林が水に浸かっている。数年に一度のめずらしい光景だという。道をまっすぐ進むと一〇キロ強でベラルーシとの国境。ゾーン内には検問所がないので、いつのまにかベラルーシ領に入ってしまうこともある。ウクライナとベラルーシの違いに気づくのは国境警備隊に銃を突きつけられたときかなと、シロタ氏は冗談めかして語る。

　チェックポイントを通過し、未舗装の小道に入る。レリフと同じ一〇キロチェックポイントのはずだが、こちらには観光客がほとんどいないからなのか、担当者不在でなんの確認もない。揺れる車内でさらに一〇分ほどを過ごすと、目指していたパルィシフ村 Паришів が現れる。古ぼけた民家が点々とし、ひとけはまったくない56。道がぬかるみ車の走行が難しくなったので、降車し徒歩で目的の家を二軒訪ねる。

　残念ながら取材相手は双方ともに不在だった。サマショールはみな高齢で、ネットはおろか電話すらもっていないので、直接に訪問する以外に接触は難しい。そもそもサマショールの人口は死亡や転居により減っており、この村にも二人以外は住んでいないとのこと。あきらめてチェルノブイリ市へ向かう。

　村に住むサマショールもいれば、市内に住むサマショールもいる。自主帰還にもさまざまな物語があるはずだ。市内ではイェヴヘン・マルケヴィチ氏を紹介され、話を伺うことができた［105ページ談話参照］。

ゾーンから

観光客がゾーン内に滞在できるのは、原則として一〇時から一八時まで。旅行会社はそこから逆算しすべての予定を定める。

　一六時にプリピャチを出て、一七時にサマショールへの聴き取りをはじめた取材陣の行動は、その予定を大幅にはみ出していた。強面の役人が渋い顔をするなか、急きたてられるように夕食を取り、一八時五五分にはなんとかディチャトキを抜ける。エコポリスに宿泊するシロタ氏を送り届け、キエフのホテルに辿り着いたのは二一時半だった。

　一一日の八時から一二日の二〇時まで、二日間、約三六時間の立入禁止区域内取材での被曝積算線量は、TERRA MKS-05における計測でおよそ九マイクロシーベルト。参考までに記しておけば、取材の帰り、キエフからモスクワと上海を経由し、成田までの帰国便機内で計測した被曝積算線量は二八マイクロシーベルト。取材陣には放射線の専門家はおらず、もとよりそれらの数値は参考値でしかない。とはいえ、日本で想像していたものよりも、はるかに空間放射線量が低く、また当局の対応もしっかりした印象を与えた。

　ツアーを通じて、ゾーンと廃炉作業の現実を学び、原子力産業の誇大妄想的な巨大さと事故の深刻さを痛いほどに感じることができた。教育とリスクコントロールのバランスをうまく設計すれば、福島第一原発事故跡地へのツアーも現実に考えてよいのではないか。そのような感触をあらためて得た二日間だった。

1986年4月 チェルノブイリ原発4号機　写真提供：ロイター＝共同

事故後のウクライナ

服部倫卓 はっとり・みちたか
ロシア·NIS諸国研究者

ソ連邦の末期、ウクライナの人々が独立に傾いていったのには、自己愛としてのナショナリズムと、ソ連体制への拒絶反応という、2つの側面があった。しばしばウクライナ語化運動をはじめとするエスノナショナリズムの側面が強調されるが、ウクライナ独立を問うた1991年12月1日の国民投票では、ロシア語化された東部や南部の住民、さらには民族的なロシア人も、多くが賛成票を投じたのである（当時のウクライナ住民の22%は民族的にはロシア人だった）。そして、住民たちが体制への不信感を募らせるようになった一つの大きな転機が、1986年4月のチェルノブイリ原発事故だったことは間違いないだろう。

ウクライナはもともとソ連15共和国の中で、人口や経済力でロシアに次ぐ存在であり、ウクライナなしのソ連邦はありえないとすら言われていた。1991年当時、ソ連はすでに死に体であったが、12月のウクライナ国民投票が決定打となり、同年暮れにソ連は崩壊した。クラフチューク初代大統領の下、ウクライナは独立国として歩み出した。

豊かな農地、強力な鉄鋼業や軍需産業などを抱えるウクライナには、自らの経済力への自信があった。しかし、実際に独立を果たすと、ウクライナの商品は国際的な競争力を持たなかった。大統領·首相·議会間の対立、官僚の腐敗などで、改革は進まなかった。1994年に政権がクチマ大統領に移っても、事態は変わらなかった。実に1999年まで、長いマイナス成長が続いた。

独立後の試練となったのが、ロシアとの関係である。核兵器のウクライナ領からの撤去、クリミア半島の領土的帰属、黒海艦隊の所属など、安全保障面の難問が持ち上がった。また、ウクライナは石油資源を持たず、天然ガスも一部しか自給できないため、ソ連解体後は石油·ガスの供給をロシアに依存することとなり、これが両国の関係をこじらせた。

2期務めたクチマ大統領の引退を受け、2004年秋に大統領選が実施された。当初は体制派のヤヌコーヴィチ首相の当選が発表されたが、選挙に不正があったとして国民的な抗議行動が巻き起こり、やり直しの決選投票の結果、ユシチェンコ氏が当選を果たした（オレンジ革命）。これにより、構造改革と欧州連合（EU）加盟をめざした取り組みが本格化することが期待されたが、ユシチェンコ大統領とティモシェンコ首相の対立などから成果は挙がらなかった。天然ガスの供給·輸送問題などでロシアとの対立が深まり、2006年1月と2009年1月にはいわゆる「ガス戦争」が起きた。成長軌道に乗ったかに見えた経済も、2008年9月のリーマン·ショックで大打撃を受けた。

ガス戦争のトラウマを抱えるウクライナにとって、「エネルギー安全保障」とは、ロシアから輸入する石油·ガスへの依存度を引き下げることと同義だ。ゆえに原子力は重視され続けており、2012年のウクライナの発電に占める原発の比率は46%に上る。チェルノブイリ事故から四半世紀を経て、その当事国たるウクライナが、旧ソ連で最も原発に依存しているという、逆説的な状況がある。

2010年1～2月に実施された大統領選の結果、「親ロシア」とされる地域党／ヤヌコーヴィチ大統領の政権が成立した。その結果、一時は対ロシア関係が改善に向かったが、その後は天然ガス供給やロシア主導の関税同盟への加盟問題をめぐって、対立が目立っている。一方、2011年10月に、ティモシェンコ元首相に有罪判決が下り、元首相が収監されるという衝撃的な事件が起きた。これにより、欧米との関係が一気に冷却化し、準備されていたEUとの連合協定も棚上げになってしまった。

02

取材する

Збирати матеріали

チェルノブイリで考える――報道、記憶、震災遺構

Розмірковувати в Чорнобилі

津田大介《つだ・だいすけ》
ジャーナリスト　メディア・アクティビスト

チェルノブイリ原発事故――あなたがこの単語を目にしたとき、想起される現在のチェルノブイリ原発周辺の状況はどのようなものだろうか。

　同事故が起きたのは一九八六年。当時のソ連政府は事故直後から原発周辺三〇キロ圏内を立入禁止にした。そのことはメディアを通して広く日本でも伝えられている。立入禁止という衝撃の情報を聞いて、現在のチェルノブイリ原発は廃墟寸前の施設となり、高い空間放射線量のなか、ひたすら原発作業員が粛々と終わりの見えない廃炉作業だけに従事している――そのようなイメージを持っている人も多いのではないか。

　あるいは、大量に放出された放射性物質によって多くの近隣住民が外部被曝、もしくは汚染された水や食料を通じて内部被曝することとなり、子どもたちを中心に健康被害が広まった事実を思い浮かべる人もいるだろう。

　多くの日本人にとって、二〇一一年に福島第一原発が事故を起こす以前はこうした放射能による健康被害の問題はあくまで「対岸の火事」でしかなかった。しかし、現在はまったく状況が異なっている。チェルノブイリ原発事故と同じレベル七の重大事故を経て、我々はいまだ放出されている放射性物質との「共存」を強いられているからだ。日本人にとって放射能による健康被害問題は、**対岸の火事から「いま、そこにある危機」へと変わった**。事故後、周辺諸国で健康被害がどれだけ生じたのかといった話や、ウクライナが現在行っている内部被曝対策なども日本で大きく報じられるようになった。

原発事故の実情

　ここでチェルノブイリ原発事故を簡単に振り返っておく。

　一九八六年四月二六日、出力調整テスト中の同原発四号機で爆発事故が発生。同年九月二三日、むき出しになった原子炉から放出され続ける放射性物質の残骸を完全に密閉管理するための「石棺」が事実上完成した。のべ八〇万人もの労働者を動員し、多大な犠牲を払いながらも、ソ連政府が石棺の完成を急いだ背景には、放射性物質による汚染だけでなく、事故によるウクライナ地域の電力不足があった。石棺の建設を受け、同年一〇月一日には一号機が、一一月五日には二号機が稼働を始め、翌八七年には三号機も操業を再開した。

　ソ連政府は石棺の完成とともに、事故の一時的収束を宣言。しかし、この石棺は耐用年数が三〇年程度という、あくまで応急的な措置でしかなかった。実際に近年は老朽化が進み、二〇一三年二月にはタービン建屋の屋根と壁の一部が約六〇〇平方メートルにわたって崩落する事故も起きている。ソ連崩壊後、同原発の管理を受け継いだウクライナ政府は四号機の隣に石棺とタービン建屋を丸ごと覆う鋼鉄製の「新石棺」を作るべく、一九九七年にチェルノブイリシェルター基金を設立したが、建設に莫大な費用がかかるため、思うように資金は集まらなかった。

　状況が変わったのはその一四年後となる二〇一一年、皮肉にも福島第一原発事故が後押しとなって欧州を中心に一気に支援金が集まることとなり、二〇一二年四月に新石棺が着工された（建設費一五億四〇〇〇万ユーロ／約二〇〇〇億円と言われている）。現在は二〇一五年の完成を目指して建設が進められている。

　しかし、この新石棺も耐用年数は一〇〇年程度。新石棺内で廃炉作業に取り組むものの、内部には核燃料がまだ二〇〇〇トンも残る。特に溶け落ちた核燃料を取り出す技術は現状ではまったく存在しない。このままでは一〇〇年後にまた別の措置を講じなければならず、チェルノブイリ原発が本当の意味で「収束」するには、少なくとも一〇〇

年以上時を経なければいけない、ということだ。福島第一原発事故と同様に、チェルノブイリ原発事故もいまだ現在進行形の事象なのである。

一連の事故でどれだけの人的被害があったのか。国際原子力機関《IAEA》や、世界保健機関《WHO》など国連関係八団体とウクライナ、ベラルーシ、ロシア政府の専門家で構成された「チェルノブイリ・フォーラム」が二〇〇五年に発表した報告書によれば、事故処理にあたった軍人や消防隊員のうち、作業で二二〇〇人が死亡したほか、「チェルノブイリ事故による放射線被曝にともなう死者の数は今後発生するであろうガン死も含めて全部で四〇〇〇人」という数字が出ている。しかし、放射線被曝によるガン死亡者数のデータは諸説飛び交っており、約三万人といった予測から四〇万人に及ぶといった予測まで様々だ。同事故の疫学的な評価は現在でもまだ定まっていないのが実情と言える。

事故報道の一面的傾向

〝汚染地〟チェルノブイリは、事故から二七年が経過してもなお多くの傷跡を残している。チェルノブイリの現状を知ることは「二五年後の福島」を想像するうえで避けて通れない道だ。しかし、その一方で我々日本人がメディアを通して知ってきた「チェルノブイリの現状」は、同地区のある一面を切り取ったものでしかないという事実も認識しておかなければならない。

次ページに掲載した表組は、一九八六年以降の日本におけるチェルノブイリ報道を、新聞記事の件数や内容に着目してまとめたものだ。

事故の翌年から一九九一年まで記事件数が増加していったのは、グラスノスチによってソ連の厳しい情報統制が解除され、明らかにされた事実が増えたからだ。原発問題に大きな関心が寄せられたことで、新聞のみならず事故後二年間で原発関連書籍が約八〇冊出版され、多くの本がベストセラーになった。

原発に関する問題意識が音楽などのほかの文化にも波及したのも見逃せない。一九八八年にはザ・ブルーハーツの「チェルノブイリ」や、RCサクセションの「ラヴ・ミー・テンダー」[★1]といった「反原発ソング」がリリースされ、話題を集めた。同年には東京で一万人を集める反原発集会も行われた。当時の新聞記事を確認すると、八〇年代終盤の一定期間、日本でも脱原発ムーブメントが大きなうねりになっていたことが窺える。

しかし、そのうねりも長くは続かなかった。ソ連崩壊後は記事数が激減。その後は事故後一〇周年、一九九九年の東海村JCO臨界事故、二〇周年という節目の年だけ記事数が増加し、そのあとは再び減少するカーブを描いた。どの新聞社でも同様の傾向が見られた。

この表組からは、チェルノブイリ問題について積極的に報道してきたのは朝日新聞と毎日新聞[★2]であるということも読み取れる。朝日は「チェルノブイリ」という単語への言及が事故を報道した以外の記事についても多かった。このことから、彼らがこの単語を国際関係や社会問題の象徴としてさまざまな形で用いてきたことが窺える。

読売新聞と日経新聞については記事件数は異なるものの、記事数の増減傾向は似ていた。基本的に「ストレートニュース（客観的な事実報道）のみでチェルノブイリを扱う」という方針が社として決められていたのだろう。節目ではルポ記事などが掲載されているが、朝日や毎日と比べると質、量ともに及ばない。

日本のメディアによるチェルノブイリ報道で、記事の種類としてもっとも多かったのは、近隣住民・周辺国の健康被害と、食品汚染に関連するものだ。次いで多かったのは、日本も含めた世界各国の脱原発の動きを報じる記事。東海村JCO臨界事故で放射能の身体への影響を懸念する記事が多く取り上げられたあとは、チェルノブイリ原発事故そのものを報じる記事はがらっと少なくなり、二〇一一年に福島第一原発事故が起きるまでは、救援活動や記念イベント、関連映画の上映などを小さく報じるものが中心となった。

チェルノブイリの問題は日本で継続的に報道されていたものの、大枠では放射能による健康被害、食品汚染、脱原発の動きという三つの話題に絞られていた。その結果、我々が知ることができなかったチェルノブイリの情報とは何か。それは、**この二七年間に原発から三〇キロ圏内——「ゾーン」で何が起きていたのか**、ということである。

前述のとおり、チェルノブイリ原発は事故後も一-三号機は稼働・発電を続け、二〇〇〇年まで「発電所」として機能していた。同事故はソ連を崩壊させる大きな要因となり、当事国であるウクライナは一九九一年のソ連崩壊とともに独立国家になった。しかし、その歴史のいたずらは、ウクライナにチェルノブイリ原発という大きな「負の遺産」を押しつけることとなる。事故を起こした四

チェルノブイリ事故関連記事件数グラフ

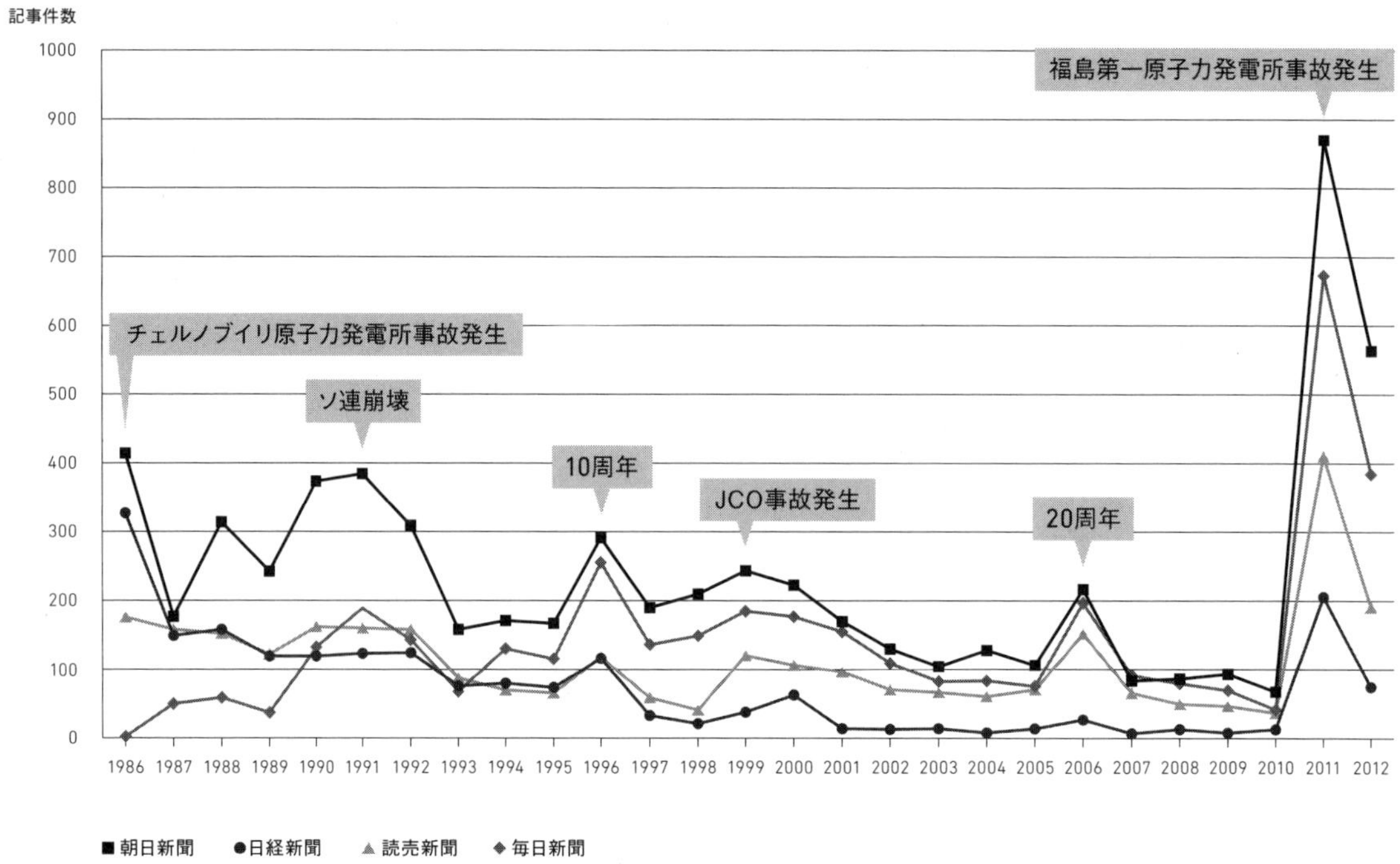

号機に隣接する三号機を、危険を承知で二〇〇〇年まで動かし続けたのは、同機がウクライナ全体の電力供給の七%をまかなってきたからだ。

エネルギー分野での自立を目指すウクライナは、独立したことで、より原発に頼らなければならなくなった。結果、現在の同国の原発依存率は五〇%まで上がっている。

チェルノブイリ取材で見えてきたもの

今回、筆者と編集部が取材でチェルノブイリ原発を訪れた際、もっとも驚いたのは、**チェルノブイリ原発がいまだ「現役」の電力関連施設だった**ということである。同施設は二〇〇〇年に発電をストップしたが、現在でも廃炉作業を続けつつ、ウクライナの西側の原発で作られた電気を東側やキエフに送る送電基地・電力のハブ施設として重要な役割を担っている。同施設は発電停止以降「国営特殊企業チェルノブイリ原子力発電所」に名称を変え、現在でも一日あたり二八〇〇人もの労働者がバスで通勤し、事故処理ならびに送電業務に携わっている。

日本ではこの事実はあまり知られていない。日本のメディアが二〇〇〇年の三号機停止時に「チェルノブイリ原発が完全閉鎖」と、区切りのように報じたからだ［★3］。閉鎖報道以降、チェルノブイリ原発に関連する報道は激減し、我々は石棺後の原発作業員の日常や健康管理といった問題も含め、ゾーン内で何が起きているのか知ることができなくなった。

現在の原発作業員の労働環境はどのようになっているのか。原発の敷地内は放射線量が高いため、作業時間は厳密に管理されている。敷地内の場所にも

チェルノブイリ国内報道年表

年	チェルノブイリ原発事故関連新聞記事	国内原子力問題関連新聞記事
1986	4号炉が爆発、炎上／汚染範囲は20万km²超／30km以内に避難命令。避難者は13万5000人／作業員31人の死亡を確認	日本の原子力安全委員会の専門委が報告書をまとめる。「(国内で)同様の事故は考えられない」との結論
1987	原発事故の裁判が開始／過剰被曝をソ連の党機関誌が否定	日本の原子力安全委員会が「原子力開発利用長期計画」をまとめる
1988	発電所周辺10kmを特別閉鎖／グラスノスチにより「ウラル核惨事」の存在が明らかに	ブルーハーツが「チェルノブイリ」を、RCサクセションが「カバーズ」を発売／東京に「反原発」を掲げ1万人が集結
1989	ソ連紙「原発周辺でガン患者が倍増」と報道／ベラルーシ地区で10万人が新たに避難	北海道電力泊原発がチェルノブイリ事故後、新設では初の営業運転開始／放射線照射食品の解禁をめぐり是非論が高まる
1990	チェルノブイリ原発の閉鎖をウクライナ共和国最高会議が決議	外務省はチェルノブイリ原発事故の被害者救済のため、26億円相当の対ソ医療援助を実施
1991	ウクライナ独立／ゴルバチョフ退任、ソ連崩壊	放射能漏れのおそれもある関西電力美浜二号機の冷却水流出事故／美浜原発事故
1992	ウクライナ政府、事故の影響による死者が6000人を超すものと発表	電力業界、敦賀・東海・福島などの原発増設を相次ぎ計画
1993	事故でベラルーシ共和国で子供の甲状腺がんの症例が事故前の20倍以上に増加とWHOが発表。事故の影響を認める／原発汚染地区に、旧ソ連各国からの難民2000人が流入	東京電力、原発を新たに4基の建設計画
1994	ウクライナ政府がチェルノブイリ原発の段階的閉鎖を表明	原発を6年ぶりに承認、1996年秋に女川原発3号機着工を決定
1995	ウクライナ大統領、2000年までにチェルノブイリ原発閉鎖を表明	高速増殖炉「もんじゅ」でナトリウム漏出火災事故が発生
1996	IAEAフォーラム で「石棺」に崩壊の危険が生じていることが明らかに／事故直後、900人が障害を患ったことが判明	
1997	チェルノブイリ原発放射性物質の再漏出の懸念、密閉についてG7が協力	チェルノブイリ原発処理計画、神戸製鋼所、米欧4社と受注へ
1998	3号炉が冷却水漏れで停止／事故の10km圏内の住民20%に急性放射線障害	「国際チェルノブイリセンター」に日本も参加
1999		東海村JCO臨界事故
2000	1、2号炉に続き、3号炉が運転停止、事故から約15年ぶりに完全閉鎖／事故作業者15万人中130人が白血病、発病予測を5割上回る	
2001	ロシアに15年ぶり新原発	東京高裁、東海第二原発許可取り消し訴訟、二審も住民側敗訴
2002	チェルノブイリ原発事故がテーマの映画『アレクセイと泉』がベルリナー新聞賞受賞	東京電力による原発トラブル隠しが発覚
2003	チェルノブイリ型原発を持つリトアニア、EU加盟を可決も物議を醸す	
2004	ウクライナで原発事故後初、新原子炉稼働	関西電力美浜原発3号機蒸気噴出事故
2005	IAEAによるチェルノブイリをめぐる報告「被曝死4000人」説、論議呼ぶ	
2006	4号炉石棺の補修作業が急ピッチで進行／ベラルーシ反政府デモに4万人参加	
2007	ロシア政府が原子力独占企業を設立	北陸電力志賀原発、臨界の隠蔽が判明／関西美浜原発3号機再起動
2008		日本、次世代の原子力発電所づくりを目指す国家プロジェクトが開始
2009	4号炉の炉を覆う「石棺」の新たな補強工事が終了	日露原子力協定締結／原子力安全委、45年ぶり原発立地基準見直しへ議論開始
2010		美浜原発 1号機の運転を始めて40年
2011	事故から25年、ウクライナ各地で「反原発」集会／ウクライナ、事故による損失が2015年までに15兆円を突破する見込みと発表	東日本大震災／東京電力福島第一原子力発電所事故
2012		日本がウクライナ・ベラルーシと原発事故で協定締結

[データ作成協力:楊潔、加川直央、単其偉(早稲田大学政治学研究科ジャーナリズムコース田中幹人研究室)]

よるが、屋外であれば概ね三―六マイクロシーベルト毎時、原発内部では〇・一―一五マイクロシーベルト毎時程度。作業にもよるが、週四日原発内で作業したら、残り三日は放射線の低い地域で過ごさなければならないといった具合だ。

　一方、原発敷地内以外のゾーン内放射線量はこの二七年で大幅に低下した。放出されたセシウム一三七の半減期が近づいたことに加え、除染作業が進んだことで概ね〇・一―〇・二マイクロシーベルト毎時と、日常的に暮らしても問題ないとされる放射線量まで下がった。日本の除染基準は〇・二三マイクロシーベルト毎時以上とされているので、現在のゾーン内の多くの場所はそれ以下になっているということだ。

　原発から約二〇キロ南に位置するチェルノブイリ市は、事故一年後約一〇マイクロシーベルト毎時という高い放射線量だったが、ここも現在は〇・一―〇・二マイクロシーベルト毎時まで下がっており、立入禁止区域庁をはじめとする多くの機関が存在する。時間の経過とともにウクライナ政府の方針も変わり、ゾーン内の機関で働く人々に限り、三〇キロ圏内の一時滞在や宿泊が認められるようになった。

　ゾーン内には、強制避難後、勝手に自宅に帰還した三〇キロ圏内住民――現地の言葉で「サマショール」と呼ばれる――もいる。一九八七年のピーク時、サマショールの数は一二〇〇人にも及び、不便な環境のなか自力で暮らしていた。ソ連政府やウクライナ政府は、違法滞在していたサマショールに対して何度も新しい住居に転居する説得を試みたが、彼らが出て行くことはなかった。ウクライナ政府は彼らに対して強制退去や処罰を下すことはせず、一九九〇年から九二年の間にサマショールへの補償について布告を出した。事後的ではあるが、サマショールに法的な居住許可が与えられたのだ。サマショールたちは三〇キロ圏内にあるイヴァンキフ地区に新たに戸籍登録され、年金の受け取りや医療サービスの巡回のほか、移動販売車によって生活に必要な物資を受け取れるようになった。

「ストーカー」の出現

　二〇〇〇年代に入ると、ゾーンをめぐる状況に大きな変化が訪れる。元々の居住者だったサマショールとは異なる「ストーカー」［12ページ参照］と呼ばれる、三〇キロ圏内に出入りする人々が現れたのだ。

　元内務省勤務の警察官で、チェルノブイリ原発事故直後に原発の警備を担当する警察部隊の隊長を務めたアレクサンドル・ナウーモフ（62歳）［98ページインタビュー参照］は、チェルノブイリ「ゾーン」におけるもっとも有名な「ストーカー」の一人だ。

　ゾーンの状況や、そこに暮らし、働く人々について知り尽くしていた彼は、一九九〇年ごろから国内外のジャーナリストや学者をゾーンに案内する「ストーカー」役を買って出る。元々警察隊長だった彼にとって、上役に話を通して通行許可を取るのはお手のものだった。ゾーン内に関する幅広い知識と豊富な経験を生かし、平均で一年に一〇―一五回、二〇〇三年までに二〇〇人以上をゾーンに案内した。

　初めてナウーモフのことを「ストーカー」と呼んだのは、彼がゾーンに案内した米国の報道写真家だった。その報道写真家は、案内するナウーモフを見て、ストルガツキー兄弟の小説から連想し、彼を「ストーカー」と呼んだという。その後、徐々に「ナウーモフといえば『ストーカー』である」という認識が多くの人に広まっていった。

「なぜ私がゾーンに行くのか？　事故後の一週間をゾーンで過ごしたからです。かつて自分が働いていた場所に戻っているだけですよ。どこで自分が働いていたのか、そこでは事故後どんなことが起きたのか、一緒に行った人に語っているんです」

　ナウーモフは優れた案内役である一方、事故直後のゾーンを知る文筆家としての顔もある。彼がゾーンについて書いたエッセイは、その後登場する多くのチェルノブイリを舞台としたフィクションやノンフィクションの元ネタになった。

　その一つに、二〇〇七年三月に発売され全世界で二〇〇万本以上の売上を記録したPC用ゲーム『S.T.A.L.K.E.R.《ストーカー》』［146ページ コラム参照］がある。今回の取材で訪れたゾーン内の「プリピャチ」などが舞台となっている。これらのゲームのヒットをきっかけに、ゾーン内に侵入する「ストーカー」になった若者もいるほどだ。

　娯楽ゲームによってチェルノブイリに興味を持つ若者が増えたことについてナウーモフに尋ねてみると、意外なことに、「ゲームを通してであっても、若い人がチェルノブイリの土地がどうなってしまったのか目の当たりにすることには意味があると思っています」という答えが返ってきた。

　ゾーンへの案内、エッセイの執筆、そしてテレビ・ラジオ出演――さまざまな形で「世界がチェルノブイリに目を向けること」に尽力する彼がいたからこそ、小説やゲームを通じてゾーンの現実が伝えられるようになったのだ。ゾーンに魅了される「ストーカー」を増やしたもっとも大きな存在は、まぎれもなくナウーモフと言える。

大反響を呼んだ非公式なツアー

チェルノブイリ原発から四キロの街・プリピャチで事故に遭遇した住民が、その後ゾーンの〝案内役〟になった例もある。国際NPO「プリピャチ・ドット・コム」で代表を務めるジャーナリストのアレクサンドル・シロタ（36歳）［100ページインタビュー参照］は、事故当時プリピャチにある小学校に通う九歳の少年だった。現在はプリピャチの記憶を保存し、後世に伝える活動を行うかたわら、ゾーン内に興味を持つ人間へのコーディネーター役も務めている。

事故当時プリピャチには原発作業員の家族を中心に四万五〇〇〇人の住民が居住しており、事故翌日にはその全員が強制避難させられた。シロタが再びプリピャチの地に足を踏み入れることができたのは一九九二年の冬のことだ。彼は一六歳になっていた。

ゴーストタウンと化したプリピャチはシロタに強烈な印象を残した。わずか五時間の滞在で「自分がもはやこの街に暮らすことはない」と理解した彼は、旅から帰還した一ヶ月後に「覚えていて欲しい（I want them to remember）」というタイトルの文章を執筆する。母の助けを借りて英訳されたこの文章は、半年後「DHA NEWS」という国連の雑誌に掲載されることとなり、これが彼のジャーナリストとしてのデビューになった。「チェルノブイリの被害を当事者として証言できる」ということで注目を集めた彼は、その後紆余曲折を経て、本格的にチェルノブイリ問題をテーマとするジャーナリストの道に進み、自身の取材や、外部から来た人を案内する目的でゾーン内を頻繁に訪れるようになった。

シロタが編集長を務めていた「プリピャチ・ドット・コム」は、いまから一〇年前となる二〇〇三年に創設されたサイトだ。二〇〇五年に同サイトのメンバーとなり、翌二〇〇六年に編集長となったシロタは同年ボランティアで働いている編集者たちへのプレゼントとして、ゾーン内を案内する初めての大規模な「ツアー」を企画した。編集者たちはチェルノブイリというテーマで多くの仕事をしていたにもかかわらず、一度もゾーンの中に入ったことがなかった。

この非公式なゾーン内「ツアー」は大反響を呼んだ。シロタはツアー希望者の要望に応えるべく、それ以降サイトのフォーラム参加者向けのツアーを月に一度くらいのペースで定期的に行うことにした。現在もそのツアーは「チェルノブイリゾーン(http://chernobylzone.com.ua/)」というサイトを通して開催されている。

もちろん、「ツアー」といっても、ゾーン内は現在でも立入居住禁止となっている区域。特にエンターテインメント性の高い施設や居心地の良いカフェがあるわけではない。ゾーン内で行えるのは、事故を起こした四号機の石棺や、いまだ悲痛な傷跡を残すプリピャチの街を見学することだけだ。

このように、悲劇や苦しみの舞台となった場所を訪問する観光形態は一般に「ダークツーリズム」と呼ばれており、ポーランドのアウシュビッツ強制収容所跡、米ニューヨークのグラウンド・ゼロ、カンボジア・プノンペンの虐殺博物館、広島の広島平和記念資料館など、世界中のあちこちにダークツーリズムスポットが存在する。日本では「観光」という単語がレジャーの一種として捉えられることが多いため、ダークツーリズムという単語や概念はあまり普及していない。日本人にとっては古くからなじみのある「社会科見学」や最近一般的になってきた「スタディツアー」といった単語で考えた方が、シロタが実施しているツアーの内容が理解しやすいだろう。

「ゾーン」ツアーの解禁とその狙い

ウクライナ政府はある時期まで安全上などの理由から、ゾーン内の立ち入りを関係者や専門家、ジャーナリストらに限っていた。ナウーモフやシロタが外部の人間を案内したり、身内向けのツアーを組むことができたのは、彼らがほかならぬ**事故の関係者・当事者だったから**である。旅行代理店が間に入り、パッケージを組むような大々的な〝観光〟ツアーは最近まで存在していなかった。

ちなみにこれは日本でも同じような状況がある。福島第一原発から二〇キロ圏内の立入禁止区域に入って取材するジャーナリストは多いが、そのほとんどはオフィシャルな許可を取ったものではない。圏内の住民が一時帰宅するときに付き添うか、圏内の牧場や工場の経営者など、特別に立ち入りが許可された人と一緒に入ることで取材を行っているのだ。

　ウクライナ政府の方針が変わったのは二〇一一年一二月のことだ。それまで限定的にしか解禁していなかった外部からの見学ツアーを許可。ウクライナ非常事態省の外郭団体「チェルノブイリインテルインフォルム」が二〇社ほどの旅行会社にツアー客の募集を委託し、立入禁止区域庁が管理を行う形で旅行代理店が正式に扱うことができるようになった。この解禁により、全世界からツアーの申し込みが殺到。現在は多いときで一日約二〇組、約三〇〇人がゾーンを訪れている。

　立入禁止区域庁のドミトリー・ボブロ第一副長官（54歳）は、解禁の狙いを「外部の人にゾーンを見せることで、放射能の危険性に対して正しい認識をもってもらうため」と語る。

「放射能の危険性は過大評価しても過小評価してもいけません。そもそもこれは普通のツーリズムではない。原子力施設においては、どのような安全規則を守らなければならないのか――その啓蒙と記憶を目的としています。ですから我々は、ゾーン内の安全性については細心の注意を払っています。訪問者を放射能から守るという意味でも、原発作業員を悪意のある訪問者から守るという意味でも」

　ボブロ副長官がこう語るように、ウクライナ政府のオフィシャル観光ツアーは教育・啓蒙的役割を強く帯びている。

　その背景には、ウクライナの高い原発依存率がある【63ページ コラム参照】。近年、ウクライナとロシアは天然ガスの供給をめぐって関係が悪化。そのためウクライナがロシアから購入する天然ガスの価格が高騰して国家予算を圧迫、電気代の値上がりを招いた。ロシア産ガスの依存度を下げ、代替エネルギーの開発とともに原発を積極利用する方針を打ち出した政府のエネルギー計画では、現在の原発依存率五〇％は維持しつつ、代替エネルギーの割合を現在の一％から一〇％まで上げることを目標としている。

　現在ウクライナでは一五基の原発が稼働しているが、耐用年数の問題もあるため、将来的には最大七ヶ所で原発の新設が予定されている。今後国策として原発を推進していくために、国民や周辺諸国の理解を得ることが最重要課題になっているのだ。

　現在のチェルノブイリ原発やプリピャチをありのままの形で見せることで原発事故を「負の教訓」として啓蒙し、原発推進政策のプロパガンダとして使う――正直なところ、同じレベル七の事故を起こした福島第一原発を抱える日本人としては複雑な心境にならざるを得ない。しかし、ボブロ副長官の「事故の爪痕をそのまま見せることが原発政策の透明化につながる」という考え方は、今の日本にはない新鮮なものだ。ここに「二五年後の福島第一原発」を想像するうえで重要なヒントが眠っているようにも思える。

さまざまな放射能リスクを教えるツアー

　ここで改めて、チェルノブイリの「観光ツアー」はどのようなきっかけで始まり、現在の規模まで大きくなってきたのか、整理しよう。

　さまざまな関係者の話を総合すると、どうやら「ツアー」の萌芽は九〇年代の終わりから二〇〇〇年代の初めにあるようだ。最初はナウーモフやシロタのような事故の当事者・関係者がウクライナの立入禁止区域庁に許可を取り、ジャーナリストや学者などの専門家を連れて一時立ち入りをしていたが、その後立入可能な範囲や規模が拡大。二〇〇六年ごろを境にNGOやNPOが主催する形で事実上のツアーが生まれていったと思われる。

　そんな変わり目の時期、「ツアー」のプランニングに大きく貢献したのがチェルノブイリ原発事故当時、軍の放射能斥候隊の士官として事故に関わり、その後作家に転身したセルゲイ・ミールヌイ（53歳）【88ページ インタビュー参照】だ。

　ミールヌイがツアーのプランニングをするようになったのは二〇〇六年のこと。前述のシロタがフォーラムの参加者向けに「ツアー」を始めたことつながっている。

　ミールヌイはシロタから依頼を受け、ツアーの特別ゲストとして招かれた。その後二年間にわたり、プリピャチ・ドット・コムのツアーでガイドとして仕事をすることになる。この経験が元となり、ミールヌイはゾーン内をめぐるさまざまなツアープランを考えるようになったという。

　ミールヌイがプロデュースするツアーは、歴史的な観点から興味深いポイントと、放射線について説明すべき場所を組み合わせて見学場所にしているのが大きな特徴だ。放射線量が高いホットスポットの近くを案内する際は、放射線の種類や、人間の身体を放射線から防御するための知識を細かく説明する。このような形態を取るのは、ミールヌイがツアー客に「放射能とのつきあい方を教える」ことを重視しているからだ。

　ミールヌイがツアー客への啓蒙にこだわる理由は、「現代の放射線事故が社会にもたらすもっとも大きな被害とは、放射能による食品汚染や健康被害ではなく、正しくない知識に基づく放射能への過剰な恐れと、それに伴う風評被害である」という持論によるところが大きい。

　「私が〝情報汚染〟とでも言うべき風評被害の問題を認識したのは一九八六年、まさに事故処理直後のことでした。当時は逆説的なことに、放射能に対してもっとも落ち着いた態度をとっていたのは、我々のようにゾーンで働いていた被曝量のもっとも大きな人々だったんです。なぜか？　我々は情報を持っており、どれだけの量の被曝をしたのか知っていたからです。当時ゾーン内の放射線量は現在の一〇〇〇倍のレベル。我々放射線斥候隊のメンバーは線量が高い危険な場所に行って作業をするときは、そこが危険であると理解していたため、大急ぎで仕事をして一目散にその場を離れた。だから被曝量は最小限で済んだし、精神的な傷を受けることもありませんでした」

　ミールヌイが原発事故当時の作業で被曝した線量はトータルで二〇〇－三〇〇ミリシーベルト。現在の健康状態は特に何もなく良好だと本人は語る。

　ミールヌイの「放射能による健康被害よりも風評被害による社会的・経済的損失の方が問題である」という認識は、低線量被曝の健康被害を重視する多くの人にとって受け入れがたいものだろう。しかし、その一方で日本でも必要以上にメディアが放射能の恐怖を煽り立てることによって、福島に住む人たちへの差別や経済損失が生まれているのは紛れもない事実である。チェルノブイリも、福島もその点はまったく変わらない。

　放射能を過度に恐れず、人々に正しい知識を与えることで風評被害を防ぐ――これは何もミールヌイの専売特許ではない。福島第一原発事故後、日本でも早野龍五、野尻美保子、勝川俊雄、菊池誠といった科学者たちが市民向けにガイガーカウンターの使い方や正しい放射線の知識を教える集会を開催したり、ツイッターを通じて市民からの質問に答える啓蒙活動を行うことで、一般市民の不安解消に一定の成果を上げている。

　そして、ミールヌイも単なる「安全厨（放射能の影響を過度に安全視する人々のことを指すネット用語。その逆が「危険厨」）」ではない。彼はハリコフ大学で物理化学を学んだ後、研究職についた。チェルノブイリ原発事故後専門を転向し、ハンガリーのブダペストにある中央ヨーロッパ大学で「環境分野における科学と政治」を修了した「科学者」なのだ。理論がわかる科学者であり、チェルノブイリ事故の現場に軍とともにいた事故処理作業員であり、何より大量の被曝をした当事者であるミールヌイが「放射能事故でもっとも重要なことは正しい知識を身につけ、メディアの煽る情報に踊らされないこと」と語っているのである（恐らく彼と同じようなキャリアを持つ人物は日本には存在しない）。このことを我々は真摯に受け止める必要がある。

　ゾーンに入ることで参加者に放射能に関する啓蒙を行うというミールヌイのツアーコンセプトは、立入禁止区域庁のボブロ副長官と同じもののようにも聞こえる。事実、彼のツアープランは政府のオフィシャルツアーにも採用されている。見方によっては、ミールヌイが「御用学者」として政府の原発推進プロパガンダの片棒を担いでいると思う人もいるかもしれない。

　だが、意外なことにミールヌイは「ゾーン」ツアーによるプロパガンダ効果には否定的だ。そもそもツアープランは旅行代理店が独自に考えており、政府のスタンスは「民間のツアーを邪魔しない」ということがその理由だ。政府にツアーで原発を推進したいという思惑があっても、実際のところ、「事故の爪痕を目の当たりにした観光客たちが心から原子力を歓迎するようになるとは思えない」――これが彼のツアーガイドとしての実感だ。

　今回チェルノブイリ・ツアーの取材をした際、多くの人が口にしたのが前述のゲーム『S.T.A.L.K.E.R.』の存在だ。ゲームのストーリーや設定については顔をしかめる人もいたものの、チェルノブイリに興味関心を向けさせたという意味では、ゲームの存在をすべての人が肯定的に捉えていたのが印象に残った。ミールヌイはこのゲームをもっとも肯定的に捉えている一人だ。

　彼によれば、あのゲーム以前は、チェルノブイリを語る言説は元住民や作業員にひたすら精神的な傷を与えるものばかりだった。しかし、ゲームのおかげでチェルノブイリは若者が自然に興味を持てるものになったし、この問題について積極的に語ることができるようになったという。つまり、『S.T.A.L.K.E.R.』は、チェルノブイリ問題の周りの文化状況を健全化することに成功したビジネス・プロジェクトだというのだ。

デートスポットとしての事故博物館

印象的なやり方で若者に興味を持ってもらい、この問題をタブー化させることなく次世代にチェルノブイリ問題を語り継いでいく。形は違えど同じ手法で成功しているのがキエフにある「ウクライナ国立チェルノブイリ博物館」[42ページ参照]だ。

チェルノブイリ博物館が開館したのは、ウクライナが独立した翌年の一九九二年。開館から一〇年で一二〇万人が訪れ、近年では若者のデートスポットとしても人気を集めている。

なぜ「デートスポット」たりえるのか。その理由はチェルノブイリ博物館独特の印象的な展示方法にある。通常、こうしたダークツーリズムの博物館というと、広島の広島平和記念資料館や、沖縄の沖縄県平和祈念資料館のようにエンターテイメント性を排除したドキュメンタリーなアーカイブが中心になる。しかし、チェルノブイリ博物館はそうしたドキュメンタリーな展示は全体の三割程度。残り七割はアーティスティックで哲学的な問いかけを行うものになっている。日本ではなじみの薄いこの展示手法が、ここでは多くのリピーターをもたらしているのだ。

チェルノブイリ博物館のアンナ・コロレーヴスカ副館長（54歳）[94ページ インタビュー参照]は「若い世代にチェルノブイリ博物館が愛されていることは私の誇り」と語る。

一九九二年の開館時、同博物館の展示品は二四〇点に過ぎなかった。だが、コロレーヴスカ副館長を中心にスタッフが何度もゾーンに出かけ、事故関係者から地道に資料を集めることを繰り返し、一九九六年に国立博物館の認定を受けリニューアルオープンする際には展示品が七〇〇〇点まで増えた。国立とはいっても、ウクライナ政府から博物館に対する金銭的補助はスタッフの人件費のみ（それも、一般の仕事に比べると低いそうだ）。所蔵品を集めるコストはすべて外部からの寄付によってまかなわれている。それでも展示が充実していくのは、「事故を通じて生まれた、人類が抱える哲学的な問題を多くの人に考えてもらいたい」というスタッフの高いモチベーションがあるからだ。

チェルノブイリ博物館の展示哲学とは何か。それは、展示室の入口に書かれている「悲しみには際限があるが、憂慮には際限がない」というスローガンから読み解くことができる。

「私たちの課題は事故処理員、犠牲者、目撃者ら、何千人もの人々の運命を通して、今日、世界の産業の発展においてもっとも重要なものだとされている原子力エネルギー政策における事故がどういうものなのかを示すことです。『誰がボタンを押したのか』ではなく『なぜ彼はこのボタンを押したのか』――それを社会学者や哲学者の視点から考えましょうと。押したかったからなのか、それとも押すことを強いられたのか、あるいはもっと別の理由があるのか。そうした人間的な側面に焦点を当てた展示を心がけています」

チェルノブイリ博物館には、各国の大臣や大統領も訪れる。彼らは口々に「博物館の展示を見て事故への見方が変わった」と礼を言って帰っていくそうだ。

キエフにある「Tour《ツアー》 2《トゥ》 Kiev《キエフ》」は、『S.T.A.L.K.E.R.』がヒットした翌年の二〇〇八年からチェルノブイリ・ツアーを扱うようになり（ミールヌイが指摘するように、事実上の「解禁」前から旅行代理店はツアーを扱っていた）、成功を収めた旅行代理店の一つだ。政府公認ツアーを扱う同社の社長アンドリ・ジャチェンコ（46歳）[85ページ インタビュー参照]もコロレーヴスカ副館長と同様に「ツアーにおいてもっとも重要なのは参加者への哲学的な問いかけだ」と語る。

「ツアーは、ただのアトラクション、ディズニーランド的なものとはまったく別のものです。世界は非常に脆い存在であるということを、観光を通じて広く世界に対して訴えていかなければならない。私の考えではチェルノブイリあるいは福島を訪問することの最大の意味は、人間の自己意識が高まることだと思っています」

「Tour 2 Kiev」のツアーには世界各地から申し込みがあり、多くの観光客がチェルノブイリを訪れている。二〇一二年にはサッカーの欧州選手権がポーランドとウクライナで共催された関係もあり、観光客が増加したそうだ。

チェルノブイリ・ツアーが近年経済効果をもたらしつつあるのは事実だが、旅行代理店にとって、ツアーは決して「おいしい仕事」ではない。一般的なツアーの料金は昼食付きで一人約一五〇米ドル。一人あたり旅行代理店が得る営業利益はその一割・一五米ドル程度でしかないからだ。「Tour 2 Kiev」もツアーを通して参加者に教育・啓蒙を行いたいというジャチェンコの思いから、必要経費がカバーできればいいという考え方でツアー代金を安くしている。

チェルノブイリ博物館とチェルノブイリ・ツアー両方に共通するのは、そこを訪れた人に正しい情報を与えるということに加え、**参加者に対して哲学的で、エモーショナルな問いかけがある**ということだ。ウクライナ人はある立場から感情を込めて歴史を語ることにポジティブだ。対照的に我々日本人は——広島にしても、長崎にしても、沖縄にしても——ダークツーリズム的なものの展示は、過剰に抑制的になる傾向がある。それは、少しでも抑制的でない表現が部外者から「不謹慎」というキーワードで断罪されてしまう日本の空気と無関係ではないだろう。

なぜ悲劇の記憶を残すのか

展示の手法として、哲学的な問いかけが日本人になじまないというわけではない。二〇一二年三月から六月まで日本科学未来館で開催された企画展『世界の終わりのものがたり　もはや逃れられない七三の問い』は、「どんな病気になるかあらかじめわかるとしたら、知りたいですか?」「変化することと持続することは、両立できるのでしょうか?」といった来場者への哲学的な問いかけ「だけ」で構成される、日本ではあまり見られない異色の展覧会だった。目玉となる展示物や創作物がほとんどなく、大規模なPRもなかったため集客が危ぶまれていたが、ふたを開けてみれば大成功。口コミやリピーターを中心に話題を集めた。同企画展キュレーターの荻田麻子によれば、独自企画展としてトップレベルの動員を記録したそうだ。

荻田にとって予想外だったのは、若者のカップル連れが多く来場したことだ。

「職員も目のやり場に困るくらいカップルが盛り上がってましたね。『あなたは細く長く生きたい?太く短く生きたい?』なんて言ってキャッキャしてました。日常で普段されることがない哲学的な問いをされることで、相手の知らなかった一面が見える。そんなきっかけ作りになっているような気がします」

この現象は、チェルノブイリ博物館が若者の「デートスポット」になっていることとも符合する。参加者に対して哲学的でエモーショナルな問いかけをすることは、ときに優れたドキュメンタリーを見せる以上に、人にものを考えさせる良い機会になるのだ。

ある悲劇があったときに、それを博物館のようなアーカイブや、チェルノブイリ・ツアーのようなダークツーリズムで残そうとする動きが出てくるのはなぜか。答えは簡単、何かの形で残さないと悲劇の記憶が徐々に薄れていくからである。

実はチェルノブイリ博物館は、事故の翌年となる一九八七年に事故処理作業に携わって亡くなった消防団員の常設写真展示スペースを作ったことが誕生のきっかけになっている。さまざまな資料を早くから収集できたのは、事故の翌年から違う形であっても動き出し、六年という短い時間で開館させたからだ。

時間が経過すればするほど貴重な資料は散逸し、壮絶な体験を証言できる人間も年を追うごとに減っていく。アーカイブが意味のあるものになるかどうかは、ひとえに**悲劇が起きてからどれだけ早く「遺す」ことを決め、作業に着手できるか**にかかっている。

だが、日本ではこうした悲劇をアーカイブ——遺構として遺すことへのハードルが非常に高い。日本でもっとも有名な悲劇の記憶を残す遺構の一つであり、一九九六年に世界文化遺産として登録された広島の原爆ドームは、ハードルの高さを示す顕著な例だ。

一九五四年に、原爆ドームをシンボルとして浮き立たせるよう設計された丹下健三の「広島平和記念公園」が完成したあとも、一部の市民からは「見るたびに原爆投下時の惨事を思い出すので取り壊してほしい」という要望が広島市に届いていた。保存なのか取り壊しなのか方針が決まらないまま、長い間そのままの状態が続き、一九六〇年代に入ると経年劣化による崩落の危険性が論じられるようになった。一時は取り壊される可能性が高まっていた原爆ドームだが、ある少女が残した日記によって保存へと動く大きな流れが生まれた。一歳のときに被爆し、一五年後白血病で亡くなった楮山《かじやま》ヒロ子が残したその日記には「あの痛々しい産業奨励館（原爆投下時における原爆ドームの施設名称）だけが、いつまでも、おそるべき原爆のことを後世にうったえかけてくれるだろう……」と書かれていた。この日記に心を打たれた平和運動家の河本一郎が中心となって保存を求める運動が始まり、一九六六年に広島市議会は原爆ドームを永久保存することを決議した。

真っ二つに割れる震災遺構議論

原爆ドームと同様に、東日本大震災の大津波で被災した建物を「震災遺構」として残すかどうかは、被災各地で議論が二分している。

保存派は震災の記録をアーカイブとして残すことで後世の住民の津波防災意識を高めること、あるいは遺構を観光資源にすることで外貨を獲得する経済効果を期待し、解体派は見るたびに津波の被害を思い出して辛いので早急な撤去を希望する――議論の対立構図はどこも同じだ。

震災遺構にいくら学術的あるいは観光資源的な価値があっても、被災した住民感情を優先して、十分な話し合いがないまま撤去される例も多い。二〇一二年五月一八日付け河北新報の記事「焦点／震災遺構　残すか否か／自治体板挟みに」によれば、沿岸市町村のうち一六市町は同新聞の取材に対し、「被災構造物を保存する考えはない」と回答した。半数以上の自治体で、本格的な議論なしに、取り壊しが決められていったのだ。

一度は保存を決めても、反対によって結論が揺らぐケースも多い。宮城県女川町は二〇一一年九月に策定した「女川町復興計画」において、被災地でいち早く津波で横転した女川交番、女川サプリメント、江島共済会館［**写真参照**］の建物三棟を保存する方針を打ち出した。計画では保存する理由を「犠牲者を慰霊し、その記憶や教訓を将来にわたり伝えていくため」「津波により倒壊したビルは、津波研究においても貴重なもの」と説明。「町民の声を尊重しながらその保存に努める」としている。中長期的には保存した遺構を中心に慰霊碑やメモリアル公園を整備する予定になっており、すでに保存を見越した基礎調査を終えたそうだ。

しかし、計画が策定されてもいまだ住民の反発は根強い。模型を展示する代わりに建物は解体するという代替案も示されており、「完全に保存を決定したわけではない。住民感情に配慮しながら検討していく」（女川町役場）という状況だ。

宮城県気仙沼市のJR鹿折唐桑《ししおりからくわ》駅前に打ち上げられた大型漁船「第一八共徳丸」。観光客が多く訪れる象徴的なスポットになっており、市も五一〇億円かけて同地区に「復興祈念公園」を造成し、共徳丸を公園内で遺構として保存する考えを持っていた。しかし、二〇一三年三月に船を所有する儀助《わびすけ》漁業（いわき市）が解体を決定。同社の柳内克之社長は三月二五日付け朝日新聞の記事で「後世のことより、今を生きる人たちの心境を考えて決めた」と解体の理由を説明している。同社には電話や手紙で、解体を求める意見と保存を望む意見の両方が多数寄せられたそうだ。

宮城県石巻市を襲った津波で約三〇〇メートル流され、横倒し状態になっていた「巨大な缶詰」を模した魚油貯蔵タンクも、震災遺構として保存を求める声が多かった。だが、二〇一二年六月、所有者である地元の水産加工会社「木の屋石巻水産」が解体を決定。決め手となったのは、同市雄勝町の公民館屋上に乗り上げた大型バスが撤去を求める被災者の声を受け、震災から一年後の二〇一二年三月一〇日に屋上から降ろされたことだった。

若い女性の町職員が防災無線で津波が到達するまで住民に避難を呼びかけ続けた結果、津波に飲まれて亡くなるという悲劇を生んだ宮城県南三陸町の防災対策庁舎。地元では早くからこの庁舎を震災遺構として残すかどうかの議論が二分されて

津波で横転した宮城県女川町の江島共済会館ビル。建物3棟の前には震災前の状態の写真と説明を書いた立て看板が置かれており、女川を訪れる観光客の見学スポットになっている。女川町の復興計画には、倒壊ビルを透明なアクリルなどで囲い、周りを緑地化した公園にするイメージイラストが掲載されている。　撮影＝津田大介

中央に張られているのは、ツアーの1ヶ月後、チェルノブイリ原子力発電所から郵送で送られてきた発電所内見学での被曝積算線量証明書。左から順に、見学者の名前、国籍、見学日、そして被曝量が記載されている。単位はmSv。取材陣が3時間の所内見学で浴びた放射線量は30μSvあるいは40μSvということになる。取材陣が独自に計測した数値（2日間で累計9μSv）とは大きな開きが出ており、編集部では詳細を問い合わせた。原発からの返信とその解釈について、詳しくは106ページのコラム参照。結論を言えば被曝量が低すぎて正確な数値が出ないとのことで、どうやら編集部計測の数値のほうが正しい。ガイドのシロタ氏曰く、「（原発の数字は）参考ていどに受けとっておいたほうがいいよ」とのこと。写真右に写っているのは、新石棺展示室で配布されたパンフレット。英語とロシア語の2言語表記で情報が充実している。さらにその下に映り込んでいるのは、1日目夜のバーベキューのため買い込んだ食材リスト。旅行記には記していないが、この食材購入のため取材陣は早朝1時間を費やし、そして膨大な食材はすべてが無駄になった。

住所
04071 Київ, пров. Хоревий, 1
тел. +380 44 417-5422
тел/факс +380 44 425-4329
museum@chornobylmuseum.kiev.ua

地下鉄最寄駅
コントラクトヴァ広場
Контрактова площа 駅

開館時間
月〜土 10:00〜18:00
(最終入場17:00)

休業日
日曜日
毎月最終月曜日

入館料
入場料:10UAH
カメラ持込:20UAH
ビデオ持込:50UAH
日本語オーディオガイドあり
別料金で英語ツアーあり

チェルノブイリに行く
記憶を残す

Їхати в Чорнобиль
Залишати пам'ять

музей

チェルノブイリ博物館

Національчий музей "Чорнобиль"

キエフ市中心部、古い建物の残る下町ポディール地区の一角に、国立チェルノブイリ博物館はひっそりと建っている。展示棟はかつては消防署だった。宗教的シンボルを利用した「感情的」な展示方法は、資料が淡々と並ぶ日本の博物館と大きく異なっている。そのいくつかを、メインデザイナーのアナトーリ・ハイダマカ氏の言葉とともに紹介する。

文=東浩紀+編集部
写真=新津保建秀+編集部

01

リンゴのディアスポラ

地下鉄の最寄駅から徒歩二分。博物館の外観は周囲の建物と変わらない01。入場料は一〇フリヴニャ（約一二〇円）。展示は象徴性の高いものが多いので、解説を申し込むことをお勧めする（英語あり）。

博物館は二つのフロアから成る。入口にはまず日本へのメッセージ。福島第一原発事故のドキュメンタリーが流れるモニターを中央に、左手にウクライナ語の詩が、右手には日本語の対訳が掲示されている02。

入口ホールから二階に繋がる階段には、博物館を象徴する地名表示のインスタレーションが並ぶ。掲示されているのは、原発事故で強制避難の対象となった自治体の名前03。ウクライナの幹線道路では、自治体の区域から出るときその自治体名に斜線が引かれた掲示が現れる。それを利用し自治体の解体を想起させる。階段の蹴込み部分に描かれるのはリンゴの木04。日本といえば桜であるように、チェルノブイリといえばリンゴらしい。大きく伸びる枝が避難住民を、成った実が次世代の子どもたちを意味する。離散（ディアスポラ）のイメージだ。

悲劇を展示する

チェルノブイリ博物館
ニガヨモギの星公園　デザイナー
アナトーリ・ハイダマカ
Гайдамака, Анатолій Васильович

2013年4月10日-11日
キエフ・チェルノブイリ博物館
チェルノブイリ・ニガヨモギの星公園

キエフの大祖国戦争博物館をはじめ、悲劇の歴史を展示する施設を多く手がける人民芸術家アナトーリ・ハイダマカ氏。チェルノブイリ博物館とニガヨモギの星公園は同氏がデザインを手がけた。宗教的象徴性を利用し、客観的展示よりも感情喚起を重視する独特の手法には、どのような意図が隠されているのか。キエフとチェルノブイリで解説を受けながら、その哲学を訊いた。

■ 4月10日 チェルノブイリ博物館にて

詩を書くように展示する

　わたしはいままで、キエフの大祖国戦争博物館やセヴァストポリの大飢饉（ホロドモール）[★1] 博物館など、数多くの施設のデザインを手がけてきました。悲劇の展示はわたしのテーマのひとつになっています。チェルノブイリ博物館については内務省より依頼を受けました。

　ウクライナは日本と同じく、原発事故や戦争、飢饉など、数々の悲劇を経験した国です。展示にあたっては感情と象徴性を重視します。議事録のように事実を並べるのではなく、感情を喚起する配置になるように気をつけるのです。いわば詩を書くように展示する。無味乾燥な事実を列挙していくだけでは歴史の重さは伝わりません。それなら本を読み、映画を観れば済むことです。

　もうひとつ気をつけているのは、問題提起を行うこと。たとえば原子力。エネルギー問題は解決が難しい。リスクはありますが、現実は原子力なしではやっていけ

04

03

02

チェルノブイリ博物館　概略図

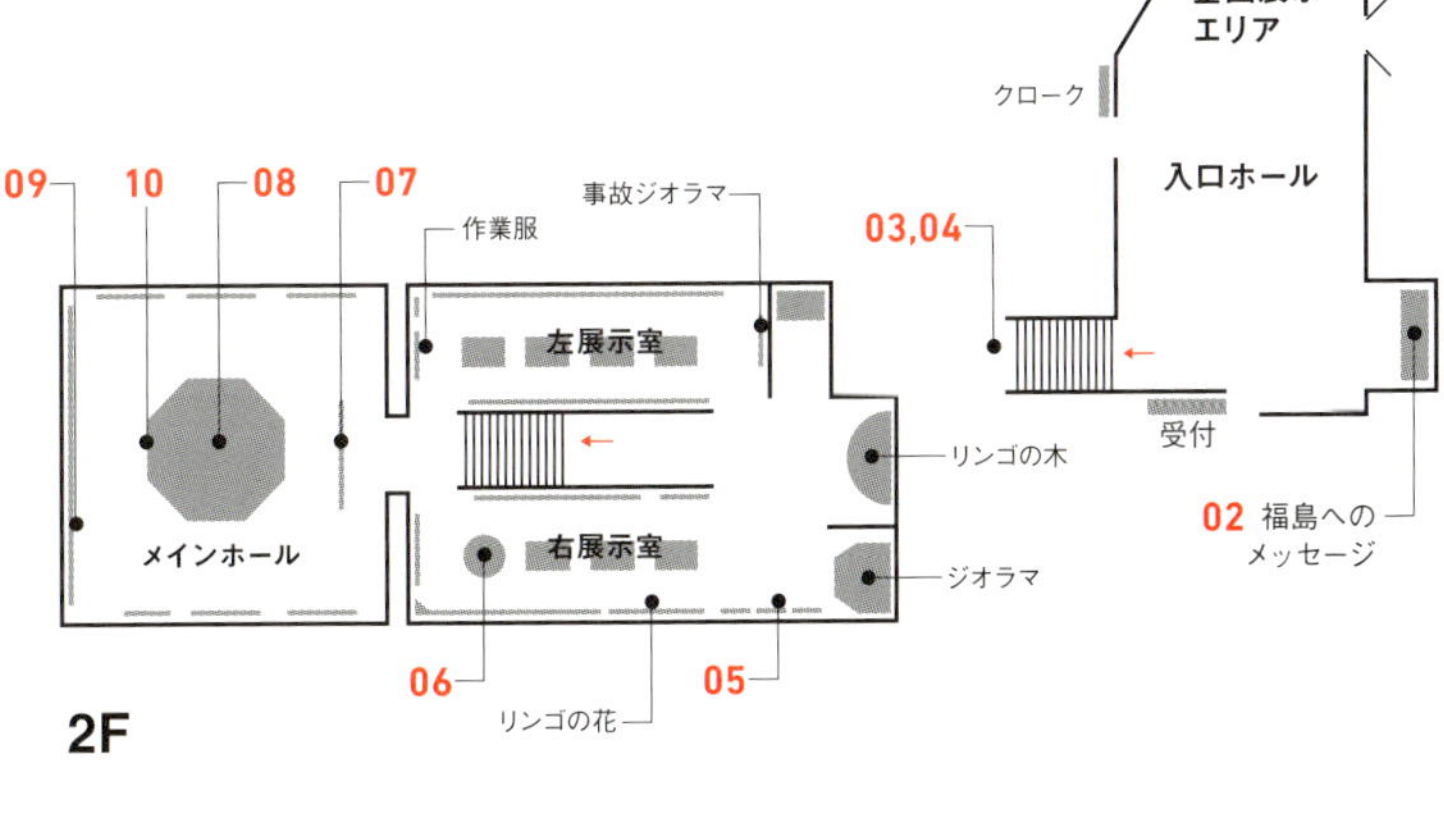

08

05

06

原子炉のなかの教会

二階はメインホールと左右展示室の三部屋に分かれている。立体地図やジオラマなど、事故の基礎情報は展示室にあり、ショーケースの内部には、事故当時の文書や図面、防護服や線量計など各種機器が展示されている05。重要な資料も多いが、基本的に解説文が添えられていないので意義を知るにはガイドが必要になる。印象に残るのは、天井から吊るされた防護服や床に描かれたリンゴの木など、大胆な展示方法。右展示室の中心を占めるのは、放射線測定器を潜る青と黄色の大きな布06。青と黄はウクライナの国旗色。事故の苦難を潜り抜けるとの意味が込められているという。

メインホールはまるで教会だ。青紫の照明で照らされたホール中央部の床は、事故を起こした原子炉の屋根が同じ大きさで再現されている。炉心領域に入るには、入館者はまず聖障（イコノスタシス）を象《かたど》った扉を潜る。左には聖ガブリエルのイコン、右に置かれるのは放射線防護服07。防護服は事故当時ソ連の書記長だったゴルバチョフに、ミハイル・ゴルバチョフの名は聖ミカエルに繋がり、ロシア正教のシンボルと原発事故のイメージが交差する仕組みだ。炉心中心部には、ゾーン内で拾得した木船とぬいぐるません。けれど、安全性を高めることはできたのではないか。なぜ福島では、津波のことを考慮せず、海岸に原発を建ててしまったのでしょう。なぜチェルノブイリでは、3つの川の合流点に原発を建ててしまったのでしょう。これはいずれも誤った判断で、福島では原発事故の原因となり、チェルノブイリでは3本の川が同時に汚染される結果になった。展示を通して、こういうことを伝えていく。

ウクライナは代替エネルギーへの移行を達成できると思っています。けれど時間はかかるでしょうね。原子力はもっとも簡単で効率のいいシステムで、先にそちらを発見してしまったのですから。

広島、チェルノブイリ、福島

わたしたちは原発事故後、ずっと広島を参考にしてきました。チェルノブイリに対しては世界各国が手を差し伸べてくれましたが、日本は国だけではなく民間団体からも支援してくれた。広島の平和記念資料館も訪問しましたが、こちらはドキュメンタリー性が強く、感情に訴えかけるところが少ないと感じました。

この博物館にも日本のコーナーがあります。展示されている千羽鶴は、日本人の女の子が折ったもの。彼女は広島で被爆し、原爆症に苦しみながら回復を祈って千羽鶴を折った。このエピソードは世界的に知られています。

広島のあとチェルノブイリが起こり、それから福島が起こりました。この歴史は明確で、避けることはできません。日本でも、第二次大戦の悲劇をなかったことにはしないでしょう？　戦いに殉じた人々のために、博物館や記念館が設置されているはずです。それと同じように、わたしたちにも、悲劇を再確認させ、原子力の使いかたを間違えたらどうなるのかを考えさせる施設が必要なのです。

これまでに手がけた博物館では、訪問者が必ずなにか新しい発見をしていくようにしています。わたしの展示は子どもの頃の記憶やおとぎ話、民族的な慣習と結びついた象徴によるものなので、外国人にはわからないところがある。しかしみなさんのように外国から来ても、それぞれに意味を受け止めているようです。あなたがたが展示を見てなにを考えたのかは、わたしにはわからない。けれども訪れた人々には、確実に届いている手応えを感じます。

アナトーリ・ハイダマカ

　日本にも日本の象徴があるはずです。自分たちの象徴を使って、津波や原子力の被害の記憶が消えてしまわないようにしなければいけません。

資料とシンボルのバランス

　さきほど重視するのは感情だと言いましたが、館内には歴史的資料も大量に収蔵されています。書類や写真もある。メインホールの中央にはノアの方舟をイメージしたボートがありますが、このボートもなかのぬいぐるみも、いずれもゾーンから持ち運んできたものです。これも立派な資料です。ちなみにこの展示は子どもに好かれるようで、自分のおもちゃを展示するために持ってきてくれる子どももいます。

　展示方法は資料の量によっても規定されます。あと場所ですね。わたしはいまゾーン内のチェルノブイリに博物館を作っています。ニガヨモギの星博物館といいますが、そこでは展示方法を変えています。ニガヨモギの星博物館は事故の現場にあるので、その土地自体が資料になっている。だから事故についてそれ以上の資料を展示する必要がないのです。資料というのは紙だけではないのです。そのため、ニガヨモギの星博物館では、より象徴性の高い展示を試みています。

　明日は一緒にニガヨモギの星公園を回りましょう。

■4月11日　ニガヨモギの星公園にて

25周年追悼式

　公園の建設が始まったのは2011年の2月、25周年の2ヶ月前のことです。この街全体が国の所有で、いまは環境省が管轄しています。だから公園建設もすみやかにできるのですね。公園は未完成で、博物館もまだ正式には開館していません。内部をお見せできないのが残念です。

　2011年4月の25周年記念日には、大規模な式典が行われました。公園に面した車道が通行止めになり、数千人がこの公園に集まった。鐘の音を合図に、それぞれがかつて住んでいた村を訪れるのです——とはいえ、ほとんどの村には墓があるだけですが。その後またこの公園に集まり、追悼式が行われます。式典は毎年あります。今年ももうすぐですね。

10

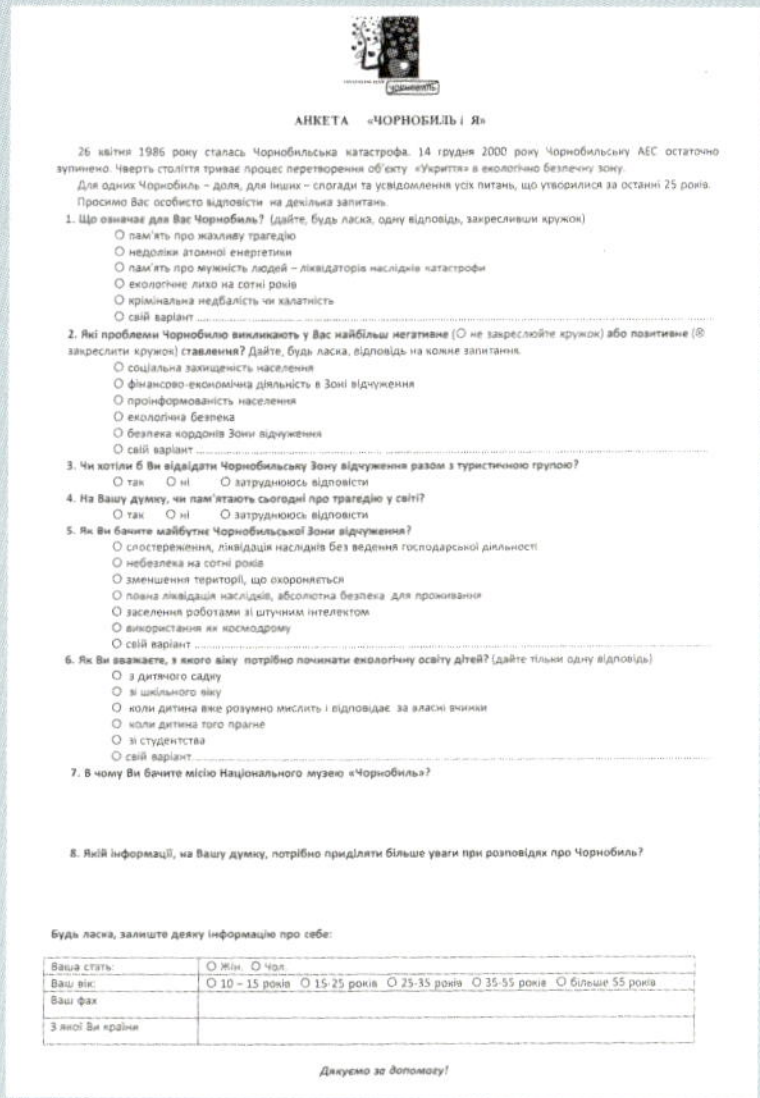

АНКЕТА «ЧОРНОБИЛЬ і Я»

26 квітня 1986 року сталась Чорнобильська катастрофа. 14 грудня 2000 року Чорнобильську АЕС остаточно зупинено. Чверть століття триває процес перетворення об'єкту «Укриття» в екологічно безпечну зону.

Для одних Чорнобиль – доля, для інших – спогади та усвідомлення усіх питань, що утворилися за останні 25 років.

Просимо Вас особисто відповісти на декілька запитань.

1. Що означає для Вас Чорнобиль? (дайте, будь ласка, одну відповідь, закресливши кружок)
   - ○ пам'ять про жахливу трагедію
   - ○ недоліки атомної енергетики
   - ○ пам'ять про мужність людей – ліквідаторів наслідків катастрофи
   - ○ екологічне лихо на сотні років
   - ○ кримінальна недбалість чи халатність
   - ○ свій варіант ……
2. Які проблеми Чорнобилю викликають у Вас найбільш негативне (○ не закреслюйте кружок) або позитивне (® закреслити кружок) ставлення? Дайте, будь ласка, відповідь на кожне запитання.
   - ○ соціальна захищеність населення
   - ○ фінансово-економічна діяльність в Зоні відчуження
   - ○ проінформованість населення
   - ○ екологічна безпека
   - ○ безпека кордонів Зони відчуження
   - ○ свій варіант ……
3. Чи хотіли б Ви відвідати Чорнобильську Зону відчуження разом з туристичною групою?
   ○ так　○ ні　○ затруднююсь відповісти
4. На Вашу думку, чи пам'ятають сьогодні про трагедію у світі?
   ○ так　○ ні　○ затруднююсь відповісти
5. Як Ви бачите майбутнє Чорнобильської Зони відчуження?
   - ○ спостереження, ліквідація наслідків без ведення господарської діяльності
   - ○ небезпека на сотні років
   - ○ зменшення території, що охороняється
   - ○ повна ліквідація наслідків, абсолютна безпека для проживання
   - ○ заселення роботами зі штучним інтелектом
   - ○ використання як космодрому
   - ○ свій варіант ……
6. Як Ви вважаєте, з якого віку потрібно починати екологічну освіту дітей? (дайте тільки одну відповідь)
   - ○ з дитячого садку
   - ○ зі шкільного віку
   - ○ коли дитина вже розумно мислить і відповідає за власні вчинки
   - ○ коли дитина того прагне
   - ○ зі студентства
   - ○ свій варіант ……
7. В чому Ви бачите місію Національного музею «Чорнобиль»?

8. Якій інформації, на Вашу думку, потрібно приділяти більше уваги при розповідях про Чорнобиль?

Будь ласка, залиште деяку інформацію про себе:

Ваша стать:	○ Жін.　○ Чол.
Ваш вік:	○ 10 – 15 років　○ 15-25 років　○ 25-35 років　○ 35-55 років　○ більше 55 років
Ваш фах	
З якої Ви країни	

Дякуємо за допомогу!

来館者向けアンケート「チェルノブイリと私」

チェルノブイリ博物館で訪問者が記入するアンケート「チェルノブイリと私」。ウクライナ語のほかロシア語と英語が用意されている（写真はウクライナ語）。「チェルノブイリはあなたにとってなにを意味していますか」「ゾーンを観光ツアーで訪れたいですか」「ゾーンの未来についてどう考えていますか」といった質問が並ぶ。詳細は現在集計中だが、ヨーロッパ、アメリカ、アジアからの訪問者の場合、半数以上がゾーンツアーを経験しているか、もしくは参加を希望しているとのこと。他方でゾーンの未来については、回答者の70%が今後数百年は危険な状態が続くと答えている。

みがまるで生け贄のように展示されている08。見上げると天井には原子炉素材で世界地図が描かれ、原発所在地にランプが灯る。正面壁面、モニターの背後には、床と同様、四号機原子炉の屋根と同じデザインで並べられる被災した子どもたちの写真09。入館者は、被災した子どもたちに見つめられながら、ドキュメンタリー映画を鑑賞することになる10。もう事故は起きないと安心して博物館を訪れる人々に、もういちど炉心のうえに立って考えてもらいたいのだとデザイナーは語った。

　ホールの隅には情報端末が設置され、被災自治体の歴史や事故後の経過、放射線量などを調べることができた。端末は日本の政府開発援助（ODA）で設置されたようで、大きく「日本」のシールが貼られていた。福島のあとだと、それもまた展示の一部のように映る。

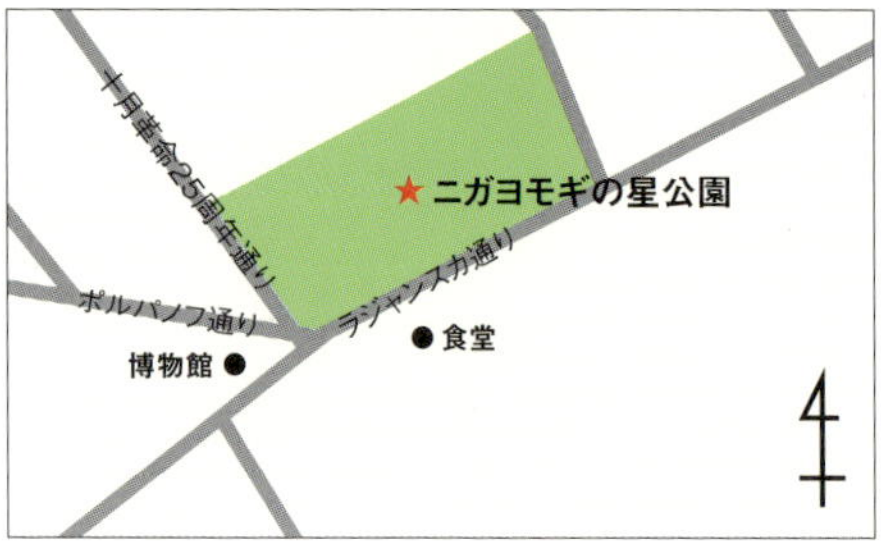

住所
07270 м.Чорнобиль,
вул. Радянська, 58

定休日
なし

入場料
無料

チェルノブイリに行く

記憶を残す

Їхати в Чорнобиль
Залишати пам'ять

парк

ニガヨモギの星公園

Меморіальний комплекс "Зірка Полин"

ゾーン内、チェルノブイリ市中心部に位置する国立ニガヨモギの星公園（直訳は「ニガヨモギの星メモリアルコンプレックス」）。事故後25周年を記念してわずか2ヶ月で建設され、毎年4月26日の式典には数千人を集めるという。敷地内には、福島第一原発事故を受けて設置された「福島の記憶」や離散した避難民を繋ぐ「郵便広場」など、仕掛けを凝らした屋外展示が並ぶ。設計・デザインは、キエフのチェルノブイリ博物館と同じハイダマカ氏。

文＝東浩紀＋編集部
写真＝新津保建秀＋編集部

ボルパノフ通りとラジャンスカ通りの交差点からの光景。左に博物館が、右に「第三の天使」が見える。

天使とコウノトリ

公園は東西に拡がる長方形。公園の東には、コウノトリをモチーフとした外壁が印象的なニガヨモギの星博物館 **Музей "Зірка Полин"** が位置している。コウノトリもまた離散民の生殖力を象徴している。博物館は今夏の全面開館をめざして準備中。

博物館正面、公園の入口に聳えるのは「第三の天使」と名付けられた鉄骨でできた彫刻01。台座にはウクライナの詩とともに、ヨハネの黙示録から引用された一節が刻まれている。黙示録の第八章に、第三の天使がラッパを吹くとニガヨモギという名の星が天から落ち、水の三分の一が汚染されるという文章がある。チェルノブイリの地名がニガヨモギ（正確にはその近種であるオウシュウヨモギ）のウクライナ名に由来することから、この記述は原発事故を予見したものとされた。公園名はそこから取られている。

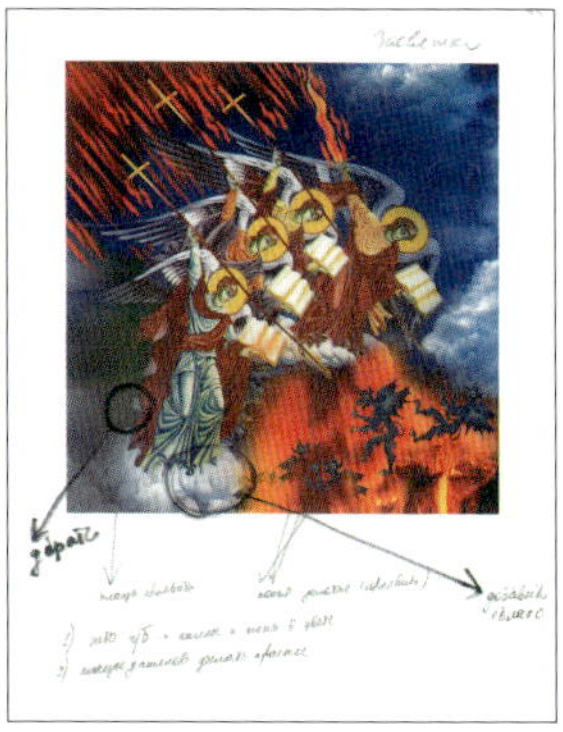

ハイダマカ氏によるデザインスケッチ。

コウノトリの住処

博物館の外壁をご覧ください09。爆発が起きているように見えるところ、これは神の目です。そこから輝く棒状のものがいくつも突き出していますが、これはウランの燃料棒です。そして、飛んでいる鳥はコウノトリ。ツルが日本を象徴するように、コウノトリはウクライナを象徴しています。コウノトリは人の居住地域の近くに住む性質があるんです。この外壁の周辺には石をたくさん並べたいと思っています。爆発によっていろいろなものが四散したことを示すためです。

「第三の天使」の傍に3つの石碑があります。これは25周年の記念式典の際に、ウクライナとロシアの大統領によって設置されたものです。本当はベラルーシの大統領も来るはずだったのですが、欠席でした。

石碑のうち1枚には、事故の初期対応に従事し、亡くなった作業員たちの名前が書かれています10。全員の没年が1986年になっているのがわかるでしょう？　2枚目には、事故処理にかかった作業員たちの名前が列記されています。消防士、医療関係者、軍人、運転手。いろいろな人が関わったことがわかる。

そして最後の1枚には、象徴主義の詩が刻まれています。あちらで巣が燃えた、焼き出されて、こちらで新しい住処を見つけた……。新しい住処とはどこなのか。まったく新しい場所かもしれませんし、故郷のことを指しているのかもしれません。詩はこう結ばれています。「コウノトリは戻ってきて、荷札には『永遠に』と書いてある」と。

人々の集う場所

公園の中央を横切るのが「記憶の道」です。白い標識には一部住民が残っている村、黒い標識には完全に消えた村の名前が記されています。村の名前を使うことに対する反応ですか？　ネガティブなものはありませんでした。むしろ毎年たくさんの人がやってきて、それぞれ自分の村のところに、刺繍の入った手ぬぐいをかけたり、花を捧げたりしています。

あそこに置かれた船はプリピャチの川から取ってきたものです11。「わたしたちはみんなひとつの船に乗っている」というタイトルをつけています。原子力時代のノアの方舟です。

01

天使像から東へ公園を貫いてまっすぐ延びるのが、避難自治体の標識がずらりと並んだ「記憶の道」だ02。チェルノブイリ博物館の展示が大規模になったもの。標識には白と黒の二種類があり、白は一部住民が残っている村、黒は完全に滅びた村の名前になっている。いくつかの標識には、旧住民により花が捧げられていた03。

記憶と郵便

道を進むと小さな広場に出る。「郵便広場」だ04。中央には鉄骨で作られた樹状のオブジェがそびえ、手前にソ連時代の青い郵便ポスト05が、周囲に三つの郵便受けが設置されている。失われた村の住所を書いてポストに投函すると、左右に用意された村ごとの郵便受けに仕分けされ保管される。避難民同士の交流の場にもなる仕組みだ。

09

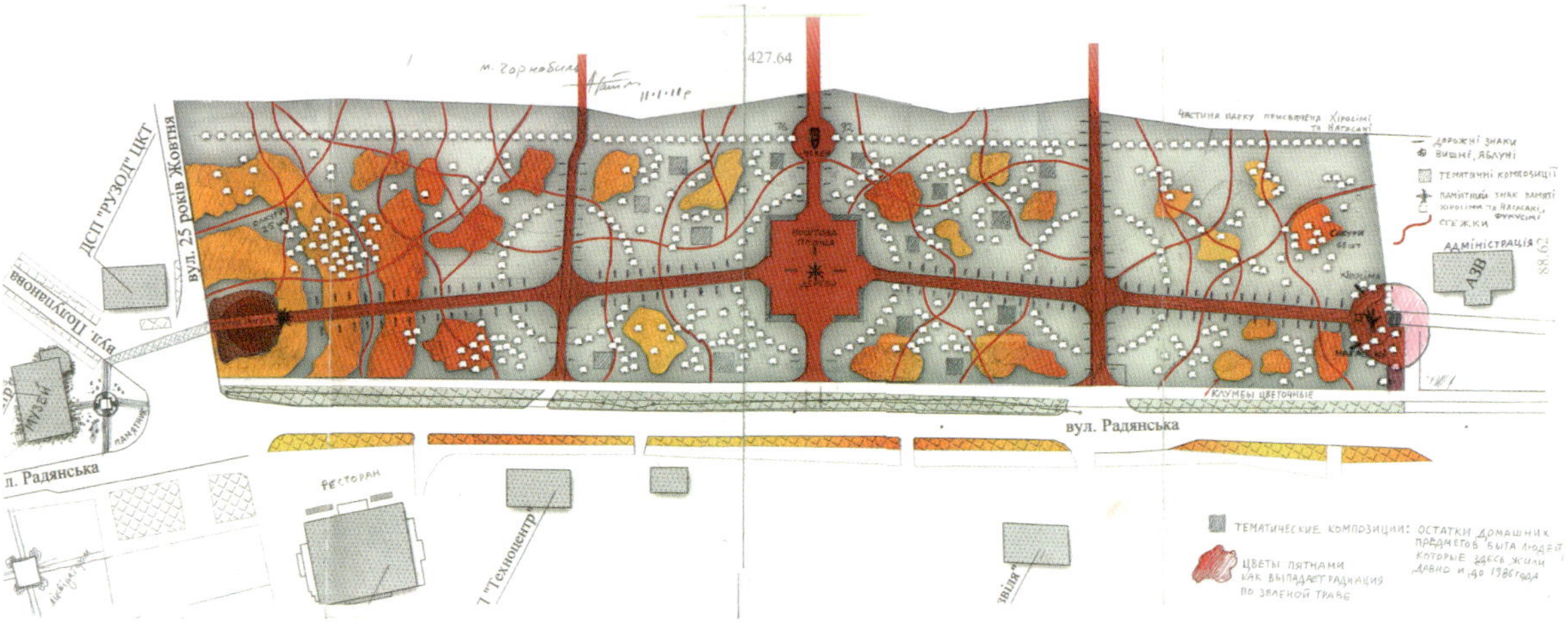

ハイダマカ氏による公園全体のデザイン図。構想段階のもので、現在の公園とは一部展示が異なる。

07

11

08

06

10

アナトーリ・ハイダマカ

公園はまだ拡張します。あそこの工場も改装して展示施設に変えたい。チェルノブイリにはもともと、ロシア人やポーランド人、ユダヤ人など、いろいろな民族が住んでいました。わたしはこの公園を世界の芸術家が集う場所にしたい。わたしはここでは映画監督のようなものです。映画監督が映画を作るように、チェルノブイリ全体の監督と演出をしている。

モニュメント「福島の記憶」は、福島と広島のために作りました。ゆくゆくはここに桜の公園を作りたいと思っています。いま植樹されている3本の桜は、昨年の4月26日に植えられたものです。しかしこれだけでなく、わたしは、日本人の手で木を植え、この公園を桜で埋め尽くしてくれたらと思っています。日本大使館の力添えが得られればよいのですが……。「記憶の道」にも福島の村の標識を付け加えたい。ともに放射能汚染によって住むことのできなくなった場所として、連帯を示したい。

福島にも、人々が集まるための記念公園があったほうがいいですね。広島がそうなっているように、福島も歴史が見えるようにしておかなければなりません。必要があれば、手助けに行きますよ。Ⓖ

★1 大飢饉（ホロドモール） スターリン政権下の1932年から1933年にかけて起きた、現ウクライナおよびウクライナ人居住地における大規模な飢饉のこと。食料不足にもかかわらず小麦の徴発、輸出が継続されたことで被害が拡大した。死者数は数百万に上り、人為的な虐殺行為とされることもある。

経歴
1938年生まれ。ストロガノフ・モスクワ芸術産業大学記念碑・装飾芸術科卒業。1998年よりウクライナ人民芸術家、2001年よりウクライナ芸術アカデミー会員。2005-06年ウクライナ大統領特任顧問。1995年よりキエフ大祖国戦争博物館主任デザイナー。チェルノブイリ博物館、キエフ書物・出版博物館、マケドニア聖三位一体教会ほか、国内外の博物館展示デザイン、記念建造物の内装等を数多く手がけている。

ハイダマカ氏によるデザインスケッチ。

03

02

04

05

さらに進む。公園の東端に位置するのは「福島の記憶」と題された彫刻作品だ06。折鶴を模した紅白のオブジェと「フクシマ」「ヒロシマ」と刻まれたプレート07。当初の構想では広島と長崎が主題だったが、制作中に福島第一原発事故が生じて構想を変更したとのこと。近くには福島事故の一年後、二〇一二年四月に行われたウクライナと日本両国市民による共同植樹の記念板も立っている08。ハイダマカ氏は「福島の記憶」にゆくゆくは桜の木を植え、「記憶の道」には福島での避難対象自治体の標識を追加したいと語る。公園拡張の構想もあるようだ。「この地にはもともとさまざまな民族が住んでいた。だからここには世界のアーティストが集まる施設を作りたい」。七四歳の老芸術家は、エネルギッシュにそう語ってくれた。Ⓖ

言葉のなかのチェルノブイリ

上田洋子《うえだ・ようこ》
ロシア文学・演劇研究者

本書では通訳として取材に同行するとともに、すべてのインタビューの翻訳を担当した。翻訳にあたり、名前や地名の表記を何語から採るのか、ウクライナ語なのか、ロシア語なのか、これは頭を悩まされた問題のひとつだった。チェルノブイリ原発事故はソ連とウクライナ、ふたつの国の歴史を背景に持つ現象であるからだ。

ソビエト社会主義共和国連邦は多民族国家で、1956年から1991年の崩壊までは15の共和国から成っていた。1989年の世論調査の情報を見ると、ソ連の民族数は共和国を形成しないものを併せると128で、117の言語が話されていたという。ソ連では1990年まで国家の公式言語を定めず、ロシア語をあからさまに諸民族の言語の上位に置くことは回避されていた。とはいえ、暗黙の了解としてはロシア語が共通語と見なされていた。政治学者の塩川伸明氏によれば〔★1〕、ソ連時代のウクライナでは、たしかに初等・中等教育をウクライナ語・ロシア語のどちらで受けるか選択できた。しかし大学教育はロシア語がメインだったため、それまでの教育もロシア語が選ばれる傾向にあったという。ソ連のなかでも、言語的にロシア語に近いウクライナとベラルーシで、特にロシア語化が強かった。

ウクライナは独立前の1989年から言語のウクライナ語化を打ち出し、報道と教育の言語からロシア語を排除していった。しかし、2005年には民族言語を保護するヨーロッパ地方言語・少数言語憲章に調印し、2011年には非ウクライナ語の地域言語化を認める法令も公布している。この法令によって、地域人口の10%以上を占める少数民族の言語が、地域の公用語として認められるようになった。そこにはロシア語も含まれる。

では、チェルノブイリ取材でわたしたちが聞いた言葉はどうだっただろうか。たとえば、NPOプリピャチ・ドット・コムのシロタ氏。彼とは交渉段階からメールやチャット、Skypeでもロシア語でやり取りを繰り返してきたが、その言葉はロシア人の知識層が用いる標準ロシア語そのものだった。考えてみれば、他のすべての人には見られた特徴的なウクライナ訛り——たとえば «Г ゲー» の音を «X ハー» と発音するような——もなかった。もちろん、美しい発音には、舞台の人だった母の影響もあるだろう。彼が幼少期を過ごした原発衛星都市プリピャチの言語状況を尋ねてみると、「僕は母とロシア語で会話していた。ほとんどのソ連人と同じだよ」という。ウクライナ人シロタ氏の出自はソ連なのだ。

他方、政府の人である立入禁止区域庁のボブロ氏がロシア語での名前表記を希望したのは驚きだった。やはりソ連時代の幼少時からロシア語の名前に慣れていたのだろうか。そういえばボブロ氏は兵役でシベリアに行った時に、シベリアっ子の妻とめぐりあったと言っていた。今となってはウクライナとロシアの国際結婚である。

これまで主にロシア語で執筆していた作家のミールヌイ氏は、現在は発信の言語を英語に切り替えているが、日常会話ではウクライナ語を用いているようだった。チェルノブイリ博物館のコロレーヴスカ氏と画家のハイダマカ氏のロシア語には、イントネーションにも語彙にもウクライナ語の影響が強かった。また、耳にするキエフの市井の言語に、ウクライナ語が占める割合がかなり高かったのも意外だった。これは昨年、隣国ベラルーシのヴィテプスクを訪れた際に、ロシア語以外の言語をほとんど聞かなかったのとは対照的だった。

キエフとチェルノブイリでの数日間、わたしはウクライナ語のおっとりした響きに耳を傾けながらロシア語を話し、国と人と言語の共存について考えた。チェルノブイリ事故の当事者であるウクライナ、ロシア、ベラルーシの3国は国境を接し、古代のキエフ・ルーシを国家の共通の起源としながら、歴史のなかで統合や分割、支配や独立を繰り返してきた。3国がソ連というひとつの国だったチェルノブイリ事故当時、事故の問題を考える言語はロシア語だった。国が分かれた結果、問題も3つに分割され、言語も分かれた。しかしチェルノブイリ事故の現象にかぎって言えば、ある種の共通語としてロシア語がまだ残り続けている状況があることが、今回の取材でも確認された。言葉は個別の事象や個人と密接に結びついていて、簡単に切り替えることはできないのだ。Ⓖ

★1 塩川伸明「ソ連言語政策再考」、『スラヴ研究』46号、1999年。

チェルノブイリから世界へ

З Чорнобилю у світ

井出明 いで・あきら
観光学者

写真＝井出明

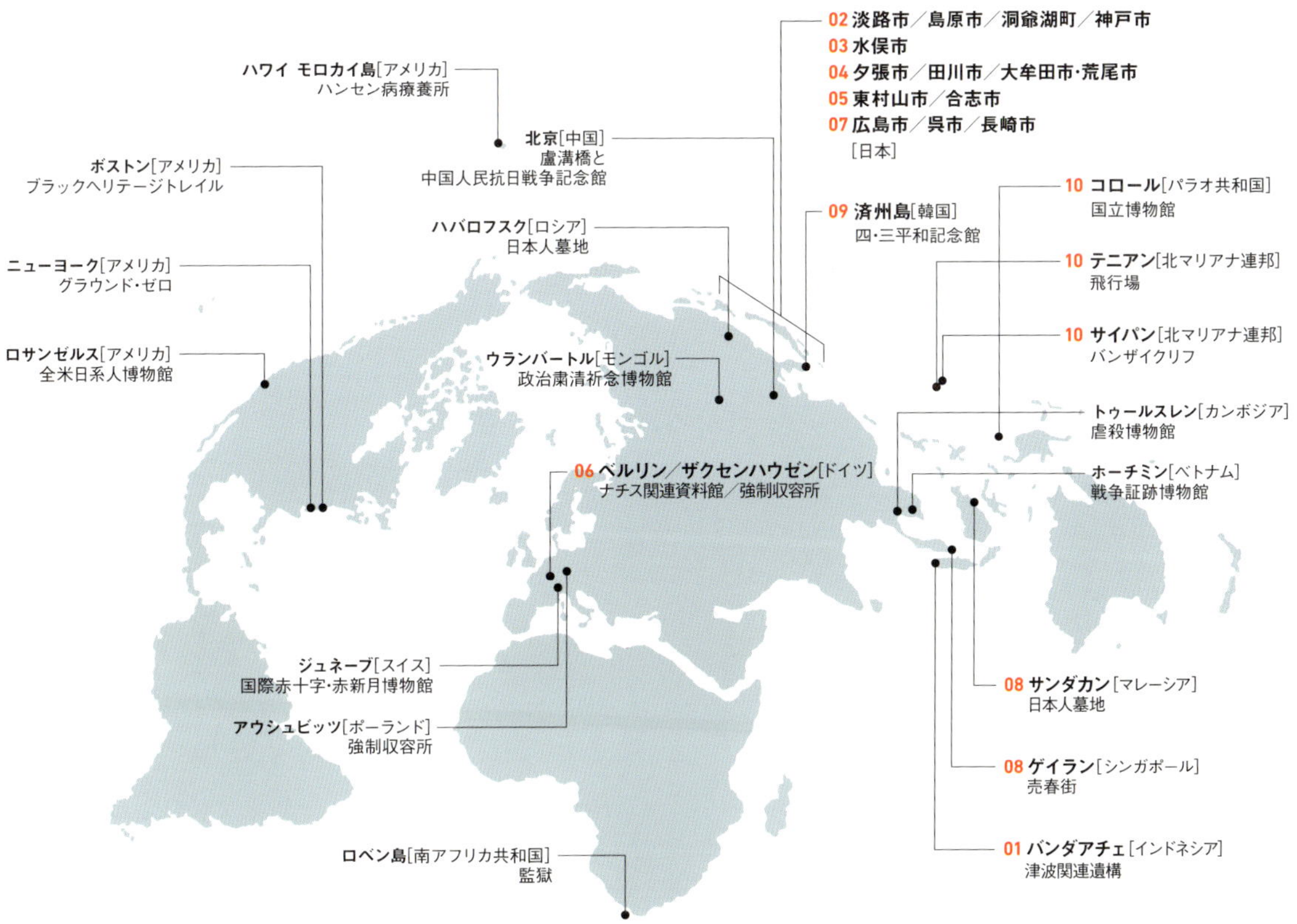

ダークツーリズムとは、戦争や災害といった人類の負の足跡をたどりつつ、死者に悼みを捧げるとともに、地域の悲しみを共有しようとする観光の新しい考え方である。この新しい観光の概念は、学問的には一九九〇年代から研究が始まり、初期の頃は第二次世界大戦に関連した地域が多く取りあげられてきたが、近年、ニューヨークのグラウンド・ゼロなどにも研究の幅が広がりつつある。日本では沖縄の戦跡や広島の原爆ドームへの修学旅行など、学習観光の一環として馴染みの深い旅行形態であろう。ただ、ダークツーリズムの根源的意義は、悲しみの承継にあるため、学習そのものが目的ではないことにも注意しておきたい。訪問地に存在する悲しみを知ることで、学びは必然的に達せられることになる。したがって、ダークツーリストを志すとしても、はじめから何か学ばなければならないという気負いを持って旅立つ必要はなく、自分の心のひだに触れた何らかの事件や事象があれば、「その場を訪れたい」という素直な気持ちにしたがってよい。

人類の悲しみの歴史を受けとめようとするとき、ツーリズムは非常に意味のある方法論である。ある場所で生じた悲しみは、その場にいてこそ、その重さや辛さをリアルに感じることができる。そして外部の来訪者が訪れることで、悲しみは共有され、地域の人々は癒しを得られる。同時に地域の悲しみはツーリストを通じて外部に伝播していく。その結果として、時代や地域を超えた普遍的な悲しみの存在が認知されるようになり、その幾つかは〝構造的なつながり〟を持つことになる。次頁以下では、本書のテーマであるチェルノブイリの他に、私がこれまでに訪れたダークツーリズムポイントの中で印象深かったものを紹介している。

ダークツーリズムという経験を通じ、人類の歴史は、教科書に名前が載るような偉人や英雄だけでできているわけではなく、虐げられた人々もまた歴史をつくってきたことを体感してほしい。村上春樹は、エルサレム賞の受賞に際し、「高くて硬い壁と、それにぶつかって壊される卵があるとき、私は常に卵の側に立っていたい（筆者試訳）」という言葉を残した。このスピーチは、イスラエルのガザ侵攻を批判したものであるが、無力な人々が抗えない圧倒的な力の前で抱く悲しみは、自然災害であろうと戦争であろうと、その深さは変わらないのではないだろうか。ダークツーリズムは、まさにこの〝卵〟の側に立とうとする営みなのである。

01 津波災害の跡をめぐる旅

バンダアチェ［インドネシア］

二〇〇四年一二月二六日に発生したインド洋津波以前にバンダアチェの名前を知っていた人は稀であろう。インドネシア最西北部に位置する拠点都市であるバンダアチェは、この津波の影響を直接に受けて、一旦壊滅したという報道に触れた人もいるかもしれない。

しかし、現地を訪れてみると、この見方は必ずしも正しくないことがわかる。実はアチェ地方は、津波が発生する以前からインドネシアの中央政府に対して、分離独立を主張する闘争が繰り広げられていた。アチェ地方の住民のほとんどは非常に敬虔なイスラム教徒であり、世俗的なムスリムで構成されるジャカルタの社会とは様相が異なる。このアチェ闘争は、かなり過激なものであったらしく、自由な外出もままならない状況であったと聞いているし、外国人との接触はもちろん、アチェ州以外のインドネシア人との交流も非常に限定的なものであったようだ。

こうした状況を一変させたのが津波であった。これまで〝敵〟と認識してきたインドネシア軍の兵士たちは、被災者のレスキューに尽力した。また、世界中からNGOが入り、この地の復旧・復興に知恵を出すとともに、現地の人たちと一緒に汗を流した。つまり、津波が政治や国境を越えた人々の連帯を作り出し、我々が目にすることのできる今のバンダアチェの繁栄をもたらしたと考えることもできる。換言すれば、災害発生前に戻すという復興ではなく、災害の発生に伴い、新たな価値を地域に作り出すという特殊なイノベーションが生み出された街なのである。これは、福島の今後の復興を考えるうえで、有益な示唆に富んでいるといえよう。

現在のバンダアチェは、津波博物館を中心として、津波災害に関連する遺物や遺構を観光資源として活用し、国際的な観光交流が展開されている。この地を分析する方法論としては、まず津波博物館を訪れ、津波被害の全貌を掴んでみたい。そのうえで、津波で打ち上げられた洋上発電所や住宅街に突き刺さったように存在する難破船を見に行くといいだろう。こうした災害関連遺構の周りには、多くのベチャ（バイクに客車をつけた乗り物）が客待ちをするとともに、土産物屋の屋台が軒を連ねている。ここでは、紛れもなく地域経済が循環しているのである。このように災害の傷跡を直接観光資源として用いるのは、日本では見られない地域開発のモデルであり、ぜひともここで見聞を広めてほしい。

●バンダアチェ公式観光サイト
http://bandaacehtourism.com/

バンダアチェ津波博物館　内部の渡り廊下の様子。館長のラマダニさんも写っている。天井の旗は、インド洋津波の際にアチェを支援した国々のもので、もちろん我が日本の日の丸も飾られている。津波博物館は、今やアチェの街のシンボルとなっており、多くの人々がこの建物を街の誇りと考えている。

浜に打ち上げられた旧日本軍のトーチカ　バンダアチェ郊外では、戦跡を巡る旅も体験することができる。写真は、オランダ軍への対応策として作られた旧日本軍のトーチカ（鉄筋コンクリート製の防御陣地）である。戦後のインドネシアの独立には、旧日本兵が深く関わっており、地元でこれに纏わる話を聞くのも興味深い。

02 自然災害の跡をめぐる旅

淡路市／島原市／洞爺湖町／神戸市［日本］

日本は世界から災害大国だと認識されており、それにまつわる博物館・資料館も多い。しかし、その中には、地震や火山噴火を単に自然現象として捉えてしまっているため、被災者の心の傷や生活の困難さなどを慮ることが難しい展示施設も数多くある。

例えば、阪神・淡路大震災に際し、旧北淡町（現淡路市）にある野島断層保存館は、

地質系の学者がその学術的価値の重要性を主張し、これまで展示がなされてきた。また、雲仙普賢岳の噴火を扱った博物館であるがまだすドーム（雲仙岳災害記念館）も、理科系の博物館としては非常にレベルの高い展示であると言われているが、社会科学に関係する展示が少なく、そこを訪れても被災者・避難者がどのような気持ちで日々を過ごしていたのかを想像することは難しい。

　地震にしろ火山噴火にしろ、災害は単に自然現象に矮小化されるべきではなく、被災者の生活に直接の影響を与えるという意味で、社会現象としての意味も持つ。この観点から災害を後世に伝えることに成功している施設として、洞爺湖町の火山科学館と神戸市の人と防災未来センターの二つを挙げておく。両施設とも、まさに降ってわいた自然災害が、人間の生活や心理状態にどのように影響するのかという点に踏み込んだ展示が工夫されている。特に、人と防災未来センターは、六四〇〇人を超える死者を出した阪神・淡路大震災の復興過程において、悲しみをどのように承継し、どのような未来をつくっていくのかという論点を市民ベースで考えるためにつくられた地域の核である。

　このセンターは、構想の早い段階から市民が関わっており、展示品も被災者の実際の生活の中で使われたものが数多く展示されている。さらに、復興過程での人々の逞しさを感じさせる展示も工夫されており、人間の持つ本来的力強さを認識できる。また、阪神・淡路大震災の教訓に基づいて、より高度化した国内外の新たな救援活動が紹介されており、尊い犠牲があったことで次の命が救われたことも展示を通じて学ぶことができる。神戸で観光を楽しむ際には、ぜひここを訪れてみてほしい。

人と防災未来センター　阪神・淡路大震災をきっかけとして作られたこちらのセンターは、今やグローバルに来訪者を集める世界最高水準の災害博物館といってよい。膨大な収集資料と証言によって、被災者および被災社会の実像に迫っており、防災や復興について多面的に学べるようになっている。

- 人と防災未来センター
  http://www.dri.ne.jp/
- 洞爺湖町立火山科学館
  http://toyako-vc.jp/volcano/
- がまだすドーム（雲仙岳災害記念館）
  http://www.udmh.or.jp/
- 野島断層保存館
  http://www.nojima-danso.co.jp/
  nojimafaultpreservationmuseum.php

03 水俣病をめぐる旅

水俣市［日本］

　福島第一原発の事故が発生して以降、水俣病と原子力災害の被害の類似性は、しばしば指摘されるところである。水俣病は水質汚濁ではあるものの、環境汚染であるという点では、放射能が漏れた福島と類似性を持つ。また水俣地域出身者に対する差別は、原発事故発生直後に福島からの避難民が味わった理不尽な対応と似た側面があり、科学的根拠に基づかない恐怖が、社会の断絶を生み出すことを表している。

　このように水俣病は、福島における困難と共通項を持つが、だからこそ水俣の地を訪れ、この地が五〇年近くかけてどのように公害を克服してきたのかを学んでほしい。水俣の地では、単に公害病が発生しただけでなく、それが補償問題と絡んだことから、補償対象となる患者と公害発生元であるチッソ勤務者との対立を生み出し、地域社会における分断が生じてしまった。

　こうして考えると、公害は単に医学的な問題ではなく、社会的な論点も多く含んでいることがわかる。水俣市は一九九三年にすでに資料館を設置していたが、国はこれまで患者救済と社会啓発に冷淡であったことを反省し、二〇〇一年に水俣病情報センターを設けた。現在の水俣は汚染から回復し、世界でも先進的なエコタウンとして評価されている。その結果、情報センターと資料館に加え、県の環境センターを併せた環境学習の場として多くの来訪者を受け入れている。

　水俣病および水俣の地が辿った歴史は右記の施設で確認できるが、時間に余裕があれば、公的施設ができる以前から水俣病に民間ベースで取り組んでいた相思社の水俣病歴史考証館も訪れてみたい。学術的な展示としては粗削りであるが、ここでは、座り込みに用いた旗などがところ狭しと並んでおり、まさにその「モノ」が、困難な時代を語ってくれる。

八代海の一部をなす水俣の海は、今や全国でも屈指の美しさを誇る。魚から検出される水銀の濃度も他の海で獲れたものより低いほどで、地元産の魚を自信を持って提供する飲食店も多い。山間の桜は以前から有名であったが、今や地元の人々は「桜並木から見える海もきれいよ」と海を再び誇らしげに語るようになった。水俣の復活は、福島の未来と通じるものがあり、環境汚染に対して我々がどのような姿勢で取り組むべきかという問いに対する重要なヒントとなる。

●水俣病情報センター
http://www.nimd.go.jp/archives/
●水俣病資料館
http://www.minamata195651.jp/
●熊本県環境センター
http://www.kumamoto-eco.jp/center/
●相思社
http://www.soshisha.org/jp/

水俣湾　水俣病情報センターの屋上から眺めた水俣湾の様子。かつて水俣病が発生したこの海も、長い時間をかけて環境汚染から回復した。夏には海水浴も楽しめ、獲れる魚についても何の問題もない。情報センターや資料館で学んだ後に、ここから海を眺めると万感が胸に迫るであろう。

04 エネルギー革命の跡をめぐる旅

夕張市／田川市／大牟田市・荒尾市［日本］

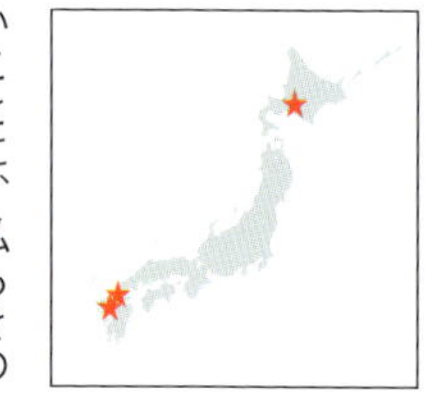

福島第一原発観光地化計画［108ページ参照］の話を初めて聞いたとき、そのアイデアが荒唐無稽に感じられた人もいるかもしれない。実は申し訳ないことに、私もその一人であった。しかし、エネルギー革命によって一度は没落した旧炭鉱街が観光の力によって新しいパラダイムを迎えている現状を鑑《かんが》みるとき、福島第一原発も観光の観点から捉え直す必要性を感じる。

一九六〇年代まで、日本には数多くの炭鉱が存在し、採掘量も非常に多かった。しかし、火力発電の主力が石油に移ると、炭鉱経営は行き詰まることになり、ほぼ全ての炭鉱の火が日本から消えた。本章では、旧炭鉱街を周る旅を提案したい。

夕張の町は、「炭鉱から観光へ」をスローガンに町おこしを狙った。その起点となった施設が、現在の石炭博物館である。夕張市自体は、ハコモノ行政に傾いた結果、財政が破綻したが、この石炭博物館関連施設については、市の内外から存続の声が上がり、現在に至るまでかろうじて四月から一〇月にかけて開館している。ここでは、自然科学における石炭の意味、石炭や炭鉱の経済史における意味、そして炭鉱で働く人々の生活を重層的に学ぶことができる。

筑豊炭田の核となった田川は、炭鉱で働く人々の庶民文化が花開いた地であり、田川市石炭・歴史博物館では最盛期の炭鉱文化の爛熟を見ることができる。特に、ユネスコが世界記憶遺産に認定した山本作兵衛の炭坑労働の絵画は、下層炭坑労働者の状況を描いており、一見の価値がある。

最後に外してはならない訪問先として、九州の大牟田・荒尾にまたがる三井三池炭鉱を挙げておきたい。ここは単に、エネルギー需要の転換によって閉山に追い込まれただけでなく、生産の最盛期の頃からマルクス主義の活動家が現地に入り、労働運動を先鋭化させた歴史を持つ。組合活動が分裂した結果、深刻なコミュニティの崩壊を招くことになってしまった。現在この地は、廃坑になった施設を、近代化産業遺産として世界遺産に申請するためのプロジェクトを展開しているが、これは失われた地域の絆を結び直すという意味も持つ。具体的には、荒尾市の万田坑跡と大牟田市の石炭産業科学館を訪れてほしい。特に、大牟田の石炭産業科学館には、社会の崩壊に関する具体的な展示はなく、映像資料でのみ説明されているので、十分な時間をとって臨みたい。

右記の旧炭鉱の例は、エネルギー政策が根本的に転換されたあとで、エネルギーの

万田坑跡　客観的に見れば廃墟に過ぎない古い炭鉱でも、そこには日本近代化のエッセンスを読み取ることができる。荒尾・大牟田の地域には先鋭的な労働運動が展開したため、コミュニティの分断が起こってしまったが、近代化産業遺産群は、ふたたび人々の心をひとつにまとめようとしている。

供給地がどのような変化を遂げたのかということを我々に教えてくれる。これらを巡る旅は、福島の今後を考えるうえでも重要である。

●夕張市石炭博物館
http://www.yubari-resort.com/contents/facility/museum/
●田川市石炭・歴史博物館
http://www.joho.tagawa.fukuoka.jp/sekitan/
●大牟田市石炭産業科学館
http://www.sekitan-omuta.jp/
●万田坑跡
http://www.city.arao.lg.jp/mandako/

05 ハンセン病と無知の大罪をめぐる旅

東村山市／合志市［日本］

ダークツーリズムといっても、その対象は飛行機に乗らないと行けないような遠方ばかりにあるわけではない。池袋から三〇分程度西に移動した東村山市には、国立ハンセン病資料館と療養所としての多磨全生園《たまぜんしょうえん》があり、桜の季節にはぜひここを訪れてみたい。一三〇万人以上が観桜に訪れる名所となっている。

下に掲載されている写真を見ると、春の桜の下で、地元の人々が花見を楽しんでおり、心がなごむかもしれない。しかし、ほんの数十年前までは、人々の中に存在した差別意識のために、多磨全生園の中に市民が気軽に足を運ぶということは少なかった。

資料館は、古代から続くハンセン病への差別の歴史が構造的に学べるようになっている。敷衍《ふえん》すれば、差別というのは、為政者がある日突然法律をつくったから発生するのではなく、我々の差別意識が先にあり、それが社会制度の中で顕在化していく過程で固められていくということがよくわかる展示と言える。また、治る病気であったハンセン病に対して我々が無知であったために、社会差別が長年続いてしまっていることに自責の念を感じるかもしれない。

まずは、資料館をじっくりと見よう。そして資料館の入口でお願いすると、多磨全生園の全体を散策できる『「人権の森と史蹟」めぐり』というリーフレットをもらえる。次は、これを使ってじっくりと〝まち歩き〟をしてみたい。各宗派のお寺とキリスト教の複数の教会が並び立つ独特な景観も、考えさせるものがある。

ハンセン病の療養所は、二〇一三年三月現在、全国で一四ヶ所（国立一三ヶ所、私立一ヶ所）存在している。その中には、博物館的な施設を併設し、市民への啓発活動を熱心に行っている所もある。公開型の資料館を有している施設として、熊本の菊池恵楓園《きくちけいふうえん》と岡山の長島愛生園《あいせいえん》がよく知られている。特に熊本の展示は、国家賠償請求訴訟が起こされた地であるため、法律を中心とした社会科学系の展示が整理されている。また、元患者の方々は、園内でさまざまな創作文化活動に励んできた。それは俳句や短歌であったり、小説であったり、絵画であったりするのだが、展示施設ではそれらの作品に触れることができる。一般のコンクール・コンテストで上位入賞する作品群を見るとき、生と芸術の関係性について深く考え直す機会を得られるであろう。

国立療養所多磨全生園　多磨全生園の桜の木の下で遊ぶ子どもたちの様子。多磨全生園の桜は地元でも有名で、花の盛りの頃には多くの人々が観桜に訪れる。かつての差別や偏見を乗り越え、社会との交流は広まりつつあるが、資料館で歴史を学ぶことも重要である。

別項で触れた水俣病、そして本項のハンセン病療養施設とフクシマは、実はひとつのベクトルで繋がっている。3・11以降、福島の子どもたちが菊池恵楓園に遊学したことがある。非科学的な差別を受けた子どもたちの心は、同じように謂れなき差別を受けた元患者の辛さと重なるところがある。そして、水俣病が生み出した社会差別は、ハンセン病における社会的疎外と類似構造を持つことがしばしば指摘される。

ハンセン病については、誤った隔離政策をとっていたので、地方の療養所は島や人里離れたところにあることが多い。風光明媚であるゆえに、それだけますます社会の罪深さを感じさせる。

●国立ハンセン病資料館（多磨全生園の情報もあり）
http://www.hansen-dis.jp/
●熊本 菊池恵楓園
http://www.hosp.go.jp/~keifuen/
●岡山 長島愛生園歴史館
http://www.aisei-rekishikan.jp/

06 差別の構造をめぐる旅

ベルリン／ザクセンハウゼン［ドイツ］

ベルリンは冷戦の象徴としてよく知られている街である。ベルリンの壁は多くのス

ザクセンハウゼン強制収容所　ベルリン郊外の収容所の跡。70年ほど前、ここではナチスドイツによる組織的なユダヤ人への残虐行為（いわゆるホロコースト）が行われた。現在では、世界中からダークツーリストが集い、悲劇の歴史を学ぶとともに、二度とこのような事態を招かないように誓いを新たにしている。

パイ映画で取り上げられてきたし、現在のメイン空港であるテーゲル空港は、〝ベルリン封鎖〟の際に、西側からの空輸作戦の舞台となった場所である。テーゲル空港自体がダークツーリズムポイントとも言える。ただ、本稿では、チェルノブイリ、そして福島との関係でベルリンの観光を問いなおしてみたい。

ヒトラー政権下で、組織的なユダヤ人迫害が行われたことは周知の事実であるが、政府がある日突然「この人たちを差別しなさい」と言ったとしても、我々はすぐに差別的な取り扱いができるわけではない。差別が発生するにあたっては、差別を許容する社会的素地がある。ベルリンを訪れたら、まず市内のユダヤ博物館を訪れたい。博物館では、我々の差別意識がどのように養われてきたのかが二〇〇〇年を超えるユダヤ人迫害の歴史と合わせて説明されている。異質なものを社会からどのように排除してきたかという人類の負の歴史は、現代の福島の関係者への謂れなき差別と重なり合うところがある。

また、故国を追われることは、出エジプト記になぞらえて、一般名詞として〝エクソダス（exodus）〟と言われるが、ふるさとを離れざるを得なかった人々の悲しみやその後のディアスポラ（Diaspora）としての苦難の歴史は、チェルノブイリや現代の福島の強制疎開の意味を考える上でも有益な示唆を与えてくれる。ユダヤ人に対する差別や迫害の歴史は、決して過去の歴史ではなく、形を変えて現代に同一の構造で出現しかねない危険性を感じ取れるかもしれない。

ナチスによるユダヤ人迫害は、ホロコーストという形で悲惨な道を辿ることになるが、このホロコーストの舞台となった場所の一つがベルリン近郊のザクセンハウゼンの強制収容所である。ここを訪れると、はじめはちょっとしたレベルの社会差別であっても、それを放置してしまうと、人間の尊厳の根幹が侵されるような事態が生み出される危険性を体感することができる。

ベルリンにはこの他にも、ユダヤ人差別やナチズムに対する反省を促す博物館や資料館が数多くあるが、豊富な写真パネルでナチの蛮行を断罪するテロのトポグラフィー記念館はぜひ訪れてもらいたい。自由に物が言えない社会の怖さを実感できる展示である。

本書を手にとった読者であれば、どの施設も、「ざっと見る」というレベルの見学では、満足できないと思われる。十分に時間の余裕を持って訪問してほしい。

●ベルリンユダヤ博物館
http://www.jmberlin.de/site/EN/homepage.php
●ザクセンハウゼン収容所
http://www.stiftung-bg.de/gums/en/index.htm
●テロのトポグラフィー記念館
http://www.topographie.de/en/

ザクセンハウゼン強制収容所　門に掲げられた「働けば自由になる」という有名な標語。強制収容所はユダヤ人に先んじて、「国家の生産性に寄与しない」という観点から、政治犯やロマーニを始めとするジプシー、そして同性愛者にくわえて障害者までも収容され、その多くが命を落とすことになった。

07 日本の戦争の意味をめぐる旅

広島市／呉市／長崎市［日本］

修学旅行をはじめとして、広島の平和記念資料館に行ったことのある人は多いと思う。ダークツーリズムの古典的名著『Dark Tourism』でも、原爆ドームは取り上げられており、世界的にも知られたダークツーリズムポイントである。「だから、原爆ドームに行ってください」では、この本の存在意義が問われるので、どのように見れば原爆ドームを訪問するという体験が深い意味を持つのかを考えてみたい。

大和ミュージアム　このミュージアムは決して戦争を礼賛する施設ではないことに注意してほしい。ここは、あくまでも戦争の意味を多面的に考える場である。展示では戦後日本の復興に、戦争中に開発された技術が有用であったことが語られるが、その論調も、技術を平和的に利用できるようになったことに対する喜びが見て取れる。

　広島市の近くには呉市があり、ここにはいわゆる大和ミュージアムがある。原爆ドームを訪れるときは、少し足を延ばして呉にも行っておきたい。呉は、もともと軍都として栄え、戦艦大和を建造した工場を擁していた。そして、さらに別の機会に、長崎の原爆資料館も訪れたい。

　この三ヶ所を訪れることで、何が見えてくるかといえば、「戦争は良くない」や「平和が大事」と言ってみても、それだけではあまり意味を持たないという実は当たり前の結論である。

　広島の平和記念資料館も長崎の原爆資料館も、日本になぜ原爆が落とされたのかという論点を考察しているが、長崎は関連年表が昭和から始まっているのに対し、広島のそれは明治にさかのぼる。これの意味するところであるが、長崎の資料館の考え方では昭和初期の日本の無理な対外膨張によって原爆投下があったことになるのに対し、広島の資料館では明治以降の富国強兵策の帰結として悲劇を迎えたことになる。では、対外膨張なり、富国強兵がすべて否定されることかといえば、大和ミュージアムでは、対外膨張政策や富国強兵策が海軍力の増強とそれに伴う技術のイノベーションを生み出し、戦後の経済発展の下地となったという論を展開している。

　現代に生きる我々は、歴史の中に何か一つ決定的な悪を見つけ、それを指弾したがるが、世の中はそう単純にはできていない。ここでは、三つの訪問地だけを挙げているが、戦争関連施設を多く訪れれば、それだけますます、この思いは強くなる。

- ●広島平和記念資料館
  http://www.pcf.city.hiroshima.jp/
- ●大和ミュージアム（呉市海事歴史科学館）
  http://www.yamato-museum.com/
- ●長崎原爆資料館
  http://www1.city.nagasaki.nagasaki.jp/peace/japanese/abm/

08 性と人権をめぐる旅

サンダカン［マレーシア］／ゲイラン［シンガポール］

　最近、いわゆる従軍慰安婦を巡って議論が交わされているが、ほんの一五〇年ぐらい前の日本では、いわゆる〝売春婦〟が国策として輸出されていたことを知っている若者は驚くほど少ない。これは、〝からゆきさん〟と呼ばれる人たちであり、熊本や長崎の貧しい島々の出身者が多くを占めていた。

　からゆきさんは、一時期中国沿岸部から東南アジア一帯にかけて広く存在していたが、現在、日本では、この問題に関する資料をまとめて見ることができる場所はなく、彼女たちの痕跡を国内で探すことは難しい。日本史における暗部であり、からゆきさんの故地ですらこの史実を教えてはいない。わずかに、口之津《くちのつ》歴史民俗資料館の一部の展示や、『サンダカン八番娼館』（山崎朋子著）のルポルタージュとその映画でくらいしかこの問題に触れることはできない。

サンダカンの日本人墓地　海を見下ろす高台に作られた“からゆきさん”たちのお墓。御弔いに訪れる日本人は後を絶たず、墓前には献花が絶えない。異国の地で亡くなった無名の娼婦を悼むという行為は、世界的に見ても珍しく、我々日本人の精神文化を垣間見ることができる。

　まずは、この映画を見ていただき、ボルネオの地で娼婦に身をやつさざるをえない状況を想像してほしい。そして、可能であれば、このサンダカンの地を訪れ、今も残る彼女たちのお墓に花を手向けてほしい。

　私が訪問したときは、おどろくべきことに古い花から新しい花まで、花が列をなして並んでいた。これは、何らかの理由でサンダカンを訪れた日本人が、異国の地で望郷の念を持ちながらも果てていったかつての同胞たちのために、絶えず御弔いに来ていたことを意味している。有名な将軍の殉死地や大きな事故の発生地でもなく、単なる娼婦の墓を悼みに訪れる国民というのは、日本人くらいしかいないのではないだろうか。

サンダカンに行くには、シンガポールで乗り換えるのが一般的であるが、シンガポールには巨大な公娼地区であるゲイランがある。ここは日本のガイドブックには載っていないが、シンガポール政府が認めている外国人売春婦の管理地である。ここは、からゆきさん、そして枠組みとしては従軍慰安婦の問題が過去のものではないことを教えてくれる。

売春は、単に「売りたい・買いたい」といった需要と供給で発生するのではなく、社会システムの中に組み込まれている。性と人権を考えるきっかけを得るためだけにでも、この二つの地を訪れる価値は十分にある。

- サンダカンの観光は、セピロックでオランウータンを見るなどのエコツーリズムが中心であり、日本人以外はこの地で没した娼婦の墓を見るはずもない。したがって、WEBから得られる情報も、日本語情報が中心となる。また、サンダカンは第二次大戦中にオーストラリア人・イギリス人捕虜を収容した地であり、そこでは国際法に違反する虐待があったことが報告されている。ウィキペディアの内容には、比較的信頼性があるので、これを軸に各自調べられたい。
- ゲイランは地球の歩き方はもちろん、シンガポールが作る外国人向け公式ガイドブックにももちろん出てこない地区である。日本語版ウィキペディアにはほとんど情報がないため、英語版のリンクを示す。http://en.wikipedia.org/wiki/Geylang/
- シンガポールは高度な管理国家であるため、赤線（合法売春）地帯であっても、危険な雰囲気はなく、夜に徘徊しても特に怖い所ではない。

09 在日コリアンのルーツを巡る旅

済州島《チェジュド》［韓国］

2ちゃんねるを見ていると、韓国は反日の国であり、敵国であると感じる人も多いかもしれない。しかし、韓国の社会とて、決して一枚岩ではない。

ここに紹介する済州島は、韓国政府がレジャーアイランドとして開発した島であり、地質的には火山島である所以からジオパーク（ユネスコが支援している世界遺産の地学版）に認定された著名な観光地である。済州島のガイドブックを見ても、ここにダークツーリズムの手がかりを見つけることは難しいかもしれない。

しかし、これは済州島に対する一面的な見方にすぎない。

第二次世界大戦が終結し、日本の統治が終わりを告げたとき、朝鮮半島には新たな悲劇が始まった。北の共産主義エリアと南の資本主義エリアで深刻な対立が生じたことは周知の事実であるが、この時期、今の韓国にあたる南のエリアでは、「赤狩り（＝共産主義者の摘発）」が行われ、残虐な拷問や大規模な殺戮が行われた。

朝鮮半島南部の権力を掌握し、後に韓国初代大統領になった李承晩《イスンマン》は済州島に対して、組織的な赤狩り及び拷問と虐殺を行い、済州島の人口は激減してしまった。但し、権力側から〝赤〟だとされた人々が、本当に共産主義者であったのかは甚だ怪しく、多くの命が薄弱な根拠の下で〝何となく〟奪われてしまったのである。済州島は、全土が火山島であり、ジオパークにも登録されているが、逃げ惑う人々は、この山々に潜伏したこともあった。火山島の峰の中でもひときわ荘厳な山が、世界自然遺産としても名高い漢拏山《ハルラ》であるが、六〇数年前にこの島で大規模な虐殺があったとは実感しにくいのも事実である。

この時期、済州島から難を逃れた人々の多くは日本に渡り、大阪の生野区を中心とした地区に集住した。現在の大阪の鶴橋の賑わいは、こういった背景がある。

韓国政府は、その後、極端な反共政策をとったため、歴代大統領はこの事件を忘れてしまいたかったのであるが、日本に移り住んだ在日コリアンとその支援者である日本人たちの尽力により、近年韓国が建てたモニュメント施設が済州四・三平和記念館である。この経緯のゆえか、済州島の人々は、我々日本人に対して非常に優しい。済州島に着いたら、市場で地元の人々の活気と情に触れた後、この博物館を目指してほしい。

この済州島に関する日韓の歴史は、今後の日韓友好のための糸口となりうるのではないかと考えている。

四・三平和記念館　済州島、平和記念館と山々を遠くから望む。島全体が火山島であるため、山ぎわの美しい風景であるが、レッドパージの際には多くの島民が山に逃げ込むとともに、壮絶な“赤狩り”が展開されたという。今や観光の島となったこの地も、闇は深い。

済州島の市場　庶民の活気で満ちた市場の様子。市場の人々の気さくな優しさに触れ、まずこの島の雰囲気を肌で味わってみよう。とても、数十年前、権力による組織的虐殺が行われた場所であるとは感じられない。四・三平和記念館を訪れ、現代の平和の大切さを噛みしめたい。

●済州島の観光全体。文中で言及した市場や山の情報はここから入手する。
http://www.konest.com/contents/area_top.html?id=3
●済州四・三平和記念館（日本語版Googleでは、なぜかこのサイトが表示されないので、直接入力する必要がある）
http://jeju43.jeju.go.kr/
●大阪鶴橋のガイドマップとして以下のサイトを推奨。つるしん（鶴橋商店街振興組合）http://www.tsurushin.com/around_map.html

10 旧南洋庁を巡る旅

サイパン／テニアン［北マリアナ連邦］／コロール［パラオ共和国］

太平洋の小さな島々を巡るのはとても楽しい。サイパン、テニアン、パラオ等どれをとっても個性に満ちている。第二次世界大戦の意味を考える際には、こうした島々をぜひ巡ってもらいたい。これら旧ドイツ帝国の植民地は、第一次世界大戦後に日本の委任統治領となり、日本の南洋庁と呼ばれる役所が開発を行った。

ドイツの支配下にあった頃は、道路らしい道路もなく、学校や病院などといったものも建てられていなかったが、日本が統治するようになってからは、教育は日本皇民として行われ、インフラも高度に整備されることとなった。

第二次世界大戦の戦局が悪化するまで、これらの島々では砂糖栽培をはじめとする殖産興業政策が採られていた。

サイパンは軍人だけでなく、民間人も多く自決した島として知られている。多くの日本人が身を投げた断崖はバンザイクリフと呼ばれ、現在も慰霊の人々が絶えない。島の中心部のガラパン地区からはレンタカーで向かうことになるが、途中の慰霊碑は日本人のものだけでなく、コリアンのものもあり、戦前に朝鮮半島からこの地に移り住んだ人が多いことに気づく。

サイパンの隣の島であるテニアンには、サイパンから船か飛行機で渡ることになる。ここにはB29が飛び立った飛行場が存在している。この飛行場は、もともと日本が自国のために整備した所であったが、大戦中にアメリカの支配下に入り、日本の爆撃のために使われるようになったのは歴史の皮肉である。

パラオは、グアムから飛行機で入ることになるが、コロールの国立博物館には、日本統治下の教科書が展示されるとともに、日本の軍人が現地の人々に大変紳士的に接した記録が保存されており、見る者の心を打つ。パラオについては、現在も日本からの支援・援助が続いていて、そこら中の橋や道路に日の丸とJICAのマークがあふれている。

これらの島々を巡って感じ取れるのは、日本人への深い敬愛の念である。島には、八〇歳を過ぎたタクシー運転手が普通にいるが、彼らは流暢な日本語で我々を迎えてくれて、日本の統治を懐かしんでくれる。島巡りは、日本の近代史が単に侵略の歴史だけでなく、融和の側面を持っていたことも教えてくれる。 ⓖ

●サイパン・テニアンはもともと観光地であるため、公式情報が非常に充実している。
http://japan.mymarianas.com/
●テニアンについては、こちらのサイトも参照。
http://island.geocities.jp/tinian55/index.html
●パラオ政府観光局（http://www.palau.or.jp/）
実際にこの辺りを訪れる場合、日本から何回かに分けて行く方法と、一〇日ぐらいの長期休暇で一気に回る方法とがあるが、後者の方法をとるのであれば、ANAやユナイテッド航空が加盟しているアライアンス（航空連合）のHPを熟読し、アイランドホッピング（島まわり）専用運賃が発売される時期を狙ったほうがいい。グアムを起点に、太平洋の様々な島を回れるチケットが格安で売られている。昨年の情報であるが、以下を参考までに載せておく。
http://www.staralliance.jp/pr/fares/regional.html

バンザイクリフ　サイパン島北端の、いわゆる"バンザイクリフ"の風景。太平洋戦争末期、米軍に追い詰められた多くの日本兵と民間人が、ここから身を投げることになった。命を断つ直前に「天皇陛下万歳」と叫んだ人が多かったことからこの名が付けられた。

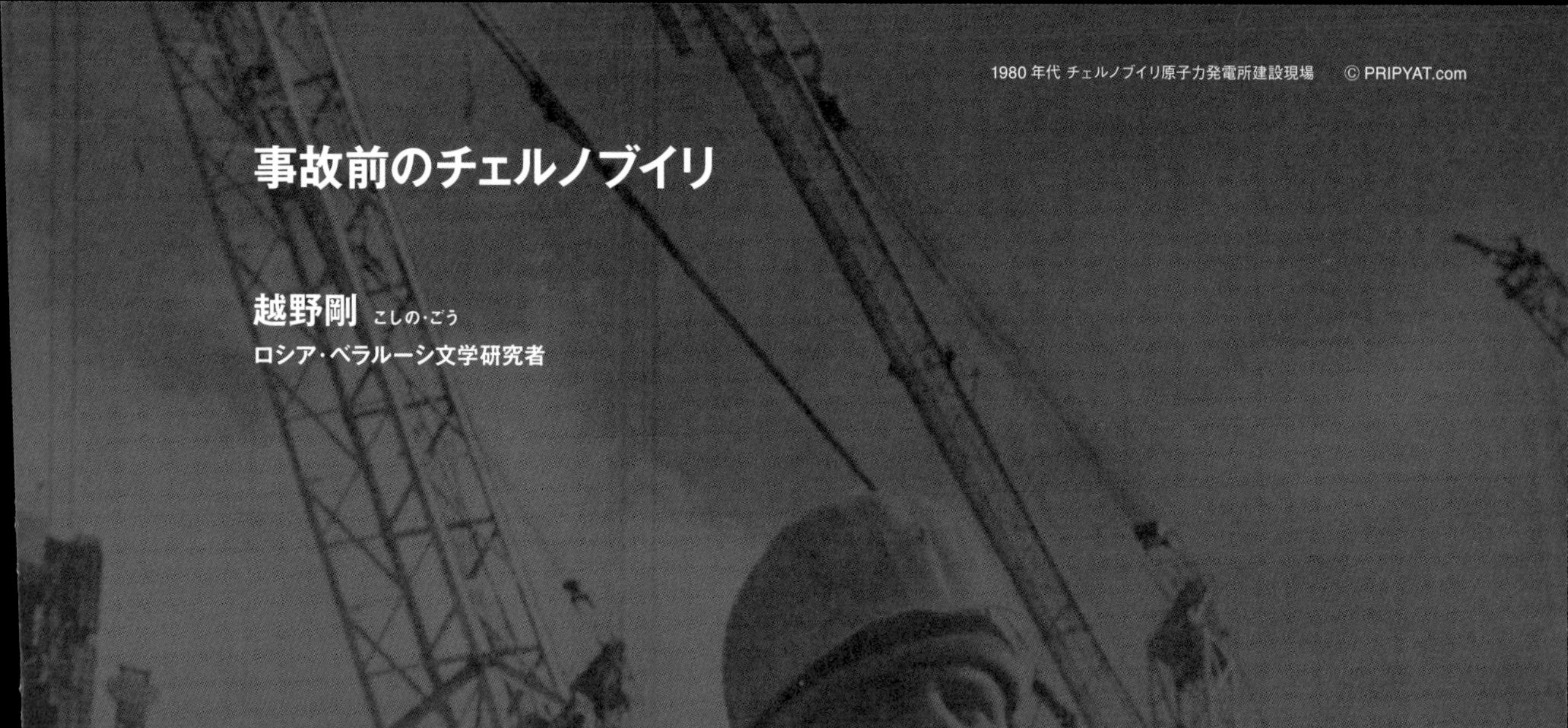

1980年代 チェルノブイリ原子力発電所建設現場　© PRIPYAT.com

事故前のチェルノブイリ

越野剛 こしの・ごう
ロシア・ベラルーシ文学研究者

パソコンでも携帯のアプリでもよいのでヨーロッパの東方面の地図を開いてみてほしい。黒海の上にウクライナがあって、さらにその上の方にプリピャチ川流域に点々と美しい湿原がひろがるポリーシャ（ポレシエ）という地域が見つかるはずだ。ポリーシャは複数の国境にまたがる領域で、ウクライナの北部とベラルーシの南部を中心にして、一部は西のポーランドと東のロシアにもはみ出している。チェルノブイリ市はポリーシャのウクライナ側に位置している。ポリーシャにはもともといくつかの方言があり、ウクライナ語ともベラルーシ語ともつかない中間的な言葉が話されていた。ドイツとロシアの狭間でかつて「東欧」と呼ばれた地域はどこも言語と民族の交錯する複雑な歴史を持っているが、ポリーシャ地方とチェルノブイリも例外ではない。

チェルノブイリはあんがい古い都市で、その名前を確認できる最初の史料は1193年にさかのぼる。モスクワなどよりもはるかに歴史が長い。当時存在したキエフ公国は現在のロシア、ウクライナ、ベラルーシという東スラヴ三民族の母胎となった。チェルノブイリもその属領のひとつである。13世紀にチンギスハンの孫のバトゥの軍団の侵略によってキエフは破壊された。このとき不吉な予言によって警告されていたにもかかわらず、バトゥは部下の軍勢をポリーシャに進めたが、チェルノブイリの近くでモンゴルの騎馬隊は底なしの沼地に沈んで全滅したという伝説がある。

14世紀に北方のリトアニアが強大化して、キエフやチェルノブイリもその軍門に降った。その後ややこしいことにリトアニアは隣のポーランドと連合国家を形成したので、ポリーシャを境界にして北側の地域（今のベラルーシ）はリトアニア、南側（ウクライナ）はポーランドに属することになった。ポーランドとリトアニアはロシアやドイツなどによって虐げられた小国というイメージがあるが、中世の東欧においてはむしろ支配する側だったことは意外に知られていない。

16世紀にはウクライナのコサックや農民がポーランドの支配に抗して立ち上がり、東隣のロシアがそれを支援した。チェルノブイリも取ったり取られたりをくりかえした。18世紀末に弱体化したポーランドは列強により三分割されるが、ロシア帝国の取り分は主にウクライナとベラルーシであり、ポリーシャ地方とチェルノブイリもこのときロシア領になった。

東欧の多くの都市と同じように、チェルノブイリには古くからユダヤ人が住んでいた。土地の支配がポーランドからロシアに移るころ、ここはユダヤ教の敬虔主義（ハシディズム）の拠点のひとつとして栄えるようになった。19世紀末の統計によると1万人ほどの都市人口のうちなんと過半数をユダヤ人が占めている。しかしこのころロシア帝国、とくにウクライナではユダヤ人迫害（ポグロム）がしばしば起きるようになった。とりわけロシア革命後の内戦の混乱に乗じたコサック首領のストルクがポリーシャ一帯を支配したときには、チェルノブイリに住む多くのユダヤ人が虐殺された。内戦時代を描いたユダヤ系作家イサーク・バーベリの小説『騎兵隊』には、衰退する「チェルノブイリ派」のラビが登場する。その後、第二次世界大戦中にはナチスがチェルノブイリを占領し、生き残ったユダヤ人もそのほとんどが姿を消すことになる。

大戦後のソビエト連邦は宇宙開発や軍事力の点でアメリカとならぶ科学技術大国となった。ウクライナ（当時はソ連邦内の一共和国）で最初の原子力発電所には大きな期待がよせられ、ウクライナの詩人イヴァン・ドラチは1974年にチェルノブイリ原発とプリピャチ市の建設を大らかに称える作品を残している。その同じドラチが1988年には原発事故の災いを嘆く詩「チェルノブイリの聖母」を書くはめになったのだから、なんとも皮肉な歴史のめぐり合わせである。現在、チェルノブイリ市に住民はほとんど住んでいないし、ポリーシャ地方の東半分は放射能汚染地域となった。Ⓖ

いたが、二〇一二年七月、遺族からの強い要望を受け、一度は取り壊しが決定する。しかし、解体を表明した町の方針に対して住民から「震災の記憶を残すべきだ」と保存を求める声が相次いだ。結局町は一〇月に予定されていた解体を実施せず「いろいろな意見に耳を傾けていきたい」として、庁舎の扱いを「凍結状態」にした。犠牲になった町職員の姉は、二〇一三年三月に放送された震災特番[★4]において、防災対策庁舎を「妹が最後に生きた場所というか……私の中ではここが大切な場所」と語り、庁舎の保存を訴えた。しかし、姉とは別の遺族からは解体を望む声もあるという。遺族同士でも意見が割れる複雑な状況で、町が軽々しく結論を出せるわけがないのは当然のことだろう。

震災遺構を残すべきか解体するべきかという議論は、いつそれを行うかで保存派と解体派の割合が変わる。**震災直後は圧倒的に解体派が優勢だが、時を経るごとに保存派が増えていく。**撤去され、完全な更地になった状態を見た地元住民が「このままでは我々に起きたことや、我々の存在が完全に忘れ去られてしまう」という不安に駆られるからだ。これはどの地区でも同じ傾向が見られる。

現地で震災遺構の問題を取材する記者やジャーナリストに話を聞くと、地区や被害によっても差はあるが、概ね二〇一二年の秋を分水嶺として保存派が解体派を割合で上回るようになったようだ。しかし、どんなに保存派の割合が増えても、解体派が「ゼロ」になることはない。そして「当事者の気持ちを考えろ」という要望は常に割合以上に強い影響力を持ち続ける。後々貴重な震災遺構になるとわかっていても、日本では多くの場合「当事者、遺族の気持ちを考えろ」「不謹慎だ」という声に負けてしまうのだ。

チェルノブイリは事故当時、ゾーン内の土地はすべて国有地だった。また、現在でも住民をすべて強制避難させているので遺構のすぐそばに住む「住民」は存在しない。日本の津波被害の場合、津波の爪痕のすぐそばに住民が残り続けている。ウクライナと日本を単純比較することはできないが、アーカイブとして博物館やツアーという形で事故の記憶を残すことになったウクライナと、多くの震災遺構を解体した日本の対応が対照的なのも事実だ。

人間は忘れやすい生き物だ。そんな人間のなかでも、とりわけ政治家は「忘れることが仕事」であるかのようにふるまうことがある。

チェルノブイリ原発事故から約二五年が経過したある日、ウクライナ政府はチェルノブイリ博物館に対して「すでに悲劇はチェルノブイリ以外にもたくさん起こっているから、チェルノブイリに特化するのはやめて、ザカルパッチャ地方での洪水とか、そういうものも含めて人類の悲劇を展示する博物館に改編しよう」と要請した。その計画は直後に起きた福島第一原発事故によって白紙に戻される。これだけアーカイブを残すことに自覚的なウクライナでさえ、ある時期からチェルノブイリの記憶を薄めようとしていたのだ。

歴史を「たられば」で語ることの無意味さを重々理解したうえであえて仮定すると、もし福島第一原発事故が数年でも遅れて起きていたら、チェルノブイリ博物館は「ウクライナ悲劇博物館」に改編され、貴重なアーカイブが散逸していた可能性があるということだ。このことは災害の記憶をどう残すかという意味において、我々に多くの示唆を与えてくれる。

現地の人々の反応

日本で震災遺構を残す際、最大のハードルになるのは、当事者の気持ちをどうケアするかということだ。同様の現象は、「ツアー」として現在進行形の現象を見せる場合にも生じる。まだ収束していない原発事故の作業現場を見せることは「作業員を見世物にするのは許せない。見世物にされる作業員の気持ちを考えろ」という批判を招く。

この点で先行するチェルノブイリはどうなのだろうか。セルゲイ・ミールヌイによれば「周辺住民・サマショールと作業員でツアーに対する反応はまったく異なる」という。ゾーンの周辺住民とサマショールたちは、ツアーに対して非常に肯定的であるそうだ。観光客が自分たちに関心を持つのが伝わり、「自分たちは忘れられることはない」という心理療法的効果が生まれるからだ。日々訪れる人数が増えることによる明確な経済効果があることも大きいという。

一方、ゾーンで働いている作業員にとっては、ツアーは仕事の邪魔になる部分があり、冷淡な場合も多いという。

他方で、立入禁止区域庁のボブロ副長官によれば「作業員の中にもツアーに肯定的な人はいる」という。それは、彼らが動物園の動物のように見世物になっているという意識ではなく、むしろその逆で、このような歴史的事故の事後処理を担って働いていることに誇りを感じているからだそうだ。

取材中、ゾーン内のバスターミナルでたくさんの作業員と出会った。作業員たちは我々のような明らかな「異人」がいても、何も気にとめず、淡々と日常会話をしていた。作業員がツアー客に対して特別ネガティブな感情を持っているようには思えなかった。

作業員たちは誇りを持って、放射能という巨大な敵と終わりの見えない戦いを繰り広げている。それはチェルノブイリ原発でも福島第一原発でも同じであるに違いない。ならば、偉大な作業員たちが歴史のなかに埋もれてしまわないよう、アーカイブとして記録し、常にそこで何が行われているのか全国民、全世界に向けて発信するべきではないか。それを見た参加者に哲学的な問いかけを行うことで、二度と同じような災厄が訪れないよう、当事者意識を持ってもらう――ダークツーリズムとはそのようなものであるべきだ。

震災遺構にしても、福島第一原発の廃炉作業にしても、日本は必要以上に当事者を慮ることで話題が「タブー」化していく傾向が強い。タブーになると、人々はこの問題について語らなくなる。結果として本来伝えなければならないことが忘れられていってしまう。まさにここに日本人が超えなければならない「壁」がある。

大きな災厄に見舞われた当事者たちに寄り添い、気持ちをケアすることは重要だ。彼らの意見を尊重しながら復興プランを考えていく。これも地域にとっては必要なプロセスだろう。だが、**当事者の意見が常に正しいわけではない。**むしろ、震災の記憶を忘れさせないという点において、当事者の意見はネガティブに作用することも多々あることを我々は認識しておくべきだ。

原子力事故アーカイブの頓挫

一九九九年九月三〇日、茨城県東海村にある核燃料加工会社「JCO」東海村事業所で、同社のずさんな作業工程が原因による臨界事故が起きた。事故は日本国内で初めて事故被曝による死亡者が出る極めて深刻なものだった。

事故から四年後となる二〇〇三年九月、東海村の村上達也村長は「JCO」東海村事業所に対して、事故を起こした転換試験棟の内部設備を解体せず、そのままの状態で村民に公開・保存――博物館にすることを求める申し入れ書を提出した。

申し入れで村上村長が引き合いに出したのは同村が一九八一年より姉妹都市を締結している米国アイダホフォールズ市。同市は一九六一年一月に、当時としては最大の原子力事故を起こした。その後事故の教訓を後世に残すため、事故の起きた原子力施設をそのまま保存・公開している。

「転換試験棟も二度と事故を起こしてはいけないという後世への教訓的な施設として残してほしい。記憶は風化するが、失敗はいかに次に生かすかが大切」

村上村長はJCOと国に対し、事故の教訓を残す施設作りを強く訴えた。東海村ではそこから一年間、施設の保存・解体をめぐって村が二分される事態になった。村民を対象としたアンケートの結果は、解体四二%、現場保存二六%、移転保存一五%と、ほぼ半々に意見が分かれた。

しかし、同村議会は「事故によってストレスを受けた住民感情に配慮すべき」として施設の解体を支持。現場模型を作ることでアーカイブに代えるという、お茶を濁した国の案を議決採用した。

このときもし東海村に臨界事故のアーカイブ施設が遺され、電力関連会社に原発の安全性を求める世論が強まっていたら、福島第一原発もあそこまでの重大事故にはならなかったのではないか――歴史に「if」はないが、東海村の事故アーカイブの頓挫が我々に投げかける問題は大きい。

チェルノブイリ原発事故は、試験運転中に起きた人為ミスにプラントの構造欠陥が重なった結果、核臨界が起きて大惨事になった。設計思想の誤りと現場対応の誤りが重なったのだ。

しかし、日本もチェルノブイリを笑うことはできない。福島第一原発は不十分な地震・津波対策と、全電源喪失を考慮していなかったという過酷事故対策の不備、そしてベントをはじめとする現場対応の遅れが重なって爆発を起こした。チェルノブイリも福島も「二重の人災」で起きたという意味では同じ。原発事故はいつも人災によって起きる。人間がミスをする愚かな生き物ならば、我々は何らかの形でその愚かさを後世に伝えていくことしかできない。

日本の脱原発の情報提供を行うシンクタンク「原子力資料情報室」の設立者・高木仁三郎は、チェルノブイリ原発事故直後に出版された『チェルノブイリ原発事故』(一九八六年、七つ森書館)でチェルノブイリ事故の教訓を以下のように語っている。

チェルノブイリの事故は、核（災害）のもとには、国境などあり得ないことを私たちに再認識させた。いわんや、村とか町とか県という単位などは問題にもならない。六ヶ所村の核燃料サイクル基地の問題は、もちろん地元六ヶ所村の人たちにとって、すぐれて切実な問題だけれど、日本中、いや世界中の誰にも、この問題に関心をもち発言する権利も義務もあることを、この事故は示したと思う。

哲学者・作家で本書の編集長を務める東浩紀は、二〇一二年一〇月一六日に出演した筆者のラジオ番組【★5】で高木と同様のことを語っている。

『フクシマ』は、突然、世界史に残る地名になってしまった。五〇年後、一〇〇年後でもきっと世界中で記憶されている。だからこれは、決して福島県だけの問題ではなく、日本全体の問題です。そして、その事件に応えるためには、『福島から新しい未来が始まった』という状態を日本人全員で作っていかなくてはいけない」

チェルノブイリの問題も、福島の問題も住民だけが「当事者」であるわけではない。我々が持たなければならないのは、「原発事故の問題は日本人あるいは世界中すべての人々が当事者たりうる」という意識だ。

過度な当事者主義の横行も、異常な放射能忌避による風評被害も、震災遺構をめぐる問題も、すべてに通底しているのは問題の「腫れ物」化だ。紛糾を恐れ、デリケートな問題の議論を先延ばしにしてきたことが我々から「当事者意識」を奪ってしまったのではないか。

チェルノブイリ原発事故の翌年となる一九八七年五月三日、朝日新聞阪神支局に黒ずくめの男が侵入し、散弾銃を乱射。記者二人が殺傷される「赤報隊事件」が起きた。事件は未解決のまま二〇〇二年に時効を迎えた。現在の同支局の三階には、犠牲となった記者たちが使っていた散弾銃のあとが生々しく残るペンや、殺害された記者が着ていた血染めのブルゾンが展示されている。同展示場では、長年事件記者を務めた朝日新聞ＯＢの狩野誠一が展示の説明をボランティアで行っている。筆者が先日同支局を訪れた際、狩野は展示を見ながら、ぼそっとこんな言葉を漏らした。

「いくら文字で記録しても、文字はあとで忘れられちゃうんだよ。人々に記憶を残し続けるには映像やブツじゃないとダメなんだ」

誰よりも文字の力を信じているはずのベテラン記者がそうこぼしたこと。そのことを我々は重く受け止めるべきだ。かくも目の前で「物」として見られるアーカイブは重要なのである。

我々はチェルノブイリ事故から多くのことを学んだ「つもり」になっていたが、実際にはその負の教訓を生かせず、福島第一原発で事故を起こしてしまった。

チェルノブイリ事故から日本が学ぶべき教訓とは何か。それは、政府や東京電力に対して原発事故に関する可能な限りの情報を公開するよう求め、持続可能性のあるアーカイブを構築することだ。同時にメディアは当事者優先主義の報道から脱却し、日々公開されるデータをもとに継続報道を続けることで、日本人全員にこの問題の当事者であるという認識を持たせることをゴールにしなければならない。

放射能は一〇万年残り続ける。政府、電力会社や「原子力ムラ」を一方的に敵視しているだけでは事態は好転しない。我々が本質的に戦わなければいけない敵の名前――**ヤツの名は「風化」だ。**

★1 **「ラヴ・ミー・テンダー」RCサクセション**　この楽曲を含むアルバム『COVERS』は、当時所属していたレコード会社が発売中止を決定。古巣のレコード会社からリリースされ、話題性も相まってオリコンチャート一位を獲得した。

★2 **毎日新聞**　毎日新聞はデータベースの整備が完了している一九九五年からは朝日と同等の傾向だった。従って、それ以前のデータが欠損気味の時期も朝日と同様の傾向であったと推測される。

★3 **チェルノブイリ閉鎖報道**　「チェルノブイリ原発きょう完全閉鎖 汚染、失業、資源…課題残し」『読売新聞』二〇〇〇年一二月一五日朝刊より。

★4 **震災特番**　『スーパーJチャンネルSP〝震災〟いまも…732日目の現実』（テレビ朝日二〇一三年三月一一日放送）

★5 **筆者のラジオ番組**　J-WAVE「JAM The World」（月曜から金曜の二〇時より）。毎週火曜は津田大介がナビゲーターを務める。

ウクライナ人に訊く

Розмовляти з українцями

聞き手＝開沼博・津田大介・東浩紀
通訳・翻訳＝上田洋子
写真＝新津保建秀ほか

01
立入禁止区域庁
第一副長官

ドミトリー・ボブロ(54)
Бобро, Дмитрий Геннадьевич

02
旅行会社
「Tour 2 Kiev」代表

アンドリ・ジャチェンコ(46)
Дяченко, Андрій Васильович

03
作家
チェルノブイリ観光プランナー

セルゲイ・ミールヌイ(53)
Мирный, Сергей Викторович

原発事故から27年。ソ連崩壊、独立、オレンジ革命など大きな変化を経験したウクライナ人たちは、いまチェルノブイリについてなにを思い、どう行動しているのだろうか。政府高官からNPOまで、チェルノブイリに関わる6人のキーパーソンに話を訊いた。

06
NPO
「プリピャチ・ドット・コム」代表

アレクサンドル・シロタ(36)
Сирота, Александр Ефимович

05
元内務省大佐
ゾーン案内人

アレクサンドル・ナウーモフ(62)
Наумов, Александр Викторович

04
チェルノブイリ博物館
副館長

アンナ・コロレーヴスカ(54)
Королевська, Анна Віталіївна

インタビュー

01 啓蒙のための観光 1

ドミトリー・ボブロ 立入禁止区域庁第一副長官

聞き手＝開沼博　通訳・翻訳＝上田洋子　写真＝編集部

二〇一三年二月二七日　東京　ゲンロンオフィス

二〇一一年、チェルノブイリ原発事故から二五年余りを経て、ウクライナ政府は三〇キロゾーン内の見学ツアーを解禁し人気を博している。現在も電力の約半分を原子力発電に頼る当局の狙いは、原発政策の透明化だという。「住民と政府で信頼関係を築くために情報公開は必要」と語る立入禁止区域庁第一副長官ボブロ氏に、福島の汚染区域はどのように扱うべきか、その観光地化について話を訊いた。

——事故当時ボブロさんは二七歳で、ちょうどわたしと同じような年齢でした。

キエフの「アーセナル」という工場でエンジニアとして勤務していました。歴史に「もし」はありませんが、チェルノブイリ原発の事故がなければ、ソビエト連邦は崩壊していなかったでしょうし、わたしの人生も違ったものになっていたでしょう。

原子力エネルギーとはなにか、自分の目で見て理解して欲しい。

——わたしたちは民間の立場から福島原発事故跡地の「観光地化」を提言しています。ウクライナでは観光客を受け入れるにあたって、どういう人がリーダーシップを取っているのでしょう。

国家です。核エネルギーの使用と放射能の安全に関する法律の中で、「国は人々が原子力発電所や核エネルギー関連施設を訪問できるよう保障する義務を負う」と定められています。これにはチェルノブイリや、現在稼働中の原子力発電所を含みます。

事故跡地をオープンにする最大の目的は啓蒙です。原子力エネルギーとはなにか、自分の目で見て理解して欲しい。情報公開は諸刃の剣で、原子力支持にも否定にも仕向けることができる。わたしたちは客観的なポジションを取るように心がけています。たとえば安全性については、事故を起こさなければ原子力発電のほうが火力発電よりも放射性物質の排出量が少ない[★1]。しかし事故が起きれば大変な被害が生じる。チェルノブイリ事故後、ウクライナおよび全世界でなによりも安全が優先されるべきだという「安全文化」の原則が取られています。事故を受け、ウクライナでは核エネルギー政策が受け入れられない時期が続きました。しかしオープンな政策を取ったことで、断固とした反対の声は減っています。

——ソ連時代には、情報は隠蔽され民主的な手続きもなかったというイメージがあります。いまおっしゃったようなオープンな議論はいつから可能になったのでしょう。

現在の方針が定まったのは一九九〇年代末。一九九二年にチェルノブイリ原発の二号機で火事が起こり、それを受けて上院で核エネルギー推進政策が数年間凍結されました。情報公開に関する法律は、その解除後に定められたものです。ウクライナは電力の約半分を原発に頼っており、少なくともこれから二〇年はこの比率を維持しなくてはなりません。ですから、住民と政府で信頼関係を築くために情報公開は不可欠です。

——ウクライナの黒海沿岸には巨大な太陽光発電所があります。

ヨーロッパ最大のメガソーラーが設置されています。しかし現時点では総発電量の一%以下に過ぎません。〇が一になったということで、まだ開発が始まった段階です。

観光客の受け入れ

——三〇キロゾーンの観光客受け入れにより、変わったことはありますか。

訪問客の安全の確保がなによりも重要になりました。一〇〇%の安全を保障するこ

経歴

ドミトリー・ゲンナージエヴィチ・ボブロ
Бобро, Дмитрий Геннадьевич

1959年キエフ生まれ。ウクライナ立入禁止区域庁第一副長官。キエフ工科大学卒業後、1987年よりエンジニアとしてチェルノブイリ原発の安全制御に尽力。立入制限区域および居住禁止区域管理局チェルノブイリ原発問題部門長などを歴任。2011年より現職。

とは不可能だとしても、リスクを最小限にすることはできます。そのために特別な見学コースを設け、放射線の状態を常にコントロールするようにしています。このコースを通り、付添人の指示に従っているならば、被曝量が高くなることはまずありません。

——観光で、政府と民間はどのような役割分担になっているのでしょうか。

立入禁止区域庁［★2］は、労働者、見学者など、ゾーン内のあらゆる安全保障を管轄しています。訪問のアレンジや見学プログラムの作成は二つの国営企業が行っており、民間の旅行代理店を通して観光客を受け入れています。訪問申請者は個人・団体にかかわらず、一八歳以上で健康面で問題がなければ条件を満たします。それ以外にチェルノブイリ原発や放射能廃棄物関連の国営企業があり、こちらも訪問者を受け入れています。後者を利用するのは、おもに研究や学術目的でやってくる人びとです。

——日本でいま立入禁止区域内に入ることができるのは、区域内に工場や不動産物件を持つような事業者や、自分の家があって一時帰宅する個人などに限られています。ひとくくりには言えませんが、この許可を出すのは該当する町や村の首長です。ここが日本とウクライナの異なる点で、ウクライナの方がより中央集権的です。ウクライナではどのように現行の制度が整備されたのでしょうか。

ウクライナの独立から間もなく、社会問題を含む事故関係のすべてを担当するチェルノブイリ省が設けられました。中央集権化がなされたのはこのタイミングです。それ以前からゾーンを訪問する者はいましたが、彼らの安全を保障できるようになったのはチェルノブイリ省が設立されて以降です。チェルノブイリ省はその後一九九六年に非常事態省に再編され、その中に立入禁止区域を管轄する部局と、住民を放射能汚染から守るための部局が作られました。二〇一〇年の内閣改造の際には、自立した中央行政機関として立入禁止区域庁が設けられました。さらに最近、非常事態省は二〇一二年一二月の内閣改造で廃止され、国家非常事態局が設立されています。ゾーン内の安全確保とその外部で起こる社会問題は別の所管になりました。

ゾーンをどう管理するか

——ウクライナと日本の違いについてうかがいたいと思います。日本では立入禁止区域の線引きをする基準について議論が分かれています。

ウクライナでは単純に放射線量に応じて境界線を引いています。健康被害についてはさまざまな意見があり、微量な被曝でも身体に害を及ぼすという人もいれば、少量の放射線は無害であるのみならず、むしろ身体にいいという考えかたもあります。とはいえ、境界線は基本的には年間一-二〇ミリシーベルトのあいだにあると考えていいでしょう。ウクライナでは、国民の許容

情報公開は諸刃の剣で、原子力支持にも否定にも仕向けることができる。

できる被曝量を年間一ミリシーベルトと定めました。これは非常に厳しい基準です。

——日本でも年間一—二〇ミリシーベルトのあいだで議論があります。現実には一ミリシーベルトを避難基準とすると住民の生活に負担がかかるため、行政はもう少しゆるやかな基準を設定しようという動きもあります。ウクライナでは基準見直しの動きはないのでしょうか。

活用されていない非汚染地域が広大に残っているため、ゾーン内の土地をより広く利用する必然性がいまのところありません。科学的・医学的な見地からだけでは絶対的な基準を導くことは不可能なので、各国が経済的・社会的観点を含め、汚染地域の今後について複合的に考えた上で結論を出すべきでしょう。

——基準を無視してでも汚染地域に戻りたい住民や、すでに住みついているサマショールと呼ばれる人びともいます。彼らにはどう対応しているのでしょう。

確かに、事故後居住地に戻ってきた人びとがいます。彼らにはそれぞれの事情があり、政府から支給された新しい住居を子どもたちに譲って戻ってきた人もいれば、転居先になじめず帰ってきたという人もいます。現在残っているのは約一九〇名で、その大部分は七〇歳以上の高齢者です。彼らの居住を容認しているのは、強制的に移住して受けるストレスのほうが、ゾーン内で受ける放射線の健康被害よりも深刻だと考えられるからです。サマショールの大半が住んでいるのは、内部被曝と外部被曝の合計が年間二・五—五ミリシーベルトの区域です。ウクライナの基準は超えているものの、そこまで高い数値ではありません。ですから、わたしたちは彼らがいま現にある生活状況を維持できるように協力しています。もっとも、新たな帰還や居住については、絶対に許可することはありません。子どもについてはとくにそうです。

——最後に、ウクライナと日本が今後のどんな協力関係を結べるか、考えをお聞かせください。

二〇一二年、日ウクライナ原発事故後協力合同委員会［★3］が設立されました。まだ委員会を設立しただけの段階ですが、今年（二〇一三年）五月の第二回の年次会合で、日本側から具体的な提案が示されることを期待しています。

福島の立入禁止区域については、現在の状況とこれからの進展をきちんと理解することが重要です。立入禁止区域の中でも、近い将来帰還が可能になり、農業が再開できるような場所もあれば、数十年単位でまったく利用できない土地もあるでしょう。それでも、人間が常駐しない太陽光発電や風力発電の拠点としては利用価値があるかもしれません。

わたしたちにできるのは、ウクライナの先例から、どういった科学的な解決法が可能なのかを提示することです。時間の経過に伴う線量の推移予測に関して、わたしたちには研究の蓄積があります。基準値は日本が決めるものですが、集団積算線量を予測し、それを近い将来に最小限にすることを手助けできればと思います。

居酒屋にて

開沼くんもいろいろ考えているね。その考えが逃げてしまわないようにね。そういえばチェルノブイリといえばタルコフスキーの映画『ストーカー』だけど、原作のストルガツキー兄弟の小説『路傍のピクニック』はとても哲学的。しかもその哲学の方向性は多岐にわたる。中心に据えられているのは、周囲で起こる出来事に対する人間の責任です。どのような選択をするのか。われわれはだれで、なぜここに生きているのか。すべて哲学だよね。まあ、これはとても複雑な問題だけど、複数の答えを簡単に手に入れるための手段がある。（ウォッカを見せて）これだよ。日本では25度の焼酎を割るらしいが、われわれが好むのは手を加えない自然製品だ。Будьмо《ブジモ》［★4］！

★1 **火力発電による放射性物質** 石炭火力発電では燃焼時に石炭のウラン・トリウム等を含んだ灰が排出される。

★2 **立入禁止区域庁** 二〇一〇年に設立されたウクライナの中央機関で、ゾーン内の職員や旅行客の安全確保を担当する。

★3 **日ウクライナ原発事故後協力合同委員会** 同委員会発足時の協議内容については、下記URLでプレスリリースが公開されている。「第1回日ウクライナ原発事故後協力合同委員会（概要）」、外務省ホームページ。
http://www.mofa.go.jp/mofaj/press/release/24/7/0726_04.html

★4 **Будьмо《ブジモ》!** ウクライナ語の乾杯の合図。「健康になりますように」という意味がある。

インタビュー

02 啓蒙のための観光 2

アンドリ・ジャチェンコ 旅行会社「Tour《ツアー》 2《トゥ》 Kiev《キエフ》」代表

聞き手＝開沼博・津田大介 通訳・翻訳＝上田洋子 写真＝小嶋裕一

二〇一三年四月一三日 キエフ ホテルドニプロ

チェルノブイリ原発三〇キロ圏内、いわゆる「ゾーン」のツアーには、現在世界各国からの観光客が参加している。アンドリ・ジャチェンコ氏はゾーンのツアーをオーガナイズしている民間の旅行会社「Tour 2 Kiev」の社長だ。氏はツアーがビジネスであることを考慮しながらも、事故跡地への無闇な恐怖を取り払うため、根底には何よりも啓蒙の精神が必要だと語る。運営における民間ゆえの苦労から、将来のビジョンまで現場の意見を聞いた。

観光客はみな人生や世界がいかに脆いかを実感する。

――ツアーを始めたきっかけを教えてください。

外国の友人たちに、「ゾーン内に行ってみたい」「どうすれば行けるのか」と興味本位で尋ねられたことです。二〇〇八年から二〇〇九年の頃のことです。

――観光客はどこから来ますか。

おもにヨーロッパやアメリカ、南米からですね。ロシア人も多く、もちろん地元のウクライナ人もいます。

――キエフ発のツアーですか。

それ以外もアレンジ可能です。公式サイト（http://www.tour2kiev.com/）を見ていただければと思います。英語もあります。

――ツアーの反響はどうでしょうか。

やはり人のいない空っぽの街が評判ですね。完全にうち捨てられた街、その中で野生化している木々……それは強烈な印象を与えます。それらを目にしたとき、観光客のみなさんは人生や世界がいかに脆いものかを強く実感する。そしてもちろん、いまだ放射能を発し続ける巨大な原発にも衝撃を受けます。

――観光客が増えた要因はなんでしょうか。

きっかけは、『S.T.A.L.K.E.R.《ストーカー》』〔146ページコラム参照〕というゲームが二〇〇万本を超えるヒットになったことでしょう。制作したのはウクライナの会社。五年か六年ほどまえにロサンゼルスの見本市で大きく展示され、ゾーンを世界へ大きく宣伝することとなった。プレイヤーの多くが、舞台を実際に見てみたいと考えるようになったのです。

加えて、最近では昨年のサッカー大会「ユーロ2012」も大きい。ヨーロッパから多くの観光客がやって来て、ゾーンをまさに「楽しみ」のため訪れました。

――ツアーを申請している会社は二〇社ほどで、うち上位五社が訪問者数の八〇%を占めているという話を聞きました。かなり盛んな印象を受けますが、経済効果はどのくらいのものでしょうか。

わかりません。ただ、ゾーンのツアーはそれほど利益が出るものではないですよ。営業利益の相場は日本円で一訪問者あたり一五〇〇円ぐらい。わたしの会社では全体の収益の半分ほどを占めますが、必要経費がカバーできれば、という考えです。

わたしはこの規模はもっと大きくできると思っています。じつはわたしはこの半年、日本のパートナーを探し続けています。きちんとしたツアーを作りたい。多くの日本人がロシアにやってくる。だから提携先の旅行会社を見つけて、オプショナル・ツアーとしてモスクワからキエフへのルートを作り、チェルノブイリだけでなくいくつかの興味深い観光地を訪問するようなプログラムを提供したいのです。ただ、そのためには大きな投資が必要ですね。

――ツアー運営でたいへんなことは？

政府への許可申請ですね。ゾーンには立

経歴

アンドリ・ヴァシリョヴィチ・ジャチェンコ
Дяченко, Андрій Васильович

1966年キエフ州ブロヴァルィ生まれ。1986年に兵役を終え、1988年から1993年キエフ大学経済学科に学ぶ。広告会社「Acsir Group」、旅行会社「Tour 2 Kiev」他、複数の会社を経営している。娘が大阪で日本語を学んでいる。

ち入りに関する時間制限やさまざまな条件があり、許可は国家公務員が担当している。官僚の機嫌が良ければスムーズにいきますが、機嫌が悪ければ許可をもらえないということもある（笑）。

——賄賂が必要になる？

むずかしい問題です。たとえば三泊四日ていどでウクライナを訪問するビジネスマンは多い。彼らは、自由な日が一日か二日生まれたとき、そこではじめて明日はなにをしようかと考えます。それでサイトを検索してツアーを見つける。しかし、法律上、立ち入りの許可をもらうには一〇日以上前に申請しなければならない。そのような場合でも、わたしたちは、顧客の要望に応えて、迅速にサービスを提供するのが仕事です。

世界が脆い存在であること

——多くの会社がツアーに関わっていますが、考えかたに差はありますか。

ツアーを単なる収入源と考えている旅行会社もあります。しかしわたし自身は、訪問者に、悲劇の意味を、そして今後どう生きていくべきなのかを考えてもらえるようにと心がけています。

——プログラムに違いはありますか。

行程の違いはありませんが、ガイドが違います。わたしたちのツアーガイドは「右をご覧ください。左をご覧ください」といったようなアナウンスではなく、活発な対話をするように心がけています。そして、参加者のみなさんには、国に帰ったら自分が目にしてきたものについて、それがいかに恐ろしい現実をもたらし得るのか語ってくださいとお願いしています。積極的に社会にコミットすることを推奨しています。

外国からの参加者には英語が堪能なガイドがつきます。必ずしもゾーン内に住んでいた人ではありませんが、本人がチェルノブイリのことを自分自身の立場から語れるようなガイドです。

——国によって観光客の反応に差はありますか。

ヨーロッパ人やアメリカ人は、わたしたちのガイドのコンセプトを好意的に受け止めてくれます。しかしみなが受け入れてくれるわけではありません。とくにロシア人とウクライナ人の意識は低く、否定的な評価が多い。それはやはり国民性と結びついている。わたしたちの国がいまだ貧しく、汚職などの問題が多いのは、国のあるべき正しい姿に関心を持ってこなかったから。国民が社会に積極的にコミットしていないのだと思います。

——外国人観光客がチェルノブイリを訪れる意義はどこにあるでしょう。

それは、彼らが自国政府への疑問を抱くようになる、という点にあると思います。その一方で自国政府への信頼が生まれることもある。なぜなら、チェルノブイリのよ

原発の問題を抱えて毎日を生きるうちに、すっかり慣れてしまった。

うな災厄が起こっていないというのは、国のシステムがあるていど正常に機能しているということを意味するからです。そして、このような災害は自分の国では決して起こしてはならないと考えるようになる。チェルノブイリの観光によって、参加者の社会意識はより高くなるはずです。ここに大きな意味があるとわたしは考えています。

　ゾーンへのツアーはディズニーランドの観光とはまったく別のものです。あなたがた日本人は、原子力にもっとも苦しめられた国民ですから、このことを理解できると思います。

――ツアーは今後どのように発展していくと思われますか。

　わたしは民間人ですが、ゾーンへのツアーは国の事業にしてよいと思います。小中高の教育プログラムに組み込むのがいい。ですが、政府は民間の組織と協力して推進するべきです。政府は立ち入りの条件を整える。民間組織は啓蒙を担う。たとえば大学なら、なんらかの学術プログラムを基盤としてこうした訪問を組織することができる。そして旅行会社はツアーを魅力的なアトラクションとして売り込むことで経済的利益を得ることができる。

　いずれにせよ、こうしたことの根底には啓蒙の精神があるべきです。政府は、大人も子供も、ゾーン訪問からなにを得るべきであるかということについてきちんと理解し説明するべきです。チェルノブイリを訪問することの最大の意味は、わたしの考えでは人間の自己意識の高まりです。このようなツアーを哲学的に正しく意味づけることを、いまやらなければいけない。そして、世界はきわめて脆い存在であるということを、世間に訴えていかなければならないと思います。

――チェルノブイリでのツアーの主催者として、福島でのツアーの可能性についてはどう思いますか。

　もしみなさんが福島でツアーを組織したいのならば、わたしたちは協力できると思います。福島とチェルノブイリで起こった悲劇によって、わたしたちはともに協力しあうことが求められている。

　福島の強みは、日本国内だけではなく、韓国や中国など、近くの国にそのようなツアーへお金を払う経済的に豊かな人々が住んでいることでしょう。興味を持ってやって来る彼らは、同時に啓蒙の対象ともなります。アメリカで広告キャンペーンを打てば、日本で福島ツアーをオーガナイズするビジネスも展開できる。そのようにして稼いだ資金は日本国内での啓蒙活動や慈善事業に使えばいい。

　人々の無闇な恐怖心を消すのは簡単ではないと思いますが、それでもやはり消さねばなりません。

――日本では住民感情が障害になりそうです。

　まだまだ恐怖が強いのでしょう。そういった感情もゆくゆくは啓蒙で解決できると思いますが、時期尚早かもしれません。

福島―チェルノブイリツアーの可能性

――ウクライナは国策として原子力発電を推進しています。ジャチェンコさんはどうお考えですか。

　心の奥では賛成ではありません。でも、現在の段階で人類にほかの道はないと思っています。代替エネルギー技術が育てば、人類は原子力エネルギーから撤退するでしょう。しかし現時点ではそれは現実的ではありません。

――これまでウクライナの方々に原発について伺うと、みなさん一瞬口ごもるように思われました。なぜでしょう。

　それは単に、いままで考えたことがなかったからだと思います。つまりこれは、朝起きてどちらの足から立ち上がりますかと聞くようなものなのです。問題を抱えて毎日を生きているうちに、もうすっかり慣れてしまった。

――日本でも二五年後にはそうなるかもしれない。

　どうでしょう。日本では広島のこともあるし、二五年で慣れきってしまうことはないかもしれません。もっとも、政府とマスコミの啓蒙が担う部分は大きい。原子力の代替がない以上、無闇な恐怖心は消さなければならない。それはそれで大きな労力がかかる仕事です。

　あなたがたが日本からやってくると聞いて考えました。日本でもウクライナでも、あるいはアラブ首長国連邦でもいいけれど、いつかどこかの国をベースにいっしょに合弁会社を作って、アメリカ人やラテンアメリカ人など、わたしたちの国以外の人々向けに、原子力発電に対してどれだけ慎重に対応しなければならないかを伝える商業的なプログラムを運営できたらいいなと。

　きちんとした考えのもとに福島とチェルノブイリを結ぶツアーを作れば、喜んで参加する人がいるでしょう。そのような体制が組めれば、また新しい啓蒙が可能になると思います。

インタビュー

03 情報汚染に抗して

セルゲイ・ミールヌイ 作家、チェルノブイリ観光プランナー

聞き手＝開沼博・津田大介・東浩紀　通訳・翻訳＝上田洋子　写真＝新津保建秀

二〇一三年四月一〇日　キエフ　モヒーラ・アカデミー

事故処理作業に参加した経験をもとに、学術研究や作家活動、観光ツアーのプランニングなど精力的な活動を行っているセルゲイ・ミールヌイ氏。取材場所には自身がプランナーを務める「チェルノブイリ・ツアー」のTシャツに、福島大学のジャンパーを羽織って現れた。サービス精神たっぷりの陽気なウクライナ人だ。氏は人体は意外なほど放射能に強いと言う。危険なのは放射能よりも無知のほうだ――そう語る氏に観光地化の功罪を尋ねた。

――『事故処理作業員の日記』［★1］を拝読しました。被曝積算線量はどのていどだったのでしょうか。

ソ連時代の放射線量検査はとても大雑把なもので、正確な数字はありません。しかし現在の空間放射線量から逆算し推測することはできます。その計算によると、事故処理作業にあたった最初の一ヶ月でのわたしの被曝積算線量は、累計で〇・二から〇・三シーベルトだったはずです。しかし現在のわたしはなんの病気もなく、同年代の平均よりむしろ健康なくらいです。酒も飲まないしタバコも吸いませんから。仕事も楽しんでいます。

わたしは作業員として勤務後、プロの科学者として研究に従事しました。その両方の体験を踏まえ、意外な結論に達しています。それは、人間は一般に考えられているよりもはるかに放射能に強いということです。あるていどの被曝は、疵や骨折、あるいは軽い火傷と同じようなもので、健康に一定の被害を与えるものの、自然治癒によって回復する。同じ考えの科学者もたくさんいます。

――それは、ご自身が豊富な知識を持ち適切な処置を取っていたからではないでしょうか。

たしかに、わたしはもともと物理化学を専攻し、放射能やその危険性について理解する立場にありました。しかしチェルノブイリ事故以前には、具体的にどのくらいの放射線量が危険なのか、その数値までは把握できていなかった。わたしだけでなく多くの人々が、現場で経験を積むなかで正しいふるまいを身につけたのです。わたしが執筆活動を始めたのは、その経験を広く伝える目的でした。

放射能にまつわる誤った情報は、驚くほど人間を傷つけます。誤った情報は放射能それ自体よりも危険です。

――具体例を挙げていただけますか。

わたしが事故処理に従事していた頃、放射能に対してもっとも冷静に対処できていたのは、ゾーン内で働く作業員でした。放射能斥候隊長として危険な場所に出向くこともありましたが、危険性を十分理解しているので、大急ぎで仕事を済ませて帰ってくる。

あるとき、事故現場から一〇〇キロ以上離れた村に派遣されました。作業員がふだん暮らしている場所より、はるかに放射線量が低い地域です。なぜ派遣されたのか不思議に思うくらいでした。しかし着いてみると、村人はとても不安がっており、わたしたちは質問攻めに遭いました。彼らは無根拠な噂話をたくさん聞かされていたのです。このときわたしは、放射能事故では情報面のケアがとても重要になることを理解しました。

誤った情報による被害の最大のものが住民の過剰な避難です。現在、チェルノブイリ市の放射線量は自然の状態と変わりません。キエフより低いくらいです。それでもなお、何十もの村、何万人もの人々が強制避難させられている。本当は一時避難で十分でした。多くの人々が精神的な傷を負い、経済的にも多大な損失を生んだ。

もうひとつ、チェルノブイリではありませんが、ソ連の核実験場だったセミパラチンスク（現カザフスタン）の例を紹介しましょう。セミパラチンスクの半径六〇キロの自殺率は、平均値の四倍を記録しています。国連の任務で現地を訪れた人はこう話していました。ある青年が恋人に結婚を申し込んだ。しかし彼女の親戚は、彼がセミ

パラチンスク出身だと知ると、子どもが奇形になるのではないかと考え、結婚を許そうとしない。次の恋人にも同じように拒絶されれば、彼は自殺を考えるかもしれません。

――事故後の福島を訪問されたと聞きました。福島についても同じ状況があるとお考えですか。

福島では二〇キロゾーンの境界まで行きました。持参したガイガーカウンターの値は基準の範囲内でした。しかし人々は強制避難させられている。大急ぎで決められた基準であることはわかりますが、理性的とはいえません。

――日本では市民同士の情報交換がさかんです。インターネットもあります。一九八六年のソ連体制下で起きたチェルノブイリの事故とは状況が異なるのではないでしょうか。

インターネットの出現で噂の伝播は加速しました。しかし内容が変わったとは思えません。チェルノブイリでも、噂や私的な情報は、電話を通じて急速に広がっていました。

ただ、わたしが問題としたいのは、私的な情報拡散よりも、むしろテレビをはじめ公的なメディアが広げる偽情報のほうです。事故後の住民は情報に飢えている。こうした状況において、住民にどう情報を与えるべきか。いまだしかるべき方法が見つかっていません。チェルノブイリでは、マスコミが事故をカタストロフィに変えてしまいました。この点については福島も同じだと思います。チェルノブイリで見えた構図は、福島にもぴたりと当てはまりました。

わたしは自分の経験を福島の事故のまえに出版していました。それなのに、いまだ日本の被災者の方々にこのチェルノブイリの物語を読んでいただけないのを悔しく思っています。最近、福島の農家の方の自殺を知り心臓が張り裂ける思いでした。

観光地化と情報汚染

――ゾーンへのツアーについてお聞きします。どのような経緯でツアー設計に関わるようになったのでしょうか。

きっかけは七年前、プリピャチの元住民によるNPO「プリピャチ・ドット・コム」が計画したツアーに、特別ゲストとして招かれたことです。彼らのツアーは事実上観光ツアーとして機能しており、月に一度、平均三〇人から四〇人を集めていました。そこで気に入られて、定期的にガイドを務めるようになった。彼らとは二年間仕事をして、その過程で、どうすればもっと効果的な行程を組めるか、どのような情報をどのような言葉で伝えればいいかが見えてきました。しかしNPOのツアーはすでに行程が固まっており、わたしの意見は取り入れられない。そこでガイドを辞めたのですが、すると今度は別の組織から新しいツアーをやろうと誘いを受けた。そこで始めたのが、いま手がけている「チェルノブイリ・ツアー」です。NPOでの経験を受け、新しいツアーでは、参加者全員にガイガーカウンターや地図を渡し、また行程も日帰り限定ではなく二日間以上のものも用意するようにしました。いまでは四日間のものもあるはずです。

――ツアーは有料ですか。

どこの主催でも有料でした。事実上ビジネスになっていた。最初はNPOのビジネスで、いまは純粋なビジネスになった。プリピャチ・ドット・コム以前にも、西側からの観光客をターゲットにツアーを組んでいた会社がありました。最初は外国人向けだったのかもしれません。九〇年代の終わりにはすでにツアーがあったように記憶しています。

――観光地化の利点はなんでしょうか。

さきほども述べたように、わたしは問題は「情報汚染」だと思っています。放射能の事故、あるいは環境事故が話題にあがる場合、そこで論の対象となるのは通常化学的な汚染のみです。しかし、現在の情報化された社会では、こうした事故は莫大で恒常的な情報汚染をもたらします。情報層に根を持つ多くの問題を残してしまうのです。チェルノブイリの経験、わたしの学問上の知見と個人的な経験から言うと、現代のいわゆる環境事故、放射線事故でもっともひどい被害をもたらすのは放射能でも化学的汚染でもなく、むしろ始動的な要因に対して社会がいかに反応するかということです。

ですから、放射能事故が起きた場合、わたしたちはネガティブな情報が飛び交うのを防ぐためさまざまな手段を取らなくてはなりません。その点において、観光はきわめて有効です。

観光地化には三つの利点があります。第一に、観光の実現が事故処理において明確な目標として機能するということ。第二に、観光ツアーが科学的な知見に基づいてきちんと行われることは、放射能の危険に関する啓蒙手段として有効であるということ。第三に、これは現実的にはもっとも重要ですが、地域復興のための経済効果も見込めるということ。観光といういっけん取るに足らないことが、放射能事故への対処法として絶対的な重要性を持ってくるのです。安全が確保され次第、事故現場は訪問可能な状態にするべきです。

――観光という言葉には軽い響きがあります。多くの犠牲者が出た事故の場所を好奇の目にさらすことに抵抗はないのでしょうか。

現実として、チェルノブイリはすでに世界中の興味の対象になっています。福島も同じです。いまウクライナでもっとも有名な場所はチェルノブイリです。日本でもっ

放射能にまつわる誤った情報は、驚くほど人間を傷つけます。

安全が確保され次第、事故現場は訪問可能な状態にするべきです。

とも有名なのは福島です。今後問題になるのは、その興味に科学的根拠に基づいた質の高い情報で応えるのか、それとも非科学的な神話や噂話で応えるのか、ということです。

　チェルノブイリへの観光も、ウクライナでは一大センセーションを巻き起こしました。しかし、スキャンダルになったことによって、各人が自由に意見を表明するようになった。これも大事なことです。

――どのような反対意見がありますか。

　観光地化に対する反発は、三つのグループに分けることができます。まずは、最小量の被曝ですら危険であると考えている人々。強調しておきますが、彼らは心からそう信じている。いわゆる世論ですね。次に、ビジネスのため放射線量を過大評価しようとする人々。放射能の物理的な処理をビジネスにする人々にとって、観光が可能になることで事故の収束が知られてしまうのはマイナスです。だからさまざまな手段を用い反対しようとする。最後に、一部の環境団体や社会団体。彼らの動機は複合的です。情報不足と経済的利益の双方に結びついている。すべての環境団体にあてはまるわけではありませんが、しばしば善意が被災者に害悪をもたらすことがある。

――元住民や労働者の意見は。

　元住民の声はなかなか聞こえてきません。労働者は、観光は仕事の邪魔になるので、面倒だと思っているでしょう。観光は彼ら自身の仕事と無関係なので、冷淡なことが多いです。

　それに対して、ゾーン周辺の住民やサマショールはおおむねとても肯定的です。彼らは観光客が自分たちに関心を持ってくれていることが嬉しいし、客数が増えていく過程も目の当たりにしている。経済的な効果もある。「チェルノブイリ・ツアー」にはサマショール支援プログラムがあり、冷蔵庫を買ってあげたこともあります。ものや金銭による支援だけではなく、彼らサマショールたちが見捨てられたと感じないように、いざというときに電話をかけ、助けに来てくれる人がいると思ってもらうことが重要です。

――観光は放射能について正しい理解を広めるのに役立ちますか。

　わたしは著書で、世の中には被害を一〇万分の一に縮小してしまう人と一〇〇万倍に拡大してしまう人がいると書きました。実際にソ連の事故当初のレポートは放射能のレベルを一〇万分の一に過小評価していましたし、現代のマスメディアはいとも簡単に何百万倍もの過大評価を行います。おとぎ話のような世界です。

　他方でわたしたちのツアーでは、参加者全員に実際にガイガーカウンターを渡します。それで放射線量を計測する。ツアーの最後には被曝積算線量もわかる。ツアーコースにも、歴史的観点からだけではなく、放射線量の観点から興味深いスポットを組み込んでいます。またツアーのなかで、放射線の種類や、人間の身体が放射線を防御するしくみについても説明する。参加者はツアーを通して放射線への恐怖を体感し、それを克服する。わたしは「当時ここに来た時は線量は一〇〇倍だった」と説明しますが、だれかがはるかに高い放射能の危険に耐えたのを知ることも重要です。そしてツアーの終わりには、みなさん知識も経験も積んで、放射能の危険がある場所でも理性的にふるまうための訓練が済んだ状態になるわけです。

原発との関係

――ゾーンへのツアーは今後も発展しそうでしょうか。

　チェルノブイリ観光はかなり成熟しています。すべての事業者がそうなっているわけではありませんが、日帰りツアー、宿泊付きの複数日にわたるツアー、一般向けのツアー、専門家向けのツアー、テーマ別のツアーなど、さまざまな種類のものが並立している。チェルノブイリの栄光を辿るという趣旨のツアーでは、事故処理において功績があった場所を巡るのですが、普通のツアーではこういった場所に立ち寄る時間はありません。サマショールと自然というテーマツアーも開かれています。ゾーン内の自然はとても美しい。変わったところでは、コンピューターゲーム『S.T.A.L.K.E.R.』［146ページコラム参照］のファンのためのスペシャルツアーもあります。ゲームの開発者は実際にチェルノブイリにやって来て、大量の写真を撮影していきました。それが資料になったのでしょう、ゲーム内では街の光景が現実に沿ったかたちで再現されています。ファン向けのツアーでは、普通のツアーでは行かないような場所も訪れますから、みなたいへん嬉しそうにしています。『S.T.A.L.K.E.R.』のファンが、わたし自身知らなかった場所を教えてくれたことも何度かありました。この地下室が重要なんだ、とか（笑）。

――ウクライナは原子力発電を推進しています。観光地化はその政策と結びついているのでしょうか。

　チェルノブイリ観光は政府が運営しているものではありません。ゾーンの管理機関は邪魔をしないというだけです。最近は観光が経済的な利益を生むようになったので、政府が多少は支援してくれるようになりました。しかし、実際に事故の爪痕を目にした観光客が、心から原子力を歓迎するようになるでしょうか。ありえないでしょう。

　とはいえわたし自身は、ツアー客に、原発を稼働することに伴う危険性と、大量の

稼働停止がもたらす危険性を落ち着いてはかりにかける必要があると言うようにしています。

――原子力発電についての考えをお聞かせください。

わたし自身は、省エネルギーを推進すべきだと思っています。いまはエネルギーの無駄づかいが多すぎる。火力発電や水力発電など、伝統的なエネルギーの生産方法はいずれも、人々や自然にとって危険なものです。個人的な考えですが、原発はそのまま稼働させておくほうが、廃炉にするより安全だと思います。原発が稼働しているかぎりは、毎日人が通い定期的に点検が行われる。彼らは仕事を失うことを望みません。他方で、廃炉についてはまだ十分な経験が蓄積されていない。技術的な問題だけでなく、原発を閉鎖することでもたらされる社会的で経済的な影響についても経験がないのです。したがって、いま原発を大量に閉鎖することは、きわめて危険だと考えています。

――長期的にはいかがですか。

原発の新規建設には反対です。ただしいま稼働中の原発に関しては耐用年数まで稼働させ続けるべきです。原発は段階的に建設されたので、減らすのも段階的でなければいけない。そのあいだに再生可能なエネルギーを開発する。それがもっとも現実的なシナリオでしょう。

フィクションによる啓蒙

――ミールヌイさんの著書は、科学的な事実や実体験だけを記すのではなく、笑いやユーモアを交えた、文学とジャーナリズムが混ざり合った複雑なテキストになっています。このような文体を採用したのはなぜでしょう。

これがチェルノブイリでの経験を語ることができる唯一の文体だったからです。執筆を進めるなかで、これが「ポストモダニズム」と呼ばれるものであることを知りました。その発見以降は意図的にポストモダニズムの手法を用いています。

――シリアスな文体で情報を淡々と書くだけでは不十分だった。

わたしたちの経験そのものが多様で、そのスタイルもさまざまでした。精神も気分もいろいろだった。ですから、古典的な直線的時系列の小説として自分の体験を書くのは難しいし、それは読者にとっても退屈だと考えました。実際、この本のなかに記したエピソードの多くは、わたしが友人に口頭で語っていたものです。インタビューの断片だったものもあります。この作品は人生のなかで生まれてきたものなのです。作品の準備を始めたのは、事故から一〇年後のことでした。

――観光が啓蒙の手段になるとして、この本も別のかたちの啓蒙として書かれたのでしょうか。

よい質問です。チェルノブイリでは事故

ゲームのおかげで、チェルノブイリは若者にとって「楽しいもの」になった。

後の情報汚染のため、あらゆる伝統的な情報源への信頼が失われてしまいました。マスメディアは利益や評判を追求しセンセーショナルな情報ばかりを発信し、専門家は理解不能な暗号のような言葉ばかり話していた。しかもそこでは、自分の専門分野を過大評価する内容もしばしばです。権力者も信用されていない。そんな状況でなにが残っているのかといえば、単純な一対一の信頼しかない。このような試練に耐え、嘘をついたり騙したりする理由のない人々への信頼なのです。だからわたしは本を書いています。

　福島についても、もっとも効果的なのはチェルノブイリでの人々の生の体験を伝えることだと思います。なにが起こり、それを彼らがどう克服し、いまどうなっているのか。いまわたしが語っているようなことを知らせるべきです。そのためには、テレビをはじめとする、伝統的なマスコミの力も必要になるでしょう。また、みなさんが強調された、私的なコミュニケーションの力も必要です。テレビで情報発信する一方で、Facebookやブログなど、人と人との直接のやりとりでそれが補完されるのが望ましい。テレビに映っている「チェルノブイリ人」がシミュラークルではない、コンピューターでデザインされたイメージではないということを、人々にきちんと理解してもらわねばなりません。

　さらに具体的に言えば、チェルノブイリでの個人的な体験を語ることができる人を数人日本に連れて来て、テレビに出演してもらい、被災地の人々と交流する機会を持つのがいいでしょう。自分の話で恐縮ですが、もしわたしが大学に招かれるのであれば、すぐにでも行く用意があります。講義もできる。テレビ番組のシリーズを企画してもいい。

──シミュラークルという言葉が出てきました。コンピューターのイメージではない生の人間を、という主張ですが、チェルノブイリやプリピャチを舞台とする映画やコンピューターゲームの存在についてはどう思われますか。

　ドキュメンタリーを除くと、チェルノブイリを舞台にした映画にはまともな作品がありませんね。

──では『S.T.A.L.K.E.R.』にも否定的でしょうか。

　いや。あれは成功したビジネスプロジェクトです。人々のチェルノブイリへの関心を高め、それがきっかけでゾーンを訪問する人も増えた。たとえゲームがきっかけでも、彼らはわたしたちのツアーに参加することで現実の事実に沿った情報を得て帰ります。『S.T.A.L.K.E.R.』は、チェルノブイリをめぐる文化状況を健全化させたと言えます。

──好意的なのですね。

　はい。わたしはこのゲームが果たした役割はきわめて肯定的だったと思っています。なぜなら『S.T.A.L.K.E.R.』によってはじめて、チェルノブイリについての言説はひたすら精神的な傷を与えるものであることを脱したからです。あのゲームのおかげで、チェルノブイリは若者にとって「楽しいもの」になった。流行になった。そして新しい世代がチェルノブイリに興味を持つきっかけとなったのです。

──しかし作中には、放射能によって変質したゾンビが登場するなど、誤った情報も入っています。

　それはファンタジーですから（笑）。もちろん『S.T.A.L.K.E.R.』はチェルノブイリに関する神話に基づいています。けれども、すでにものすごい情報汚染があるなかで、とくにゲームが否定的効果を持ったとは思いません。むしろ、ツアー参加者が増えるなど、肯定的な効果のほうが大きいですね。

──『事故処理作業員の日記』に、「自分のすべてのものはすべて自分と一緒にある」という印象的な一節がありました［★2］。この発言から数年が経過しましたが、自分と一緒にあるものはどのくらい増えたと感じていますか。

　すばらしい質問です。『事故処理作業員の日記』を書いてから、その思いはますます強まってきました。現代世界は以前よりも安定を失い、危険が増している。グローバルに、経済的・技術的な危険が広がっています。いつみんなの蓄えが失われるかわかりません。だからこそ、自分が常に自分の内に持っているものの価値が高まるのです。

　わたし自身、事故以降の二七年間で、自分と一緒にあるものを増やしてきたように思います。新たに学位を取得し、放射能事故とその後遺症の問題の専門家として、世界的にも知られるようになった。事故がなければこのようなことはなかったでしょう。

──今後の活動予定をお知らせください。

　まずは『事故処理作業員の日記』が日本で出版され、英語版がアメリカで出版されることを願っています。グローバルな需要に応えたい。福島の事故が起こった時点で、この本はロシアではすでに大きな評判を呼んでいました。しかし福島には役に立たなかった。心臓から血が噴き出しそうな思いがしました。

　それに加えて、自分の放射能事故処理の経験も学術書にまとめたいと思っています。専門的すぎて一〇人にしか読まれないような本ではなく、学術的な厳密さを保ちながら、平易な言葉で書かれた本にしたいですね。

　さらにもうひとつ、劇映画用のシナリオ

を書きたい。いま文化的にもっとも大きな力を持っているのは映画とテレビドラマです。しかし、チェルノブイリを舞台とした劇映画は駄作ばかり。わたしの経験を一般大衆に向けて、大作映画の筋立てにして語り、ファンタスティックで波瀾万丈な冒険映画を作りたい。もしも放射能とチェルノブイリをテーマとした知的なハリウッド映画を作ることができるとしたら——「知的であること」と「ハリウッド映画」は矛盾しないと思うのです——グローバルな規模で情報汚染に対処することができるでしょう。

　映画がヒットしたら？　印税でガールフレンドとカナリア諸島に移り住んで、日焼けをしたり釣りをしたりして余生を過ごしたいですね（笑）。

★1 **『事故処理作業員の日記』** 二〇一〇年に発表された、ミールヌイのドキュメンタリー小説。事故処理作業員時代のエピソードが断章形式で、半ばスラップスティックに記されている。旧ソ連非核化協力技術事務局の保坂三四郎氏によって邦訳が進められている（刊行時期未定）。

★2 **「自分のすべてのものはすべて自分と一緒にある」** もとはローマの哲学者キケロが、「ストア派のパラドックス」の中でギリシャ七賢人のひとりビアスの言葉として引いたもの。原文では「omnia mea mecum porto」と表記され、『事故処理作業員の日記』で、ミールヌイが斥候隊としてチェルノブイリを歩くうちに、この発言の真意（自分にとって大切なものは自身の頭脳や知恵であるということ）を実感した、というエピソードが記されている。

経歴

セルゲイ・ヴィクトロヴィチ・ミールヌイ

Мирный,
Сергей Викторович

1959年生まれ。ハリコフ大学で物理化学を学ぶ。1986年夏、放射能斥候隊長として事故処理作業に参加した。その後、ブダペストの中央ヨーロッパ大学で環境学を学び、チェルノブイリの後遺症に関して学術的な研究を開始。さらに、自分の経験を広く伝えるため、創作を始めた。代表作にドキュメンタリー小説『事故処理作業員の日記 Живая сила: Дневник ликвидатора』、小説『チェルノブイリの喜劇 Чернобыльская комедия』、中篇『放射能はまだましだ Хуже радиации』など。Sergii Mirnyi名義で英語で出版しているものもある。チェルノブイリに関する啓蒙活動の一環として、旅行会社「チェルノブイリ・ツアー（Chernobyl-TOUR）」のツアープランニングを担当している。

インタビュー
04

責任はみなにある

アンナ・コロレーヴスカ　チェルノブイリ博物館副館長

聞き手＝開沼博・津田大介・東浩紀　通訳・翻訳＝上田洋子　写真＝新津保建秀
二〇一三年四月一〇日　キエフ　国立チェルノブイリ博物館

キエフ市の中心部に位置する国立チェルノブイリ博物館。被災した子どもたちの写真や天井から吊るされた防護服など、宗教的シンボルを交えて大胆に展示し、事故の記憶をいまに伝える歴史博物館だ。一九九二年から二〇年間の累計来館者は一二〇万人を数え、いまも感情に訴えるその斬新な展示で毎月四〇ヶ国から来館者を集めている。二〇年以上現職を務め、展示の工夫と拡充に情熱を傾けてきた副館長アンナ・コロレーヴスカ氏に、原発事故とはどのように世に問われるべきなのかを訊いた。

——博物館開館までの経緯を教えてください。

事故直後より、悲劇の記憶を継承しようという動きはありました。この博物館の構想は、じつは小さな写真展示から始まったのです。発電所の消火作業に関わった消防士たちを記念する写真展です。「勇気と栄光の記憶」というタイトルでした。企画者はウクライナ内務省管轄の消防組織で、彼らは六人の同僚を失った。事故では原発関係者も亡くなっていますが、ソヴィエト政権下では彼らが英雄であると公式に語ることはできませんでした。他方で消防士は英雄扱いでしたから、展示を行うことができた。展示が始まったのは、事故の一年後、一九八七年のことです。

——博物館の出発点は殉職した消防士の英雄的行為を顕彰する展示だった。

そうです。国威発揚のイデオロギーとも結びついていた。ただし展示は消火活動に関わったすべての消防士に関するものでした。警察と消防はひとつの組織で、警察は住民の避難を担当し、消防は事故収束作業に参加した。ゆえに消防と警察は展示や博物館の創設に意欲的だったのです。この博物館の建物自体、もとは消防署です。

展示が始まると、外国の視察団も訪問するようになりました。そこで一九九二年に博物館へと組織を拡充することになり、展示が行われた消防のオフィスの隣にあった消防署が充てられることになった。それがこの博物館です。

——博物館としての開館は一九九二年でよろしいですか。

はい。そこで正式に「チェルノブイリ博物館」という名前になりました。ハイダマカ氏に〔43ページ 談話参照〕展示デザインを依頼したのはその翌年です。

——最初から国立ですか。

はい。最初から国の組織です。ただし博物館が「国立博物館」に認定されたのは一九九六年で、テーマが拡大したことによります。その時点では事故処理作業員の人々の記憶だけでなく、被災者や事故後の影響など、社会的な問題を広く扱うようになっていました。ソ連が崩壊しウクライナが独立したあと、機密文書の公開が始まりテーマの拡大が容易になりました。

一九九一年までは「問題」については語ることができなかった。語られたのは英雄的行為だけだったのです。移住や強制避難などの問題があることは、ほとんど口にされませんでした。

あともうひとつ重要なのは、この組織が内務省の支持を受けていることです。内務省は事故処理に深く関わり、博物館開館に積極的でした。一九九二年の開館時の館長は元内務大臣です。ですから、当博物館はいまでも文化省の管轄ではなく内務省の管轄となっている。学芸員が収蔵品の収集を管理し、デザイナーが展示をデザインしながらも、組織のトップは元事故処理員の警察官です。そのおかげで国家から資金を獲得することができるのです。

——基本情報を伺います。来館者は年間何人ほどでしょうか。

昨年は七万人です。一九九二年から二〇一二年までの累計来館者は一二〇万人になります。

—外国人や学生の比率はいかがですか。

外国人は二五%です。学生は多い。大学生と高校生以下の子どもたちを合わせると六〇%強を占めます。

—入館料はいくらでしょうか。

入館料は一〇フリヴニャ。つまり一ユーロです。安すぎると言われます。ですがわたしの考えでは、この博物館では料金を上げてはならない。だれでも見ることができる水準であるべきです。

ほかに館内ガイドは別料金で設定しています。少し高額になりますが英語とドイツ語もあります。さらに日本語を含む七ヶ国語のオーディオガイドも用意しています。個人の来館者が意外と多く、またさまざまな国の方がいるからです。これまで九五の国から来館者があり、毎月だいたい四〇ヶ国から来館者がやってきます。

—赤字は国家補助で補填されているのですか。

国がスタッフの給料を払います。しかしそれ以外の補助はありません。展示拡張の資金や、個々のプロジェクトにはスポンサーを探す必要があります。日本政府からも助成金を受けましたし、外国の慈善団体などの資金援助を受けて、オーディオガイドや照明などの設備を整えました。チェルノブイリと関連したスポンサーによる援助がなければ、博物館が発展していくことはなかったでしょう。

当博物館は館員の数が少なく、学芸員はたったの七人です。四人はガイドで、残りの三人がコレクションの管理をしています。展示を考えるのはわたしだけです。けれども、みなモチベーションが高く、この仕事を天職と考えているため、給料分を超えた努力をしています。

子どもに愛される博物館

—収蔵資料は多いのですか。

一九九二年の開館時はわずか二四〇点の展示品しかありませんでした。九六年にリニューアルオープンしたときには七〇〇〇点に増えました。現在はもっと増えています。

—ソ連時代に破棄された書類もかなりあると思います。資料収集にあたり苦労されたことはありましたか。

歴史博物館の運営にあたっては、人と人との接触が重要です。破棄を命じられた資料を保存した人々がいるからです。そうした人々と交渉し、信頼を得て譲ってもらわなければならない。

その点については、じつは当館が内務省管轄であることは資料収集の障害になりました。内務省以外が管轄する事故処理作業員や専門家が、なかなか資料をくれなかったからです。あなたのところは消防と警察の博物館でしょうと言われました。原発作業員や軍関係者から資料を集めるのはとてもたいへんでした。

—自ら資料集めを行ったのですか。

何度もゾーンに出かけました。夫やハイダマカ氏も一緒に行きました。その中でアイデアやイメージが浮かんだこともあります。昼も夜もずっとチェルノブイリのことを考えていました。切れ目のないプロセスで、何年かそれが続きました。いまも続いています。

—博物館では展示以外の活動もしているのですか。

子ども向けの特別なプログラムを開設しています。大学生向けにはシンポジウムや討論会を催しています。テーマは生態学や生命の安全、気候など。これはキエフの中等・高等教育機関の教員との共同プログラムです。また、元事故処理員の方による講演なども開催しています。

—学校教育の一環での来館もありますか。

あります。ウクライナには「生活の安全」という科目があります。ロシアにもあるかもしれません。そもそも旧ソ連圏の教育では博物館や美術館の見学が重視されています。

—子ども向けのプログラムがあるとのことですが、どのようなものでしょう。

たとえば、「エコロジーの授業」という名称の、四つのテーマを立てたインタラクティブな体験学習があります。メインホールの原子炉を模したプレートの上に子どもたちが座り、放射能やエネルギー問題をテーマに、話し合ったり、クイズ形式でゲームを行ったりします。

—反応はいかがですか。

とてもよいです。参加者の中にはまだ小学校に通っていない子どももいる。そんな幼い子どもに、原子力とはなにか、さまざまなエネルギーを求めてきた人間の軌跡を話したり、アニメーションを見せたりします。子どもから大学生までみなが楽しんでいる。ガイドは「アトムおじさん」という博士の格好をして、ゲーム感覚で会話をします。

—次世代への教育を重視している。

世代は交代していきます。若い世代は世界を別の目で見ている。わたしたちは彼らの歴史の理解を助けなければいけない。ですからつねに展示を作り替えたり、新しいものを加えたりしています。

若い世代にこの博物館が愛されていることは誇りです。世界中の若者が何時間も滞在していく。スウェーデン人、ドイツ人その他の若い人たちが、Facebookのわたしのページを訪れて展示を褒めてくれる。チェルノブイリと聞いて多くの人々に思い浮かぶのは原子炉の映像でしょう。ところが博物館に来ると、別のシンボルを数多く発見することになる。そして、問題が原子

昼も夜もチェルノブイリのことを考えていました。それが何年か続きました。

炉の崩壊という枠をはるかに超えて広がっていることに気づくのです。

憂慮には際限がない

――ウクライナ政府は原発を推進しています。原子力についてどのような立場を取っていますか。

わたしたちは原子力の時代に生きています。その条件から逃れることはできないこと、どんなに頑張っても原発を閉鎖したりしないことは明らかです。その条件のもとで、なにか起こったときにどうすればいいのか、どのように闘えばいいのかを子どもたちに伝えたい。原子力を、ただなにか恐ろしいものとして、空虚な言葉で恐怖の対象にするのは避けるべきです。

――館内展示では、事故原因の解明や原子力技術の危険について展示が少ないという印象を持ちました。そのような批判はありませんか。

批判はあります。事故原因を完全に解明してほしいという人もいるし、技術的な資料がほしいという人もいる。けれども、この博物館は技術博物館ではなく、歴史博物館です。ですから、わたしたちは自分の視点を重視している。技術的資料もできる範囲で見せていますが、それをメインにはしません。必要なときは特別展を開催します。

――原発推進の政策と展示は関係がありますか。

政治家はこのテーマにまったく興味がないと思います。ここでなにが展示されていても、自分が批判の対象になっていなければどうでもいい。政治家は世界中どこでも同じではないでしょうか。

――原発反対の運動家との接点はありますか。

さまざまな人々がチェルノブイリやその後遺症に対して独自の見解を持っています。わたしたちはすべての人たちの話を聞きます。そしてできるだけ客観的であるよう努力しています。話をしたり要求したりする権利はみなが持っています。けれどもそれを現実にして展示にする権利はわたしたちの側にあります。

――原発は廃止すべきですか。

チェルノブイリでは原子炉を停止しました。けれどもそれで問題が解決されるわけではない。原発がすべて稼働停止したからといっても、使用済み核燃料はどうなるのでしょう? 世界の原発すべてが稼働停止したとしても、われわれの健康、われわれの世代の問題は解決しないのです。

――簡単な結論は出ない。

すべてが悪い状況だとか、あるいはすべてが順調だというのはありえないことなのです。涙に傾くのもよくない。うちの博物館にはスローガンがあるのですが、お気づきになりましたか? 展示室の入り口のところに掲げてあります。「悲しみには際限があるが、憂慮には際限がない」[★1]。これがわたしたちの哲学です。

経歴

アンナ・ヴィタリイヴナ・コロレーヴスカ

Королевська, Анна Віталіївна

1958年ドネツク生まれ。ムールマンスク教育大学卒業。大祖国戦争博物館学芸員を経て、1992年より現職。博物館の展示・資料収集・制作のすべてを統括する博物館のキーパーソン。ウクライナの美術館・博物館で初めてデジタル情報システムを導入するなど、博物館を常にアップデートして、現代のオーディエンスへの問題提起を続けている。2001年、ウクライナ功労文化労働者の称号を受ける。

広い意味でみな罪がある

——事故の記憶は風化しつつあるという話を聞きます。

福島第一原発の事故の前、チェルノブイリ事故後二五周年直前には、じつはこのような話が出てきたことがありました。悲劇はチェルノブイリ以外にもたくさん起こっているのだから、この博物館もチェルノブイリに特化するのはやめて、たとえばザカルパッチャ地方での洪水とか、そういうものも含めて人類の悲劇を総合的に展示する博物館に変えるべきではないかと。ですが、全智の神にはすべてお見通しです。神が忘れるなかれと、ふたたび警鐘を鳴らしたのでしょう。

——いま「神」という言葉が出ました。展示にも宗教的象徴が多く使われていましたが、記憶の継承に宗教は不可欠でしょうか。

いえ。わたしたちは宗教的な活動を行っているわけではありません。わたしが強調しているのは、精神的で全人類的な活動の必要性です。わたしもハイダマカ氏も宗教的な人間ではありません。

先日、日本を訪れました。東京にも靖国神社があり戦争の歴史に関する博物館がありますね。神ではなくて、戦争で亡くなった勇者たちの魂が祀ってある。同じことだと思います。当館はロシア正教の象徴を好んで選んでいるように思われるかもしれませんが、実際にはいろいろな宗教の活動家が訪れています。まったく異なる宗教の人々が、それぞれ館内で自分の魂に響くものを見つけている。わたしたちは神に祈ることを呼びかけているのではありません。自分以外の人にも生きる権利があり、生きることを許すべきだと理解してもらいたいだけなのです。

人間はときに、爆弾を落とすとか、健康に害のあるような地域に住ませて害がないと言い張るとか、人の生死に関わる決定を下す権利を持ってしまうことがある。その意味を理解してもらいたい。多くの人々を動かし、思考を促すには、彼らにとってなじみのある方法やシンボルを用いることも必要でしょう。

——事故の責任はだれにあるとお考えですか。

われわれ全員です。わたしたちは広い意味でみな罪があります。すべてが連鎖している。若い世代への教育に力を入れているのはそれゆえです。危険なボタンを押すように言われて、それをやってはいけないことを認識しているのに「ノー」と言うだけの力を持たなかった。これからはそこで拒否する人間を育てなければならない。だれがボタンを押したのかではなく、なぜ彼はこのボタンを押してしまったのか、それを社会学者や哲学者の視点から考えなくてはいけない。

——博物館の目的をひとことで言うとどうなりますか。

わたしたちの課題は、犠牲者、目撃者、事故処理員ら、何千もの人々の運命を通して、今日、世界の産業の発展においてもっとも重要なものだとされている原子力における事故がどういうものなのかを示すことです。イギリスの物理学者、ジョン・トムソンは二〇世紀のはじめにすでにこう言っています。「人類はあまりにも多くの玩具を与えられた赤ん坊のようだ。そしてこの玩具の遊び方を覚えたときには、人類はいなくなっているだろう」と。わたしたちは危機に瀕している。しかし石器時代には戻れない。黄金の中庸を見つけるべきなのです。高度な科学技術と折り合いをつけながらも、自分で自分をだめにしてしまわないようにすること。これがわたしたちの目指すところです。

——最後に、この仕事に懸ける個人的情熱の理由を教えていただければ。

特別の体験があるわけではないんですよ。被災者ではありますが、事故処理に関わったわけでもありません。

わたしはもともと大祖国戦争博物館で働いていました。英雄や犠牲者がいて、テーマが近かったのでここに来たのです。そのときはチェルノブイリが人生の一部になるとは考えもしていませんでした。それが、さまざまな人々と出会うなかで抜けられなくなってしまった。

チェルノブイリというテーマは重い。精神的にも大変です。もうやめた、と言いたくなることもあります。休暇が終わったらもうここには来ない、テーマを変えて仕事場も変えようと思うことがある。けれどもしばらくすると新しいアイデアが生まれて、そんな感情は忘れてしまう。同じ歴史博物館でも、もしも遠い昔の歴史を扱っていたなら事情は違ったでしょう。チェルノブイリでは、事故を経験した人々がまだ生きている。そして彼らには子どもや孫が生まれている。そんな現実を目の当たりにしていると、やはりそれを世界に届けたいと思ってしまいます。

いまでは、おそらくわたしは息を引き取るまでこの問題について語り続けるのだろうと思っています。Ⓖ

★1 **博物館のスローガン「悲しみには際限があるが、憂慮には際限がない」** 博物館に掲げられた言葉はラテン語で「Est dolendi modus, non est timendi」(小プリニウス書簡集より)。ロシア語で「Есть предел у печали, но нет границы у тревоги」。この言葉は一般に「悲しみには限界があるが恐怖にはない」と訳される。コロレーヴスカは「est timendi」をтревога(憂慮、警鐘)という宗教的含意の強い言葉で訳し変え、二重の意味を持たせている。恐怖には限りがないので非合理な不安を持つべきではない、しかし同時に憂慮にもまた限界がなく、人間は原子力の未来については十分すぎるほど憂慮をするべきだ、との意味だろうか。

なぜ危険なボタンを押したのか、社会学者や哲学者の視点から考えなくてはならない。

インタビュー
05 真実を伝える

アレクサンドル・ナウーモフ 元内務省大佐、ゾーン案内人

聞き手＝開沼博・津田大介・東浩紀　通訳・翻訳＝上田洋子　写真＝新津保建秀

二〇一三年四月一三日　キエフ　ナウーモフ宅

ソ連体制当時、ウクライナ内務省でチェルノブイリ原発事故に関わる機密文書を扱う業務に従事し、キエフの警察署で副署長まで務めたナウーモフ氏。現在は六二歳。事故後は、放射能汚染についての正しい情報の伝達を使命と考え、外国のメディアや学者を精力的にゾーン内へと案内してきた。ゾーン関係者では有名人で、ゲーム『S.T.A.L.K.E.R.』には彼をモデルとした人物も登場する。かつては国家権力の側にいた彼が、いまどのような思いで「ゾーンの観光化」と向き合っているのか、その胸中を訊いた。

過去の記憶は人とともに死んでいきます。

――ナウーモフさんはもっとも有名なストーカーのひとりと伺いました。

わたしは「ストーカー」という言葉が好きではありません。『イズベスチヤ』紙がそう呼んだだけです。わたしがゾーンに行くのは、好奇心ではなく、事故後の真実を語るためです。真実を語ることができる人たちに情報を伝えたい。ウクライナでは国会の公聴会に参加しているほか、一年に一〇回以上、テレビやラジオなどで事故について話しています。外国ではドイツやフランスが多いですね。去年もドイツのテレビと八回ぐらいゾーンに行きました。

――そのような活動はいつ始められたのですか。

一九八九年から一九九〇年のあたりです。

――きっかけは？

チェルノブイリ博物館で、機密書類を見たことがきっかけです。「機密解除」のハンコが押されていたので、撮影し公開した。そのときわたしは内務省で働いていたのですが、これが告発の対象になった。追い回された末に、内務大臣にまで呼ばれた。彼らは一九八六年の時代遅れの指示書に従っていて、なにが機密解除になっているかも調べていないんです。そういう官僚機構への怒りがあり、個人的に正しい情報を伝えていきたいと考えた。事故直後、政府が被害を隠そうとしているのは内部から見ていました。

――具体的には。

事故直後にKGBが作成したリストでは、放射線量、放射能排出量、汚染度などが機密事項になっていました。軍の治療委員会では、健康状態の悪化を事故処理への参加と結びつけてはならないという方針が出されています。

――特別警備隊の隊長だったということですが、どのような仕事をされていたのですか。

プリピャチの街を警備し、サマショールを探しました。略奪を防ぐために空き家の窓や扉に釘を打ち付けたりもしましたね。強制退去は直ちに行われましたが、全員が退去したわけではなかったんです。国から欠陥住宅をあてがわれた人々や事故前の生活に戻りたいと願った人々がいて、彼らは帰還していた。一九八七年のピーク時には一二〇〇人のサマショールがゾーン内で暮らしていたはずです。一九九一年に、彼らはイヴァンキフ地域に戸籍を持ち、年金も受け取ることができるようになった。それまでは違法です。ゾーン内の居住について、法的な権利はいっさいなかった。

――違法な居住への処罰はあったのでしょうか。

ありません。説得がなされただけです。

ゾーン観光は危険か

――ゾーンの訪問は危険ですか。

放射能はあります。わたし自身、健康被害も抱えています。しかし線量計を持っていき、きちんとホットスポットを避ければ問題はない。許可されたコースを歩き一日で被曝する量は、飛行機で大西洋を通過する間に受ける線量、あるいは歯のレントゲンを撮って受ける線量よりも少ないはずです。問題は、チェックポイントを通らず、危険地帯を不法に歩いているストーカーたち。あと、本当に恐ろしいのは凶暴化した野生動物かもしれません。ヤマネコも出没します。猫だと思って撫でようと近づいてはいけない。

――ゾーンは将来どうなるべきとお考えですか。

前大統領のユシチェンコは、セイヨウアブラナを栽培して、バイオ燃料用に販売しようと計画していました。けれども土地を活用するには人が住まなければならない。人が住むにはインフラが必要ですが、ゾーン内はホットスポットが多く難しいでしょう。

――いまでは外国人観光客が好奇心でゾーンを訪れています。どう感じますか。

多くの人々がチェルノブイリに興味を持つのはよいことです。けれども原子力技術との関係についてきちんと語る必要がある。その点では、ツアーそのものはいいとしても、ガイドに問題があります。地球規模の大事故であったことを知らせなければいけないのに、ゲームの『S.T.A.L.K.E.R.』と変わらない、レベルの低いガイドが多い。四号機をコンクリートで埋めたり屋根を掃除したり、八〇〇人ほどの人数が関わったのだけれども、彼らがリクヴィダートルとして認定されるのに二〇年かかったとか、そのような情報を伝えるべきです。

――ゾーン観光は原子力産業のプロパガンダに利用されているということでしょうか。

彼らにイデオロギーはない。ただの金儲けです。

――収益を被災者の支援に回すような試みはないのですか。

いっさいありません。

経歴

アレクサンドル・ヴィクトロヴィチ・ナウーモフ

Наумов, Александр Викторович

1950年生まれ。チェルノブイリ事故当時は警察の士官で、事故翌日の4月27日から5月2日まで、プリピャチのそばのヤノフ駅の警備にあたった。1988年1月から9月までゾーンの警備隊長。この頃からマスメディアに事故に関する情報を流しはじめる。1990年より国内外のジャーナリストや学者にゾーンを案内、ゾーン案内人＝ストーカーの異名をとるようになった。コンピュータ・ゲーム『S.T.A.L.K.E.R.』の登場人物のモデルにもなっている。

――『S.T.A.L.K.E.R.』には否定的ですか。

いやいや、若い人が興味をもってくれるならそれでもいいんです。ゲームの空想を通してではあっても、彼らはやはりチェルノブイリの土地を目の当たりにするのだから。ただ、モンスターとかミュータント、異常現象は忘れていただきたい。

――記憶の風化は進んでいますか。

過去の記憶は人とともに死んでいきます。ウクライナではチェルノブイリが忘れられている。ネットで公開しているわたしの写真アーカイブには一万枚の写真があって、ゲーム『S.T.A.L.K.E.R.』のファンたちが勝手に使っている。それはいいのですが、連絡を取ると、彼らが事故についてなにも知らないことがわかり悲しくなる。二年前、チェルノブイリ博物館のそばで調査を行ったことがありました。尋ねた市民の多くが博物館の場所を知らなかった。事故の起こった年すら覚えていないのです。このような悲惨な事故は、子どもの心に傷を与えるので記憶に残すべきではないという意見さえあった。けれども、子どもの腫瘍性疾患の問題はいまも続いているし、本当はなにも解決していないのです。

――まずは関心をもってくれるだけでいいと。

チェルノブイリの抱えるテーマに夢中になってくれる若い世代を探しています。

インタビュー 06

ぼくは間に合わなかった

アレクサンドル・シロタ NPO「プリピャチ・ドット・コム」代表

聞き手＝開沼博・津田大介・東浩紀　通訳・翻訳＝上田洋子　写真＝新津保建秀

二〇一三年四月一一日　フルジニフカ村　エコポリス

シロタ氏は本誌取材のゾーンツアーをアレンジした人物。幼少期をプリピャチで過ごした氏にとって、立入禁止区域は単なる廃墟ではなく思い出の詰まった故郷だ。しかしそんな廃墟ですらいまは崩壊の危機にある。失われた街をふたたび失わないために、シロタ氏はひとり理想のツアーを追い続ける。「政治とは沼のようなものだ」と語る氏に、NPO運営の真意と展望を訊いた。

——チェルノブイリをめぐる活動を始めたきっかけを教えてください。

一九九二年、事故後にはじめてプリピャチへ戻ったときの経験です。一六歳でした。とても雪が多い冬で、死んだような街で半日過ごしました。雪溜まりのなかを歩いて家に戻り、母が働いていた文化宮殿や自分が通っていた学校にも行きました。荒廃した街を独り歩きながら、自分がもはやこの街に暮らすことはないんだと理解しました。

家に帰ってきてからこの旅について文章を書きました。一〇代の少年の一風変わった魂の叫びとでも言うんでしょうか。「覚えていてほしい」というタイトルで、それを母が英語に翻訳するのを手伝ってくれました。しばらく経って国連の「DHA NEWS」という雑誌にその文章が掲載されました[★1]。いま思えば、あれはぼくのジャーナリストとしての活動の最初となります。

事故一〇周年の一九九六年には、グリーンピースの活動「証言者のツアー」に招かれてウクライナ代表としてアメリカに行き、四月から五月にかけて合衆国の大きな街をめぐり、自分の体験を話しました。

——アメリカでの反応はどうでしたか。

とても好意的でした。じつはこの旅以前は、居心地の悪さを感じていて、チェルノブイリのことについては語らないようにしていました。当時ウクライナでは、事故で避難した人が社会で受け入れられないという状況があったからです。嫌われたり、いじめに遭っていた。「よそ者が、自分たちの住む場所を奪い、学校や職場でのポストを占領した」という考えもあった。だから、チェルノブイリから遠く何千キロも離れている人々が関心を持ってくれて驚きました。帰国したときには、この十字架を今後も背負っていかねばならないと、ぼんやり感じるようになっていました。

——そしてジャーナリストになることを選んだ。

一時期は別の仕事をしようとがんばりました。建設業もやったし、ほかのジャンルで論文を書いたりもした。ところが、必ずチェルノブイリのテーマを語ることを求めてくる人が現れて、戻るはめになるのです。

もっとも、現在の活動を選ぶなかでいちばん影響力をもったのは母です。母は女優で詩人のリュボーフィ・シロタといいます。彼女はつねにこのテーマについてエッセーや詩を書いてました。ぼくはそうした空気のなかで育って、過去のこと、プリピャチの街のことを忘れるのは不可能だった。

NPO設立まで

——プリピャチ・ドット・コム設立の経緯を教えてください。

サイトのオープンは二〇〇三年のことです。創設者はぼくではなく、一〇歳ほど年上のプリピャチに住んでいた人たちのグループです。彼らが住人の交流のために作ったんです。当初のサイトは街の写真を何十枚かアップし、小さなフォーラムを立ち上げたものでした。ぼくは二〇〇五年に偶然サイトを見つけ、連絡をとって手伝うようになりました。

——協力を申し出たのですか。

いや、逆です。あまりにばかげた情報が公開されているのを見てむかついてしまった（笑）。ぼくはその時点でもけっこう頻繁にゾーンに行っていて、事情に詳しかった。だから抗議のメールを出した。そうしたら、「そこまでよく知っていらっしゃるなら、サイトの質の向上のためにぜひ力を貸していただきたい」と返事が来てしまった。それをきっかけに関係ができて、しばらくして編集責任者を任されるようになりました。

いまではプリピャチ・ドット・コムはチェルノブイリ関連のサイトのなかで一番大きいはずです。閲覧者数は同じカテゴリーの他サイトを全部足してやっと追い付くくらい。当初はそこまで育つとは思っていませんでした。

——スタッフは何人いるのですか。

専従職員はいません。参加者はみなボランティアです。ツアーなど、いわゆる現場で働いている人は、一〇人に満たないくらいです。ほかにネット上でさまざまな課題を解決する人が三、四〇人。オフィシャルな組織会員が一五〇〇人弱。さらに、フォーラムのアクティヴな参加者がだいたい二万人います。加えてサテライトのプロジェクトがいくつかあります。同じテーマを扱っていても多少方向性が違うものです。ヴァーチャル・プリピャチや3D画像作成プロジェクト［**152ページ参照**］ですね、そのようなプロジェクトにピンポイントで参加している人々もいます。

プリピャチ・ドット・コムはもともとプリピャチの元住人が思い出を共有するためのサイトでした。それがいまでは、参加者の九〇％以上が、チェルノブイリと直接関わりを持たない人になっています。これは意外でした。

——収入源は？

基本的にゾーンのツアーで資金を得ています。うちは、ウクライナではきわめて稀な、自らの事業収入で運転資金を賄っている社会活動団体です。これまでの活動において助成金を受けたのは一度だけ、米国大使館から展示開催のため五〇〇〇ドルをいただいたのみです。ほか何万ドルも使っているけど、それはすべて自分たちで稼ぎ出している。とはいえそれはまったく褒められたことではなく、NPOは基本的には助成金を獲得しなければならない。ぼくたちにはその能力がないんですよ（笑）。

——ツアー事業を始めたきっかけは？

ぼくは以前から、個人的に友だちや知り合いに頼まれて個別にゾーンを案内していたんです。そんななか、二〇〇六年に、うちのサイトで働いてくれている編集者を案内する機会があった。彼らはチェルノブイリをテーマに仕事をしているにもかかわらず、一度もゾーンに行ったことがなかったんです。彼らがそのときの写真や感想をネットで公開したところ、大変な反響だった。「なんで自分たちは連れて行ってくれないんだ？」という意見がフォーラムに多数寄せられたんです。それをきっかけに定期的にツアーを行うようになりました。

——ツアーの頻度は？

月に数回です。ぼくたちは数をこなそう

経歴

アレクサンドル・エフィーモヴィチ・シロタ

Сирота, Александр Ефимович

1976年生まれ。写真家、ジャーナリスト、映像作家。チェルノブイリ事故当時は9歳で、母とともにプリピャチに住んでいた。キエフ大学歴史学科卒業。2005年からウェブサイト「プリピャチ・ドット・コム」の編集に関わり、その後、2012年までこのサイトの編集責任者を務めた。以来、チェルノブイリをテーマに活動を続ける。母リュボーフィ・シロタは詩人。

チェルノブイリはだれもが目にしなければならない。世界観が変わる可能性がある。

と考えていません。一日にバス五台とかはありえない。質の高いガイドを提供したいのです。

——外国人の割合はいかがですか。

うちの場合はロシアからの観光客が大半です。次がウクライナ、ベラルーシ、ポーランド、西欧、アメリカ。日本から来る人の数も増えています。福島の事故以前は年に一グループだったのが、去年は六回ほど日本のグループを案内しました。世間ではチェルノブイリは古い話になってしまっていたけれど、日本でまた新しい事態になって、その価値が見直されたのだと思います。

プリピャチを博物館に

——チェルノブイリ観光は急速に商業主義化していると聞きます。問題を感じていますか。

ツアーを運営する側に正確な情報が欠けています。いまはだれもかれもがツアー事業に手を出すようになった。ただ、そのうちほとんどが不備が多く、サービスの質もよくありません。六〇人の外国人を一台のバスに乗せ、一人三〇〇ユーロとか四〇〇ユーロを集めて、プリピャチの真ん中でバスから降ろし、三〇分の自由時間を与えてそれぞれ好き勝手に街を見させてまたバスに乗せて帰る、というようなひどいツアーが現れています。外国人相手の商売は楽なのです。

政府が旅行会社を教育しろとまでは言いませんが、オーガナイザーを選別しライセンスを与えていくくらいのことは必要かもしれません。

——シロタさんのツアーの特徴を教えてください。

ゾーン内の活動に関してはきわめて厳しい制限があり、行程の一つ一つが政府により厳密に規定されています。ですから簡単に行程を変更することはできません。そのため、与えられるプログラムの枠内で工夫をこらしています。たとえばぼくたちのツアーは、ガイドを元プリピャチの住人に限定しています。単に「右を見てください、左を見てください」ではなく、生きた街の記憶を再現したい。ぼくたち以外にこういうことはやっていません。

——ツアー事業の目的はなんですか。

理想を言えば、現象としてのチェルノブイリ観光を壊滅させ、ツアーをすべて無料化できるといい（笑）。まあ、これは個人的な夢ですが。それでも、いつかツアーで稼いだお金をＮＰＯの資金源にする必要がなくなるときが来たら、ぼくはツアーを無償化しますよ。そうしたら旅行会社も撤退する。利益がなくなるでしょうから。チェルノブイリへの旅は、教育を目的とするものだけになる。そうなったらいいなあと思います。

ぼく自身がなぜチェルノブイリに人を案内するのかといえば、それはお金のためではありません。チェルノブイリはだれもが目にしなければならないものだと思っているからです。ここでは世界観が変わる可能性がある。参加者の一〇人に一人でも、ここで変化が起きて、将来廃墟を残さないような人になるのならば、それで成功なんです。

——事業運営にあたって国や行政機関との軋轢はありますか。

一歩前進したと思ったら行政によって二歩後退させられるというのが現状です。官僚主義的な書類の申請の手続きが非常に煩雑な上に、新しい規則がひっきりなしにできていく。しかも納得できないルールが多い。

ウクライナは選挙が多く、そのたびに上層部が総入れ替えになります。立入禁止区域のトップも頻繁に変わる。そうなると毎回、ぼくたちの活動が必要なものであることをあらためて説得して、一から関係を築いていかなければなりません。

たとえば、二〇〇六年にぼくたちが発案した「プリピャチ博物館化計画」というものがあります。未来の世代に記憶を引き継ぐため、プリピャチの廃墟をそのまま保存し博物館にする計画です。ウクライナ大統領、国会、チェルノブイリ事故で被害にあった国々の大統領たち、ユネスコなどに宛てた公開書簡を作成しました。かなりの数の署名を集め、官僚たちの力添えももらって、当時の大統領ユシチェンコに書簡を届けることができた。計画書を作るようにと口頭で言われたと聞いています。けれどもその後、政治的な混乱期に入って、もう博物館どころではなくなってしまった。そのあと政権も変わりました。

——計画は頓挫してしまったのですか。

そうですね。いまは、街の一部のみを保存して他は破壊するべきだという提案があります。率直なところ、ぼくもこの案に賛成です。すべてを残すのが不可能なのはよくわかりますから。ウクライナにはゾーン以外にも手入れが必要な地域が広大にあって、まずはそちらのほうを先に解決すべきなんです。みなさんもご覧になったと思いますが、ゾーンの外を通っていてもあちこちに廃屋があります。ウクライナは人口密度が高くないので、ゾーンを手入れして人を住まわせることへの緊急性がありません。

——保存は難しいのですか。

プリピャチがあるポリーシャ（ポレシエ）地方の沼地は、気候が複雑です。湿度が高いうえに、気温の変化が激しくて、ひと冬のあいだに何十回も暖かくなったり寒くなったりする。だから建物が凍結と結露を繰り返し、どんどん劣化していく。数日前にも建物の崩壊が起こりました。この調子

1984年、一列目右端がシロタ氏。

1985年、プリピャチ第一学校にて。中央の少年がシロタ氏。

1985年、文化宮殿《エネルギー作業員》で行われた演劇。
中央がリュボーフィ・シロタ氏。

1984年、右端がシロタ氏の母親リュボーフィ・シロタ氏。

で建物が壊れ、街が崩れていったら、立入制限もますます厳しくなっていく。一度大きな事故が起こってしまったら、ツアーは打ち切りになるかもしれません。あと五年もたないかもしれない。

正直に言うと、プリピャチについてはもう保存は手遅れだと考えています。もし運動を一〇年前に始めていたら、街を残すことができたでしょう。けれど間に合わなかった。もう建物は朽ち始めている。もしかしたらプリピャチは、このまま朽ちるに任せるべきなのかもしれません。ウクライナのポンペイになればいい。

——わたしたちは「福島第一原発観光地化計画」を考えています。なにかアドバイスはありますか。

ぼくが言えるのは、保存運動はいまから始めないとだめだということです。世論形成も含め、そのための土壌をできるかぎり早めに築いていかなければならない。とはいえ、ツアーについては時期尚早だと思います。まだ傷が癒えていない。放射能的にも危険ではないでしょうか。

——今回のゾーン内のツアーでは放射線量が低いという印象を受けました。

こちらでは時間がかなり経っていますからね。雨や雪によって自然にクリーニングがなされている。ゾーン内の道路はいままでも必要に応じて除染されています。

失われた街の運命が忘れ去られないように。

政治は沼のようなもの

――原子力発電について考えをお聞かせください。

あくまでも原発事故を幼少期に経験した人間の個人的な意見として聞いてほしいのですが、ぼくは原子力をまったく受け入れられません。あんな経験をした人間が、まだこのテクノロジーを信じているとするなら、ある種のマゾヒズムだと思います。あるいは経済的な関心しかないのか。それ以外考えられません。

この意見はNPOの代表としてのものではありません。ぼくたちのサイトは、あらゆる立場の人が情報を発信することができるプラットフォームとして、中立的な立場を取っています。原子力推進に関しても反対に関しても、ラディカルな立場を取ることを避けています。メンバーのなかにはチェルノブイリ原発や他の原発の作業員もいますし、放射能の専門家や環境学者もいます。あらゆる人が自分の意見を表明できるようにしています。

――脱原発の実現可能性についてはどうお考えですか。

ぼくならば、問題設定を「原子力を脱することができるか」ではなく、「原発の操業をいかに脱するか」と置き換えます。稼働を停止して、完全に操業を脱した原発が世界にどれだけあるでしょう。膨大な数の核施設が存在する中で、稼働を停止した後の処理は今後大変深刻な問題になっていくはずです。チェルノブイリ原発でも二〇年以上も廃炉にするための作業が続けられていて、いまだに終わっていない。

実際問題、原発を止めるのはとても難しいでしょう。利権と密接に絡んでいる。原発を止めさえすれば、空に虹がかかりだれも彼もが幸せになる、というような結末にはならない。

――プリピャチ・ドット・コムの今後の展望を教えてください。

ぼくは昨年末にサイトのほうの編集責任者を辞めました。これからはNPOの代表として、他の活動に力を注ごうと思っています。

具体的には、ぼくが日本に行ったことで生まれた新しいプロジェクトがあります。ぼくたちのチェルノブイリの経験というのは、二七年間耐え続けて得たものです。日本の人々にその活動を見せた時に、まさにこのような情報が必要だと言われた。そこで、チェルノブイリと福島を繋ぐ共同プロジェクトを立ち上げ、福島の被害者とチェルノブイリの被害者がつねに対話できるようにしたいと考えた。アイデアは日本のNPOのもので、その実働をわたしたちが担うことになっています。

――活動を通して世界に伝えたいことはなんでしょうか。

そうですね……。ぼくは事故前は一度も病院に行ったことがありませんでした。人生で最初に病院に行ったのは、事故の年の秋です。それから三ヶ月間入院し、二〇歳までにだいたい三〇ヶ月ぐらいは病院で過ごしている。原発事故が原因なのは明らかですが、みんな先天性のものだと診断された。母も三五歳で発病しましたが、やはり先天性だと言われました。事故と病気の関係を証明するのは本当に大変だった。原発事故のせいだと言うのは放射線恐怖症《ラジオフォビア》だと言われたのです。

このような現実にみんな関心をもちません。プリピャチという失われた街のことについても、もともとだれも知りませんでした。だからぼくたちはいまの活動を始めたんです。汚染されてしまったプリピャチに住んでいた人のこと、その運命について忘れてほしくない。ぼくたちは、プリピャチを知ってもらうために多くのことをしてきました。次の課題は忘れ去られないようにすることです。「死んだ街」としてのプリピャチではなく、街の生きていたすがたを後世に伝えたい。

ぼくはじつは国からいっさいお金をもらっていません。少額の補償金はもらえるはずなのですが、手続きをしようとしたときに、あちらこちらをたらい回しにされ、うんざりしてやめてしまった。事故被害者の権利はいっさい利用していません。チェルノブイリ被害者認定証がどこにおいてあるかすら覚えていません。

――お話を伺っていると、政治に対する大きな怒りを感じます。ご自身が政治家になるという選択肢はないのですか。

ないですよ。政治は汚い。とくにウクライナでは沼みたいなものです。足を突っ込んだらもうおしまいなんです。

★1 **DHA NEWS** 国連人道問題局の雑誌。シロタ氏のエッセイは「September/October 1995, No. 16」に掲載。

ゾーンで暮らす

イェヴヘン・マルケヴィチ
Маркевич, Євген Федорович

2013年4月12日　チェルノブイリ　マルケヴィチ宅

8歳でチェルノブイリにやってきて、技術・家庭の教師として暮らしていたマルケヴィチ。1986年４月の原発事故当時は48歳、退去勧告をされながらも、住み慣れた土地に戻ってきた。彼らのような人々をロシア語で「サマショール」と呼ぶ。飼い猫の声がたえまなく響くチェルノブイリ市内の自宅で、この地に戻りとどまり続けてきた胸の内を訊いた。

事故後は退去を勧告され、ここを離れることを余儀なくされました。それでもノスタルジアにかられ、何度も戻っていました。パルチザンのように身を潜めながらいわば「侵入」を繰り返しました。我慢できませんでした。とにかくここに住みたかったのです。

当時も一部の人間はチェルノブイリに入ることを許されていましたが、住居は閉鎖され、一般市民は暮らすことはできませんでした。後に何人かがゾーン内で暮らすことを許されましたが、それは10年近くも経ってからです。

ストラホリッシャ村（後にゼレニー・ムィスに改名）にあちこちから汽船が集められ、作業員たちはまず汽船のなかで暮らしていた。わたしは幸運なことに、ゾーン内のチェルノブイリで仕事を得ることができました。1986年9月のことです。放射線量の計測係です。当時の線量コントロール部長が、たまたま事故前にわたしの勤務先のあった学校を拠点にしていました。事故後のチェルノブイリやプリピャチではしばらくのあいだ、あちこちで略奪が行われていました。そこで、自分の勤務先の機材が略奪されるまえに手伝えることはないかと申し出たことがきっかけです。当時からわたしは、街に戻りたい一心で、この仕事を選びました。

放射能に対する恐怖心は――どうでもよかったですね。自分は生命を危険に晒してはいけない特別な人物でもない。それに食料や衣料、交通手段は政府によって確保されていました。

家族ですか？　ありがちなことですが、最初の妻とは離婚していまして――彼女が避難して、新しい家に引っ越すのを助けたりもしましたが――事故後にわたしはキエフの女性と2度目の結婚をしました。1987年の3月にはチェルノブイリの自宅に戻れるようになりましたが、そこで妻と暮らすことはしませんでした。当初はまだ、仕事以外でチェルノブイリにいることは許されていなかったのです。2週間チェルノブイリで働き、2週間はキエフで妻と過ごす。キエフでの生活はいわばリハビリのような時間でした。わたしは20年この仕事を続け、そのあいだにゾーン内に住んでいても追い出されなくなりました。妻がチェルノブイリで暮らすようになったのは仕事をリタイアした2005年頃からです。

わたしは、サマショールとしてここで暮らす道を選べて良かったと思っています。ふたたびここで暮らすことを望む人は多くいますが、許可が下りません。居住禁止区域も半径10kmにするべきだと思うけれど、未だにそうならない。みなさんのように、ここにやってくる人達に対してはもちろん否定的な感情はありません。観光としてやってくる人たちも、我々の暮らしを善意をもって学んでくれます。

日本の被災者へのメッセージですか？　わたしは、世界になにかを伝えるような器ではないですよ。ただ、自分はとにかく、傷つけあったり、意地悪な気持ちで他人に接したりしない、と思ってきました。善意があり、健康な子どもたちがいて、見守る大人たちがいる。それらがあれば何処にいたって幸せでしょう。他に人間にとって必要なものがあるでしょうか。

1

2

3

4

はおそらく建物内では使えないので、被曝積算線量を計測することができるMKS-05を持ち込んだ。また原発内では見学者全員に持ち込んだ線量計とは別の個人線量計を取り付けることが義務付けられている。後日通知された個人ごとの被曝積算線量は0.03mSv（30μSv）から0.04mSv（40μSv）であった［41ページ参照］。

しかし、MKS-05で測定した原発内での被曝積算線量は約0.003mSv（3μSv）と推測され、一桁の差があることがわかった。この原因について原発に問い合わせたところ、「発電所側で使用したTLD型線量計は0.1mSv以下の測定範囲では誤差が非常に大きくなるということが主因であると考えられる。通知した線量値も健康への影響を心配するレベルではない」という旨の回答を得た。このことからMKS-05の数値を採用することが妥当であると判断した。なお、MKS-05自体の信頼性についてもSafecastやシロタ氏が通常のツアーで測定している線量の数値と比較し、確認済みである。

原発所内の取材の詳細については割愛するが、最も放射線量が高かったのは事故のあった4号機付近の事故で死亡した職員の慰霊碑から3号機冷却水ポンプ室周辺のエリアだった。メモによれば12.5μSv/hを記録している［写真4］（11.2μSv/hを記録した際に津田が撮影したもの）。

サマショールを取材するため、前日にひき続きプリピャチ市を取材したあと、チェルノブイリ市から東の方向、原発から約20kmの距離にあるパルィシフ村へ向かう（nano 4/12のデータ［★3-4］参照）。残念ながらここではサマショールに会うことはできなかったが、家の煙突からは煙が上がっていたりと、サマショールたちが村で生活している様子が感じ取れた。この地域の線量のデータを見てみると0.08－0.15μSv/hで、現在の東京とほぼ同レベル。幸い、その後チェルノブイリ市に住むサマショールにインタビューすることができ、2日目の取材はここで終了した。チェックポイントでスクリーニング（放射能汚染検査）を受け、キエフのホテルに戻る。

MKS-05で測定した2日間のツアーの被曝積算線量は9μSv。比較のために同じMKS-05で取材の帰りの航空機で被曝積算線量を計測した。航空機では宇宙線の影響で地上の10－100倍の放射線量を受ける［★4］。

キエフからモスクワ、そして上海を経由し、成田までの帰国便の機内で計測した被曝積算線量は28μSv。行きの航空機でも同程度の被曝をしたと推測すると、γ線に関して言えばチェルノブイリツアーで受けた放射線量は航空機で受けた放射線量の約1/6程度ということになり、当初想像していたものよりかなり低いものだった。もちろんこれはシロタ氏のような立入禁止区域内の線量を把握したツアーガイドによる案内があったからだ。

シロタ氏によると、アスファルトの道路の放射線量に関しては、除染や事故から27年という期間での減衰、そして雨や風などによって放射性物質が移動したことによってかなり下がっているとのこと。ただし、コパチ村の幼稚園やプリピャチの観覧車付近など、放射線量が一気に上がる場所もあり、所々にホットスポットも残っている。バスを降りた際、アスファルトの外に出ないように注意される場面もあった。また、γ線は低くても、β線量の高い場所も残っているとのこと。

シロタ氏は、日本の福島第一原発事故の場合はプルトニウムなどの半減期の長い放射性物質があまり検出されていないということから、福島はチェルノブイリより早く復興できるのではないかと話していた。

チェルノブイリ原発事故から27年、福島第一原発事故からは2年が経過した。現在、日本では原子力規制委員会が発足し、全国のリアルタイムの空間線量や、航空機による放射線モニタリングデータを公開している［★5］。国は事故直後、SPEEDI（緊急時迅速放射能影響予測ネットワークシステム）のデータ公開の遅れなどに代表される情報公開の対応を誤ったことから信頼を失った。そこで重要となるのがSafecastのような民間による取り組みだ。

国の発表するデータとの比較によって信頼性を評価することや、除染などによる線量の変化、航空機モニタリングではわからない細かい範囲の線量を継続的に把握しておくことが必要である。

今回チェルノブイリの地を訪れ、放射線量を測定したことでいろいろなことがわかってきた。今までチェルノブイリがどうなってきたのか。そして、今後福島がどうなっていくのか――それを知る手がかりとなるのが、「測ること」ではないだろうか。

※本原稿は、ネオローグ発行のメールマガジン「津田大介の『メディアの現場』」vol.77掲載の原稿に新たな事実を加え再構成したものである。

★1 **Safecast** 世界中の放射線データを共有するプロジェクト
http://blog.safecast.org/ja/about/

参考 2012年10月の南相馬ワークショップのデータ（Mapタブをクリックすると地図が表示されます）
10/28：https://api.safecast.org/ja/bgeigie_imports/11469/
10/29：https://api.safecast.org/ja/bgeigie_imports/11470/

★2 **Safecast X Kickstarter** Kickstarterで集めた資金で開発されたタッチパネル式の線量計
http://www.kickstarter.com/projects/seanbonner/safecast-x-kickstarter-geiger-counter/

★3 **日ごとのデータ**
3-1 4/11 bGeigie mini https://api.safecast.org/ja/bgeigie_imports/12613/
3-2 4/11 bGeigie nano https://api.safecast.org/ja/bgeigie_imports/12598/
3-3 4/12 bGeigie mini https://api.safecast.org/ja/bgeigie_imports/12614/
3-4 4/12 bGeigie nano https://api.safecast.org/ja/bgeigie_imports/12599/

★4 **航空機による放射線被曝の安全性とリスク**
http://allabout.co.jp/gm/gc/372355/

★5 **放射線モニタリング情報（原子力規制委員会）**
http://radioactivity.nsr.go.jp/ja/

ゾーンを測る

小嶋裕一 こじま・ゆういち
映像作家

今回のチェルノブイリ取材には取材の模様を記録するドキュメンタリーのディレクターとして、また、放射線の測定担当として同行した。私はネオローグで原発担当記者を務めている。

放射線量の計測にはSafecast[★1]の協力を得た。Safecastは世界中の放射線量などを測定し、データを分析した上でウェブ上に公開していくプロジェクト。昨年10月に行われた「福島第一原発観光地化計画」の南相馬ワークショップでも行き帰りのバスに取り付け、放射線量を測定した。

測定にはSafecastの開発した「bGeigie mini」(以下mini)と、「bGeigie nano」(以下nano)、「Safecast X Kickstarter」[★2](以下X)、そしてウクライナのSparing-Vist Center社製の「TERRA MKS-05 with Bluetooth Channel」(以下MKS-05)の4つを使用した。

miniはガイガーカウンターで空間線量を測定できるだけではなく、内蔵のGPSと連動して空間線量を位置情報と同時に記録できる機器だ。防水ケースに収められており、自動車の窓の外側[写真1]などに固定することができる。放射線データはWi-Fiで車内ユニットに送信され、車内でもリアルタイムに確認することができる。

nanoはminiを更に小型化したもので、mini同様に車載用としても使える。しかしかなりコンパクトなので今回は基本的に私が持ち歩いた。よって徒歩で行動した場所も数値を記録できた。

MKS-05はウクライナでは一般的なもので、シロタ氏も同社製の最新式を使用していた。こちらはγ線の積算線量を計測することができるので、2日間のツアー全体の被曝積算線量の計測に使用した。

それでは実際に計測したデータを見ていく。PCやスマートフォンで「safecast」「map」で検索し、マップのページを開いて見てほしい。アクセスすると日本を中心としたマップが表示されるはずだ。そこにはSafecastチームによって集められた、400万箇所以上の放射線の測定値データが地図上で視覚化されている。単位がcpm(カウント・パー・ミニット)となっているので、ページ右上のμSv/h(マイクロシーベルト毎時)をクリックして切り替えるとよい(気になる箇所をクリックするとそのポイントの詳細なデータが表示される)。

右上の検索バーから「チェルノブイリ」と入力するとチェルノブイリ市のマップが表示される。画面上に青や紫のポイントが現れるが、このポイントをクリックして2013/04/11や2013/04/12と表示されるポイントが今回の取材チームが測定した場所だ(2012年であれば過去に別のチームが測定したデータだ)。

次に個別のデータ(mini 4/11のデータ[★3-1]参照)を見てみる(Mapタブをクリックすると地図が表示される)。ツアー初日の4/11はキエフ市のホテルからチェルノブイリへ向けて北上した。原発から約110kmの距離にあるキエフ市内は0.12μSv/h前後、ここから原発から30kmの立入禁止区域「ゾーン」へ向かう。道中の放射線量は0.1—0.2μSv/h程度でキエフ市内とあまり変わらない。立入禁止区域の境界には、警官の常駐するチェックポイントがあり、ここでパスポートチェックを受け、注意事項の書かれた書類にサインをしなければならない。また18歳未満は立入禁止となっている。

チェックポイントを通過してしばらく進むとチェルノブイリ市に到着。車窓から原発作業員らのための宿泊施設やガソリンスタンドなどが見えた。ここでも放射線量は0.1—0.2μSv/h程度で、この街は作業員などのために除染が徹底されている印象だった。

チェルノブイリ市での取材を終え、バスで北西の原発へ向かう。実はチェルノブイリ原発はチェルノブイリ市にあるのではなく、原発作業員のために作られたプリピャチという街のすぐそばにある。原発に向かう道中、原発から約7kmの地点の街道沿いにあるコパチ村の幼稚園に立ち寄った。アスファルトの道路から幼稚園の方に向かうと放射線量が急上昇し、1.913μSv/hを記録[写真2]。地面に近づけると約7μSv/hまで上昇した。

コパチ村を過ぎ、チェルノブイリ原発に近づいていくにつれて放射線量が上昇していく。マップ上だと薄い緑色から濃い緑色、黄色、オレンジと放射線量を表す色が変化する。原発敷地から約400m圏内に入ったところからは写真や動画撮影が禁止。この周辺で試しにnanoをアスファルト沿いの砂地に近づけてみると1.057μSv/hを記録した[写真3]。

チェルノブイリの原発敷地内では1μSv/hを超え、マップ上では赤色の場所が現れる。真っ赤になっている場所がツアー客の記念写真撮影スポットとなっている場所だ。ここには4号機の石棺を望むモニュメントがある。石棺から300mの場所では約5μSv/hを記録した。

記念写真の撮影を終え、さらに北西の原発労働者の街プリピャチ市へ向かう(nano 4/11のデータ[★3-2]参照)。市内に入ると放射線量は0.1—0.2μSv/h程度に下がった。車を降り、ドキュメンタリー映画『プリピャチ』にも出てくる有名な黄色い観覧車へ向かうと付近では2μSv/hを超える地図上で赤色の地点が出てくる。地図を航空写真に切り替えると、この観覧車の姿を見ることができる。

この日は30km圏外、原発から約40kmの距離にあるフルジニフカ村(nano 4/11のデータで一番南のポイント周辺)の「エコポリス」というところに宿泊した。ここでは0.07—0.14μSv/hと現在の東京と同レベルの放射線量で、子どもを含め普通に生活している人々がいた。

2日目はいよいよ原発内を見学だ(mini 4/12のデータ[★3-3]参照)。エコポリスから再びチェックポイントを通り、チェルノブイリ原発へ向かう。

原発内への線量計の持ち込みは禁止されているのだが、今回は特別にひとつだけ持ち込む許可をもらえた。SafecastのGPS

鼎談

日常のなかのチェルノブイリ

Чорнобиль у повсякденні

開沼博《かいぬま・ひろし》×津田大介《つだ・だいすけ》×東浩紀《あずま・ひろき》

二〇一三年四月二一日　東京　ゲンロンカフェ

五泊六日のウクライナ取材。編集長の東浩紀が、同行した津田大介、開沼博と、福島第一原発事故への思いを重ねて取材から得た気づきを語る。わたしたちはチェルノブイリの現状からなにを学ぶべきなのか。そして「福島第一原発観光地化計画」に向けた教訓はなにか。

時の流れに削られていく現実

東浩紀　今回の取材を経て考えが変わったところはありましたか。

津田大介　チェルノブイリ住民の強さと二七年という時間がもたらしたものの大きさを実感しました。二七年間放射線とともに過ごしてきた彼らから学ぶものは多い。あそこにはサマショールもいるし、チェルノブイリに帰りたい人もいる。けれど、多くの人は「ゾーンに人は帰るべきではない」と言う。ゾーンの境界を事故地点より三〇キロから一〇キロに縮小しようという議論もあったようですが、基本的にはゾーンは危ないということを冷静に捉えているのですね。また、取材相手の立場は多種多様でしたが、その考えにはいくつかの共通点があることにも気づきました。それはひとつには、「日本のため、福島のために自分たちの経験を生かしてほしい」「日本はもっとうまくやれるはずだ」ということ。もうひとつは「脱原発は簡単ではない」ということですね。

開沼博　ぼくは今回ほど現場に行ってよかったと思ったことはありませんでした。情報と気づきの宝庫でした。取材というのは、たいてい行く前に下調べをして、これだけ調べたんだから新しい発見はあまりないかもしれないといつも思ってしまうものなんですね。いまはネットで調べれば、石棺とはこんなもので、チェルノブイリ博物館とはこんなものだとわかった気になってしまう。でも実際に行ってみると、下調べで理解していた単純な情報に還元できない部分がリアルに迫ってくる。京都学派を例に出すまでもなく、むかし人文知は「秘境への旅」とともにありましたが、いまでもその方法は有益なのだなと思いました。

東　インタビューで一番印象に残った方はだれでしょう。

津田　みなさんキャラクターの濃い方ばかりでしたね。全員印象が強いのですが、なかでもチェルノブイリ博物館の副館長、アンナ・コロレーヴスカさん［94ページ インタビュー参照］のフレーズが心に残っています。「だれがこのボタンを押したのかではなくて、なぜその人がそのボタンを押したのか。その原発作業員がテストで出力を上げて、ギリギリまでいってしまったその状況を招いたのはなぜなのかという理由を考えなければ意味がない」と。彼女はいまも、社会科見学に来ている子どもたちにそのような考えを伝えている。その実践の意味についても考えました。

開沼　ぼくは、NPOツアーを主催しているアレクサンドル・シロタさん［100ページ インタビュー参照］ですかね。彼の存在はなんなのだろうと考えました。プリピャチの街で被災した当事者であり、街の記憶を残そうと若くして頑張ってきたけれども、結果としていまは商業主義的な観光ができてしまった。彼が五年後、一〇年後なにをやっているのかなと。それを想像しておくことが、福島のためにも重要だと思いました。東さんは？

東　ぼくは、チェルノブイリ周辺の避難や除染を担当していた、元原発事故処理作業員で作家のセルゲイ・ミールヌイさん［88ページ インタビュー参照］ですね。著書では「放射能なんて問題ない！」と喝破する元気な人（笑）。チェルノブイリツアーのTシャツに福島大学のジャンパーを重ね着してくるサービス精神満載の人で、インタビューでも、

「チェルノブイリを原作にした小説を書いて、ハリウッドで大ヒットを飛ばしてカナリア諸島で若い女の子と引退生活を送りたい」なんていう、ある意味「不謹慎」な冗談を飛ばしていた。彼に象徴されるように、ぼくは今回、インタビュー対象の方々が、みな世間からの目線や距離感に対してざっくばらんでドライだなと思いました。そこが福島と違う。

開沼　そうですね。彼らも言ってましたけど、まだ福島の問題は福島にとっても、日本全体にとっても生々しいのかなと。傷が深くて、語ること自体が厳しい。コロレーヴスカさんたちは、二〇代で事故が起こっていまは五〇代になっている。三〇代、四〇代でどんどん見える風景が変わったと思うんですね。ぼくたちの観光地化計画も、そういう時間の経過も予測しながら考えていくべきですね。

プリピャチ市内でシロタ氏と談笑する取材陣。左手前は通訳の上田洋子。　撮影＝関根和弘

東　いまの福島原発周辺の避難民の方からすると、もっとも感情移入しやすいのはシロタさんですね。けれど、そんなシロタさんでさえもツアーに否定的ではない。実際本人がツアーを主催しているわけですから。今回の取材を通して印象に残ったのは、みなが口を揃えて「たとえツアーであってもチェルノブイリを記憶してくれることは歓迎する」と答えていたことです。その背景にあるのは、津田さんが指摘したように二七年という「時間」だと思いました。チェルノブイリについての語り方がどうのこうの言う以前に、あの事故の記憶を風化させずにいることそのものが難しい。裏返せば、二五年後の福島も似た状況になるのかもしれないな、というリアリティを感じました。

併存する商業と哲学

津田　ミールヌイさんに観光地化に反対する声について尋ねました。彼曰く、三つのパターンがあるとのこと。一つ目は「放射線に対する正しくない情報を得て過剰に恐れているグループ」。これは日本にもいますね。二つ目は「処理作業に関わることで利益が出るグループ」です。ツアーをやられると困る「除染利権」のある人ですね。危ない場所が管理されずにあるからこそ、除染費用が

福島第一原発観光地化計画とは

福島第一原発の事故跡地を「観光地化」する計画。2011年3月に起こった福島第一原子力発電所事故の記憶を風化させないため、事故から25年後の2036年、除染が進んだ福島第一原発跡地にどのような施設を作り、なにを展示しなにを伝えるべきなのか、それをいまから検討し、そしてそのビジョンを中心に被災地の復興を考えようとしている。2012年の秋、株式会社ゲンロン代表の東浩紀の呼びかけのもと、主旨に賛同する経営者、社会学者、ジャーナリスト、建築家、美術家らが集まり、領域横断的なチームを結成し、官民学の多方面および被災地と連携しつつ、書籍や展覧会などのかたちで成果を発表予定。民間発のユニークな案のひとつとして、現実の復興計画に活かされることを目的としている。本書のチェルノブイリ取材はその調査の一環である。　http://fukuichikankoproject.jp/

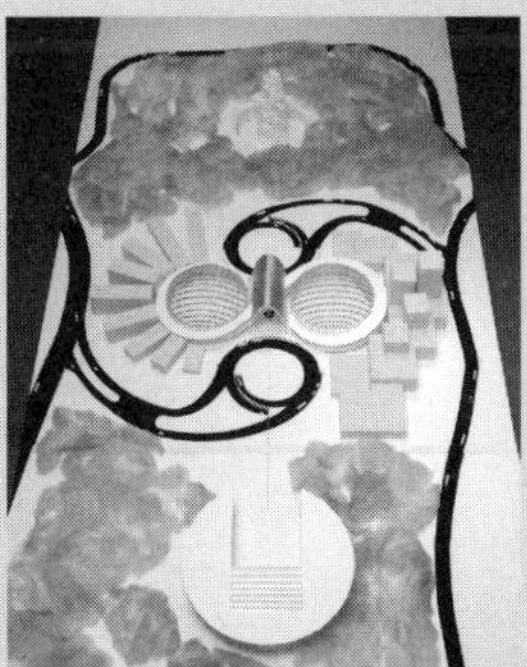
計画中の「ふくしまゲートヴィレッジ」案

出続けて除染業者は得をする。興味深い指摘でした。そして三つ目に「環境団体」だということでした。単に観光を推進するだけではなく、反対側の議論をここまできちんと具体的にカテゴライズしているところに、時間の重みによる説得力を感じました。日本でも今後同じ展開が見られるかもしれませんね。

東　チェルノブイリといっても一枚岩ではなく、ウクライナ人の中でも議論が起きていたことがわかったのは今回の最大の収穫だと思います。言語の壁があるので、なかなかそこは見えないんですよね。

津田　福島第一原発観光地化計画への批判もいくつかのパターンがありますね。「線量が高すぎて観光客の健康を害するのではないか」「見せ物になる作業員の気持ちを考えろ」「まだ収束もしていないのに早すぎる」の三つです。これについては、立入禁止区域庁の第一副長官であるドミトリー・ボブロさん［82ページ インタビュー参照］に、インタビューのあと個人的に尋ねてみました。すると、一つ目の批判に対しては「線量やホットスポットをきちんと把握し、正確な情報を与えれば基本的には問題ない」ということ。二つ目の批判に対しては、「チェルノブイリではそういう反発はなかった。なぜなら作業員たちは自分たちの仕事を見てもらいたかったから」という印象に残る答えでした。実際、ぼくらもチェルノブイリで作業員の方々の働いているところを見学しましたが、みな構えずに接してくれました。彼らは、自分たちの仕事に誇りをもっているので、むしろ働いている姿を見てほしいということなんです。そして三つ目の批判に対しては「安全で興味深いルートを作ることが大事」とのこと。売り上げの半分がチェルノブイリへのツアーだという旅行会社の代表、アンドリ・ジャチェンコさん［85ページ インタビュー参照］にも話を聞きましたが、彼は実際にそれを行っているし、ぼくらもゾーンの中で体験しましたよね。

開沼　ジャチェンコさんはビジネスとして観光をやっている。けれども同時に、これはただの金儲けとしてやるべきではなく、社会貢献としてやるべきだとも言っていました。一方で、シロタさんによれば、外国人を対象にして、日本円にして五万円くらいの高額を払わせ、「こんなテンション上がるところもあるぜ」というような商業的で露悪主義的なツアーが始まっているという現状もある。すごく多様性がある。

津田　ジャチェンコさんは「哲学的な意味を考えさせるツアー」にしたいと言っていました。彼のツアーと商業的ツアーでは何が違うのかと尋ねたら、ルートはまったく同じだし見るところも基本的に変わらないと。では違うのは何かと言えば、それは「ガイド」だというんですね。ガイドがどう説明するかによって、参加者との対話の質が決まる。

東　ぼくも今回、ガイドの重要性をあらためて認識しました。取材前は、観光化の意義についておもに当事者外視点で考えていました。けれども、取材に行って、観光化はじつは被災者にとっても重要な表現の場になっていることに気づいたんですね。チェルノブイリから二七年経ち記憶の風化が進んでいるいま、じつは観光ガイドという職業は、被災者が後世に事故の真実を伝える「オーラルヒストリー」の場にもなっている。実際、シロタさんはじつに雄弁にお母さんとの個人的な思い出を語ってくれた。そういう場が作られているというのは、福島第一原発観光地化計画にとって重要な気づきでした。福島でも同じことが起こりうる。

開沼　とはいえ、チェルノブイリの観光地化はさしてうまくいっているわけでもない。それまでは八〇〇〇人から九〇〇〇人だったゾーン内観光客が二〇一二年には一万四〇〇〇人に急増したというけれど、二〇一一年に福島の事故がなかったら、あるいはその翌年に「ユーロ２０１２」という巨大なサッカーイベントがなかったら、状況はそれほど盛り上がらなかったかもしれない。時勢と偶然性に支えられている部分が大きすぎますね。シロタさんはプリピャチの廃墟化を嘆いていたけれど、あの街にしても、もっと初期の時点で設計主義的に取り組んでいけていたら違った保存方法があったのではと思います。

東　それも重要ですね。この本には活かしていないけれど――キャンプファイヤー支援者向けのＤＶＤ［★1］には収録されるかもしれませんが――今回の取材ではとても多くのドタバタがありました。ゾーン内のツアーはスケジュール変更だらけだったし、チェルノブイリみやげが充実しているわけでもない。つまり、本当の物見遊山客に向けたツアーとしてはあまり洗練されていない。これには、そもそもの観光産業の蓄積の少なさが影響していると思います。観光大国の日本ならばもっとうまくできるでしょう。チェルノブイリの二七年から学ぶことは多いけれど、他方、福島のほうが先に行ける部分もありそうです。

物語を併せ持つ情報

津田　今回、ぼくたちは実際に原発内に入り、冷却装置や制御盤も見せてもらいました。東さんは、これはとても大事なことで、福島もそうすべきだと力説されてましたね。

東　福島第一原発観光地化計画について話すと、結構多くの人がAR（拡張現実）の話をするんです。ミュージアムなんて建てなくても、実際に現場に行かなくても、ARでいくらでも現場に行ったようなツアー体験ができるのだからいいんじゃないかと。そういう可能性を否定するつもりはないし、福島でも組み合わせて使うべきだと思うけれど、やはり事故当時の冷却装置や制御盤がいまでもそのままそこに存在するという事実は、どうしようもない重さをもっていると思うんですね。

津田　実際に制御盤のボタンを押せましたものね。ボタンは意外に固かった。

東　なぜ拡張現実では不十分で物理現実であるべきかと言えば、それは心理の問題だと思うんです。確かに、拡張現実でも事故当時の状況は正確に再現できるかもしれない。けれども、情報は情報として存在しているだけではだめで、「知りたい！」「触れたい！」といった欲望が喚起されないとだめなんです。そこは物理現実にはかなわない。実際の物質を目にすることで、情報だけではなく感情の深さが加わり、いままでは確かに知っていたはずのことでも解釈が変わり関わりが変わる。その体験が重要なんですね。

津田　なるほど。「百聞は一見にしかず」ですね。

東　ここは一般的にも言えることで、おそらく日本でこれから福島原発事故について記念館や資料館を作るとなると、いかに正しく、多くの情報を客観的に詰め込むかという方向になると思うんです。けれど情報は収集し公開するだけでは意味がない。それを知りたいと思ってくれないと意味がないんです。今回ぼくたちはチェルノブイリ博物館とニガヨモギの星公園のデザイナー、アナトーリ・ハイダマカさんにもインタビュー［43ページ談話参照］を取りましたが、その点で彼の話は示唆的でした。ハイダマカさんの展示方法そのものはあまりにロシア正教的で日本では支持されないかもしれませんが、ドキュメンタリータッチではなくシンボリックで感情に訴える展示を採用するという方向性そのものは、積極的に取り入れるべきです。

開沼　あのインタビューはよかったですね。日本では何マイクロシーベルトだとか何リットルの汚染水だとか、数字の話にばかりなってしまうけれど、それじゃ足りない。数字だけではなく意味と物語が必要です。言い換えれば、科学的な話を一度文学的な話と政治的な話に言い換えた後で、ふたたび数字に引き戻していくという循環が起こらないといけない。そうでないと、数字に興味のない人間は排除されてしまうし、数値が正常に戻ったら終わったこととして忘れられてしまう。一方で、今回の取材でわかったのは、時間が経つと意味だけは残るのかもしれないということ。もしそうなのであれば、福島の状況にどういう意味を付与していくか、いまから考えることが大切だと思いました。

東　ほかにも取材で驚いたのは、チェルノブイリに人がわさわさいたこと。「チェルノブイリ原発事故」という語感からすると、なんかすべて打ち棄てられた廃墟だけが拡がっているように見えるのだけど、とんでもない。そして考えてみれば、二五年後の大熊町や双葉町にもたくさんの人がいるはずなんですよね。

開沼　復興作業がありますからね。すでに広野町などでは、新しいアパートを作りまくっています。

東　チェルノブイリ発電所は、原子炉は停止し発電機能は失われたけれども、いまだにウクライナ

取材風景。寒空の下、ミールヌイは最後までTシャツ1枚に福島大学のジャンパーで通した。 撮影＝東浩紀

フレシチャティク大通りに繰り出した一同。土曜の夜は歩行者天国でライトアップされていた。左から上田、東、開沼、津田、編集徳久、新津保、映像助田、映像小嶋。　撮影（タイマー）＝新津保建秀

の送電網のハブとして機能している。だから発電所自体は動いているし、廃炉作業もあるから、普通に作業員がたくさん働いている。事故のあとも日常は続いているわけです。そういう状況を見ることができたのはとてもよかったのですが、取材前はあまり想像していなかった。裏返して言えば、そういう状況を一般の人々が知るためにも、観光ツアーは役立つと思うんです。ツアーがないと、みな事故のことも忘れていくし、跡地にも近づかなくなって、除染や廃炉そのものが「モンスター化」し「神話化」していく。ヤクザとか外国人労働者とか……。すでにそういう「神話化」は始まっていますよね。

津田　被災者や作業員の実態を知ってもらうためにこそ、観光地化は鍵になるかもしれないと。

東　実態を知ってもらうためには、単に数字を並べて訴えるだけではだめで、「事故跡地に行きたい！」「実態を知りたい！」と人々に思ってもらわなければならない。それが今回の取材を通して、あらためて感じたことです。繰り返しになるけど、現地に行って、あるていど時間を費やさないとわからないことは多い。

開沼　実際、それを観光と呼ぶかどうかはともかく、ひとりの研究者としても、これは福島でもエクスカーションを定期的に行えるようなシステムを作らなければだめだと思いました。というわけで、取材後早速、福島大学を拠点にするなどして月一回くらいのエクスカーションを実現できないかと動き出しています。現場でさまざまな立場の研究者が具体的な意見交換をできるようになれば、少しは状況も変わるかなと。いまは正直、住民と仲良くなったジャーナリストが旧警戒区域に連れて行ってもらって、なんとなく「福島はまだ終わっていない」とかしんみりした記事を書くばかりで……。

東　「福島はまだ終わっていない」で締めれば大丈夫と。

開沼　彼らは、「福島はまだ終わっていない」と書くことで終わらせようとしているんです。

津田　辛辣ですね。でも確かにそうかもしれない。

開沼　終わらない現状をどうやって変えていくかというところに、ギアチェンジをしていきたいと思います。

★1　キャンプファイヤー支援者DVD　キャンプファイヤーは、ネット上のクラウドファンディング・プラットフォーム。クリエイターや起業家が不特定多数の人々から資金を募ることができる。本取材ではこのプラットフォームを利用し、取材映像のDVD化を目的とする制作費を集めた。支援者にはDVDほかポストカードや写真集が送られる。約一ヶ月で史上最高金額の六〇九万円を集め、話題を呼んだ。

チェルノブイリを撮る

Знімати Чорнобиль

写真＝新津保建秀　しんつぼ・けんしゅう

キエフ。チェルノブイリ博物館のメインホール。ロシア正教のシンボルと原子炉のイメージが交差する。

キエフ　聖ミハイル黄金ドーム修道院。ソ連時代に破壊され、独立後に再建された。

M 0.13 ~ 0.15 μSv/h

M 0.27 ~ 0.80 μSv/h

雪解けで水位の上がったウジ川。川面に映りこむ夕日。チェルノブイリは北緯 51 度に位置する。

ゾーン。チェルノブイリ原子力発電所に近づくと、地平線から送電線群が立ち上がる。

3.09 ～ 4.71 μSv/h

チェルノブイリ原子力発電所四号機。コンクリート製の被覆建築、通称「石棺」で覆われている。

第１中央制御室　γ 0.11～0.19 μSv/h
２号機制御室　γ 0.28～0.63 μSv/h

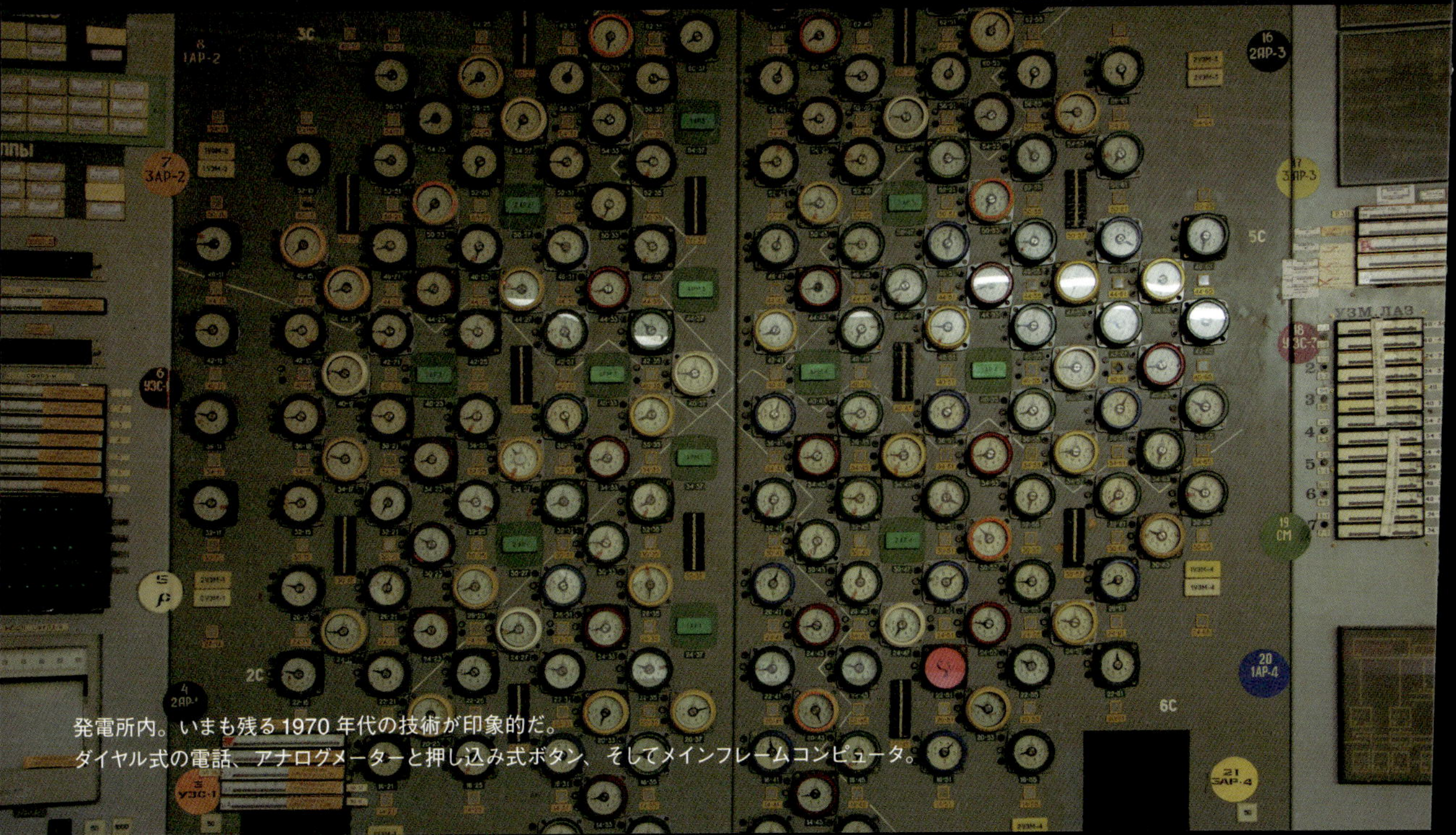

発電所内。いまも残る1970年代の技術が印象的だ。
ダイヤル式の電話、アナログメーターと押し込み式ボタン、そしてメインフレームコンピュータ。

N 0.40 ~ 2.02 μSv/h

プリピャチ。打ち棄てられた観覧車。1986年5月1日、事故の5日後に開園予定だったこの遊園地は、いちども子どもたちを迎えることがなかった。

プリピャチ ⚡N 0.12～2.02 μSv/h
コパチ ⚡N 0.18～⚡x 1.91 μSv/h

プリピャチ／コパチ。廃墟見学はチェルノブイリ観光の目玉のひとつだ。しかしその廃墟もいまや崩壊し始めている。

プリピャチ。27 年の歳月が街路を林に変えた。

ϟN 0.12 ～ 2.02 μSv/h

プリピャチ。壁の標語は「今日の知識の質は明日の労働の効率につながる」の意味。 N 0.12 ~ 2.02 μSv/h

発電所内。第一中央制御室ではいまも職員が働いていた。

N 0.11 ～ 0.19 μSv/h

チェルノブイリから「フクシマ」へ

Від Чорнобиля до «Фукусіми»

開沼博
かいぬま・ひろし
社会学者

1

「いや、しかしお客さん、〝ショウビジネス〟の対象にするっていうのは、それ、どうなんですかねぇ……」

チェルノブイリへの旅から帰国した翌日のことだ。二週に一度開かれる読売新聞書評委員会に向かうにも疲れが取れず、飛び乗ったタクシーの運転手は饒舌だった。

大学から新聞社に向かう客だからだろうが「お客さん、もしかして大学の研究者かなんかですか、何が専門なんですか」と聞かれたので「そうなんです。社会学を……」と答えると、彼は自分が大学生の時、社会学が好きでリースマンや山本七平を読み、九鬼周造の『「いき」の構造』に感動して大学院に行こうと思ったこと。でも、親が許してくれず就職して営業の仕事をしてきたが五〇を過ぎてリストラされてタクシーの仕事を始めたことなどを語った。そして「今何を研究しているんです」と聞くので、学問の面白みを知りながら年を重ねてきた彼がどんな反応をするのかと興味があったので話してみた。「実は昨日まで、福島を観光地化できないか、可能性を探るためにチェルノブイリに行っていたんです」と。その時、返ってきたのが冒頭の言葉だった。「十分ありえる反応」ではあったが、少し残念にも思った。

日本の近代化の中で「観光」という語についた手垢は、現代を生きる私たちの感覚にも確実に影響を与えている。近代以前の社会において「必要以上に庶民が移動すること」は権力を脅かす行為だった。日常的な移動の自由は、〝貿易〟のように経済的な、あるいは〝参勤交代〟のように政治的な理由のある場合を除き庶民には認められなかった(それ故、現在でも北朝鮮では、江戸時代の日本のように、庶民の移動の自由には制限が課せられている)。

それでも庶民が旅をするための抜け道はあった。伊勢参りや湯治のような宗教・医療を目的に据えるという方法だ。だがそれ故、旅のイメージは時にネガティブなものとしてあった。例えば、現代にもその姿を遺す四国遍路には行き場のない貧者や病人が集った[★1]。近代以前の旅は、権力の掌握から漏れ落ちた人々が為す「アウトロー感ある行い」としての面をもつのだ。

しかし、近代化の中、道路・鉄道の整備と共に国策として「観光業」が整備され始めると、旅のあり方は大きく転換する。まずは外国人を日本に呼び込むことが模索され、徐々に日本人の中でも可処分所得を持ち始めた知識階層が観光＝「娯楽や好奇心と深く結びついた旅」をし始める[★2]。戦前に既に確立されていたその「観光」イメージは現代においても有効だろう。それ故「観光地化」という言葉に脊髄反射的困惑・反発、悪しき〝ショウビジネス〟なのではないかという懸念も生まれるに違いない。

「それ、どうなんですかねぇ……」という疑問に、「いや、今大河ドラマで『八重の桜』やってるじゃないですか。会津だって、地元にとってはかつての絶対的な悲劇の地を観光拠点とし、言わばショウビジネスに仕立て上げている。これ、ダークツーリズムって言いましてね……」とひと通り説明をすると、彼は「そう言われてみれば確かにフランス革命で首ちょん切ったとこだってね……」と物分かりが良い。

もちろん「お客さんだから」と気を使った上での〝物分かりの良さ〟であった可能性もある。内心では「いや、しかし……」と逡巡していたのかもしれない。ただ、そうであるとしても本プロジェクトに一定の「正しさ」があることは確かだ。そして、その「正しさ」について、チェルノブイリに行くことで新たな視座を得たことは間違いない。

少なくとも〝理屈〟の上では福島第一原発観光地化計画が（そこそこ人を納得させることもある一つの、しかし絶対的ではない）「正しさ」をもつ。でなければ、このチェルノブイリ取材に向けたクラウドファンディングに対する七二八名・六〇九万五〇〇一円の寄付も集まることはなかっただろう。

もちろん、そこにはタクシー運転手が持ったかもしれない「いくら理屈の上で説き伏せられても、それでも違和感が残る」という〝感情〟が取り残されることになるはずだ。

しかし、その〝感情の残余〟が存在する中でも、現時点から、チェルノブイリの状況を見ながら福島のあり方を考えていくことは重要だ。チェルノブイリ訪問によって、その思いをより明確に認識することになった。

2

チェルノブイリを見ることによって何を学ぶことができたのか。

まず確認しなければならないのは「チェルノブイリに学ぶこと」が「チェルノブイリでこうだから、福島でもこうなるだろう、こうすべきだ」などと無理に両者を重ね合わせることを意味するわけではないということだ。

例えば、既にソーシャルメディア上ではチェルノブイリの避難・補償に関する行政の対応を「日本より素晴らしい」と礼賛したり、チェルノブイリの健康被害がそのまま福島に当てはまることを前提に恐怖を煽ったり、同情を集めたりするような安易な未来予測型言説が存在する。それぞれの主張の是非についてここで論じることはしないが、今必要なのはむしろ、全く違った前提とプロセスの中で事故後の歴史を歩んでいくことになるだろうチェルノブイリと福島の異同を明らかにし、その中で「チェルノブイリが何をなしてきたのか」、そして「福島にいかなる未来が描けるか」を検討することだ。そこにこそ本プロジェクトの意義が見出されることになるだろう。

チェルノブイリ訪問による最大の収穫はやはり「歴史的な事故の悲惨さ」や「人類が築いてきた文明の課題」を、五感を通して直接感じたことだった。日本にいながらにして書籍やインターネットを通して得られる「チェルノブイリ」の知識は「反原発の立場からの悲劇の収集」や「被曝傷害や医療の現状」「農業などの産業再生」を前面に出したものが多い。それはそれで重要だが、言うまでもなく現場にあるのは、そのような少数の問題に収斂し切れない、〝多様な問題が常に更新され続ける状況〟であった。

「原発事故被害の中心地を訪れること」の最大の意義はその状況に向き合うことにあるだろう。その大きさは福島の旧警戒区域内に入った時にも感じたことだが、既に事故から二七年経ったチェルノブイリにおいて、その意義が小さくなるどころかなおさら大きくなっているようにも見えることには驚いた。それは、二七年経ったが故の歴史と課題がそこに刻まれているからだった。

本稿ではチェルノブイリと福島を比較しながら、チェルノブイリから私たちが何を学べるのか、いくつかの観点から整理を試みる。

チェルノブイリ取材での行程とそこで見聞きしたことの詳細は他の頁に譲るが、取材を通して感じたチェルノブイリと福島の最も大きな違いは、チェルノブイリにあったのが「途上国の風景」であったということだ。

例えば、ウクライナに着いて二日目の夜、チェルノブイリ原発から三〇キロの検問を出てそう遠くはないところにある宿泊地・エコポリスに向かう途中にある村に立ち寄った。食料調達のために寄った小さな村には、十分に舗装されていない道路に木で作られた小さな平屋の民家と畑が並んでいた。コンビニなどは当然なく、入った小さな店には雑貨と食料品が並べられていた。住民は何が来たんだとみな笑顔でこちらを見ている。それは以前、タイやミャンマーの農村に行った時に見た風景に似ているように思えたし、日本にはさすがにここまでのものは残っていないだろうと思わせるものだった。「途上国の風景」だった。

福島も、あるいは青森や新潟・福井など他の原発関連施設立地地域周辺も、私が見てきた風景はもちろん〝田舎〟ではあった。その傾向は、例え

事故以前のプリピャチの街並み。

ば「日本の原発立地地域の郵便番号は九□□と九から始まる数字に集中している」（つまり、東京など近代化が早かった地域の郵便番号は一□□が多く、近代化の中心から周縁にいくにつれ数字が増えていく故、九で始まる地域は開発の周縁性を有している）という分析［★3］からもただの印象論ではないことを言えるだろう。二四時間営業ではないコンビニがあったり、電車・バスも数時間に一本だったり。原発を見に行く際、無意識のうちにその〝忘れられた日本の田舎らしさ〟も同時に確認するのが習慣となっていた。

しかしながら、あくまでそれは「先進国の風景」だった。水道・ガス・電気や線路・道路などインフラはどの住民も等しく利用できるように整備され、家の前にはきれいな自動車、部屋に入れば大型液晶テレビとエアコンが置かれる。日本の原発は一九五五年の原子力基本法以降、高度経済成長期の中で建設されはじめ、七〇年代以降の安定成長を下支えしつつ「国土の均衡ある発展」の実現に一役買った。福島の「ゾーン」とその周辺に残る「先進国の風景」は当然その行き着いた先にあった。

他方、チェルノブイリとその周辺の風景は、ソ連時代の地方開発のあり方と今も経済的な地域間格差が解消されていない現実を示していた。取材の途中で公道を通る古めかしい馬車にも遭遇した。車で数時間ほどの距離にあるキエフの都会らしい風景との対比がなおさらその感覚を強めた。

ただ、福島の風景と通じるものもあった。それを感じたのはチェルノブイリ原発に近いプリピャチの街の風景を見て歩いた時だった。プリピャチは、そこまでの風景とは全く違う、完全に「先進国の風景」だった。全てが廃墟であったが、それは今でもわかった。立派な役所に劇場、ホテル、学校などが立ち並ぶその街は、原発ができてからその雇用を軸に発展し、二〇―三〇代の若者が住民の中心だったという。原発の導入とともにその何もない土地に導入されていった「近代的装置」の残骸は、私が震災前から見てきた福島の原発立地地域の歴史を思い起こさせた。

現在の福島第一原発立地地域の土地買収が具体的に始まったのは六〇年代前半のこと。当時のそこは福島県内はもちろん、日本国内全体から見ても「途

新石棺建設現場では今日も多くの労働者が働いている。　撮影＝編集部

上国の風景」だった。茅葺屋根の家には未だ電話・電気の供給がないところもあり、道路の多くはアスファルト舗装されぬままにあった。いわば〝江戸時代〟がところどころに残っていた。しかし、原発の用地取得、建設が始まると民宿や飲食店、公共施設ができ、急速に街の風景は変わっていった。できてすぐに無くなったというが、富岡町には映画館もあったというし、音楽ホールは今でもあった。プリピャチのようにデパートや遊園地こそなかったものの、やはりそこにも原発という「近代の先端」とともに様々なものが整えられていった。もちろん、チェルノブイリと福島、両方の「ゾーン」にはともに豊かな自然が残るが、原発の導入を通して「前近代の残余」が急速に開発されたことが窺えた。

もう一つチェルノブイリと福島で共通するのは、そこで生きる人々が「原発がある日常」「原発事故があった日常」を過ごしているということだった。私たちはしばしば「原発の近くに生きている人々は毎日原発（事故）を意識し、深く原発（事故）について考えているに違いない」という前提でその地に目を向けがちかもしれないが（少なくとも、私は何度もそういう誤解を聞いてきた。外国のジャーナリストからの問い合わせで、例えば「今でも福島は全部焼け野原みたいになっているのではないか」みたいなものもあるが、それを笑えないぐらいの勘違いが日本に住む人から聞かれることもある）、それは必ずしも正しくない。

事故以前の福島第一原発の近くで暮らす人々はもちろんそれが地域にとって重要な雇用先であることこそ意識していたものの、原発やそのリスクについて常に考えたり、怯えたりしているかというとそうではなかった。それはチェルノブイリでも、あるいは事故から二七年経ったウクライナでも同様だった。

ゾーンの中で働く人々、チェルノブイリツアーに関わろうとする人々は、何か特異な緊張感を持っていたり、こちらを過度に気にしたり嫌がったりすることもなく、淡々とそこでの生活を続けていた。「事故の翌年から現在までここで働いている」と語るチェルノブイリ原発三号機内の技術者も、立入禁止区域庁の職員も、サマショールも皆、そこに原発があり、かつて事故があったことをあえてエモーショナルに意識することもなく、かといって忘れているわけでも当然なく、日常のこととして捉えて生活しているように見えた。

私たちはしばしば頭の中で肥大化させた「非日常のチェルノブイリ」を求めてチェルノブイリを眼差すし、あるいは「非日常のフクシマ」を見ようとするが、そんな「過剰な非日常」はそこに無理解な者の頭の中にしかない。外からそこを眼差すものの脳内にある「非日常」ではない、「原発がある日常、原発事故があった日常」の中でこそ彼らが歴史に向き合い続ける土台がある。

印象的な場面があった。

現地での最後のインタビューとなったアンドリ・ジャチェンコ［85ページインタビュー参照］に、他のインタビューイー同様「原発の必要性についてどう思うか」と質問した時、彼は一瞬答えるのを躊躇したように見えた。私は「他のインタビューイーも皆、原発の是非や放射線が安全か否かについて聞くとそういう風に少し間があくのだが、それはこの問いが多くの人にとってセンシティブだからか」と聞くと彼は明確に否定した。

「いや、そうではない。そんな問題は普段多くの人は考えていないんだ。だから、自分の中の考えをまとめているんだろう。『あなたは朝起きた時、右足から動かしますか？　それとも、左足から？』と聞かれた時みたいにね」

「原発推進／反対」論争も「放射線安全／危険」論争も、事故から二年経った日本ですら、すでに良くも悪くも冷静になってきている。過激な主張を続ける人々がいる一方で、その姿を前に普通の人々は、一方では議論を躊躇し、他方では日常の中で忘却し、その論争から去っていった。それは、マスメディアやソーシャルメディアのレベルでも、あるいは、その議論の中心点たる福島の二〇キロ圏周辺に行っても感じることだ。

　とりわけ、事故後多くの人が避難をした旧警戒区域でも広野町や南相馬市には既に、全体から見れば少数ではあるが住民が帰還し、一方で原発や除染関連の雇用を支えるための新たな宿舎やアパートができはじめている。行けばわかるが行かないとなかなか感じ難い、淡々とした穏やかな日常。そこにあるものは、事故の後に世界を浮遊することになった歴史的記号としての「チェルノブイリ」「フクシマ」に多くの人が見ようとする非日常感や緊張感とは必ずしも一致しない。

　私は『「フクシマ」論』の結びに、東京と福島第一原発を結ぶ国道六号線を下りそこにあるリアリティを見ることにこそ希望があると書いた。それなしに出てくるであろう安易な「希望」は恐らく早々に「フクシマ」を忘却し、無意識の中に追いやることを助けこそせよ、食い止めることにはならないだろうという思いがあってのことだった。

　その前提は、震災から二年、「復興の遅れ」と「風化の進展」が叫ばれる現時点においてますます強化されているように感じている。事故から二十年経ったウクライナ・チェルノブイリにおいて聞いた、ジャチェンコの答えも「さもありなん」という話だ。いかなる熱い論点も必ずいずれ冷却されていく。そして必ず戻ってくる日常の中で忘却への圧が高まっていく。

　チェルノブイリと福島の両者を視野に入れた時に見えてくる「途上国と先進国」という違い、「原発というある時代における〝近代の先端〟による後進地域の近代化」「そこに行くことでしか感じられない日常」という共通点。

　そこから私たちが学べることは少なくないだろう。かつて存在した共産主義と資本主義の対立とその中で生まれた国の差異。開発の結果とその歪みが刻まれた街。そこで生きる人々の現在も進行する日常。それらは一見地味にも見えるし、人類史の中で見たらごく短い期間であるが、半世紀あまりにわたる「ポスト第二次世界大戦からポスト冷戦までの社会」を象徴的に表す、人類にとって代替不可能な存在に違いない。

　そして、これらは時間が経つほどに歴史的価値を増していく存在になるだろう。今後、チェルノブイリにおける「観光地化」の流れが何らかのきっかけで途絶えようと、福島の原発立地地域周辺の土地が「観光地化」されずこのまま放置されることになろうと、恐らく長期間にわたって人の出入りに制限がかかるこれらの土地やその周辺には、一つの文明がある時期に作りあげていた街やシステムの〝フリーズドライ〟された姿が残される。当然それは時間の経過とともに物理的に崩壊したり、増殖する手付かずの自然に取り囲まれたりしていくことになるが、現にチェルノブイリにおいて、その「手付かずの自然」に価値を見出す動きを示しているように、その〝風化〟も内在した形で、その歴史が歴史として語り継がれ、利用され、変化もしていく＝「歴史化」されていくことになる。

　福島をいかに「歴史化」するのかが本プロジェクトの重要な柱であることは言うまでもない。歴史上に大文字で書き残されることになった負の瞬間と時間の経過の中で後方に退いていくことになるその価値を、先回りしながらいかに考えていくのか。「観光地化」という補助線の上で進められる、より踏み込んだ議論の必要性を考えさせられた。

3

　二〇一三年四月現在ということに限定すれば、チェルノブイリと福島の最大の違いは「観光地化」されているか否かという点にある。そして、この事故からの二七年間を通して為された「観光地化」の流れを俯瞰するとソ連・ウクライナと日本の違い、福島が学ぶべき課題がより明確になるだろう。

現在進むチェルノブイリの「観光地」（つまり今回の取材で言えば、キエフのチェルノブイリ博物館とゾーン内のツアー）は、非常に興味深いものだった。それは、言わばそこに関わったアクターたちにとって〝意図せざる結果〟の産物だったからだ。

まず見るべきアクターは〝政府〟だ。

「ウクライナ国立チェルノブイリ博物館」はいつできたのか。博物館自体は一九九二年だが、その前提条件は一九八七年に整えられていた。現在の名称や所在地ではなかったものの、チェルノブイリ事故の翌年には現在の博物館の原型となる〝展示〟が始まっていた。しかし、それは現在のようなチェルノブイリ原発事故に対する反省や悼みを前面に押し出したものとは一線を画したものだったようだ。

チェルノブイリ博物館副館長のアンナ・コロレーヴスカ［94ページ インタビュー参照］によれば、一九八七年に始まった〝展示〟は、あくまで国家の英雄たるチェルノブイリ事故の収束にあたった消防士たちを称えることが主目的とされたものだったという。つまり、その〝展示〟は当時のソ連が「国家のために命を捧げた英霊を称える戦争記念館」かのような意識のもとに始められたのだった。詳細はインタビューに譲るが、チェルノブイリ事故の文化的・社会的な〝処理〟は、当初、ソ連が冷戦崩壊間際の弱体化が進む中でも持ち続けていた権威を前提にトップダウン型の力によってなされたものだったと言えよう。それ故、国の威信をかけて事故の歴史化が早急になされたのだ。

しかし、それはソ連崩壊によって空洞化する。民主化後のウクライナにおいてその空洞にコロレーヴスカやハイダマカ［43ページ 談話参照］らが持続可能な〝魂〟を入れたが故に、ここでの「歴史化」が実現したのだし、彼らなしにはそれは失敗していたのかもしれない。いずれにせよ、現在では「若者たちがデートで訪れる」ような状況すらある［★4］というそれは、当初の「国のために命を捧げた英雄を用いた国威発揚」という意図からしたら〝意図せざる結果〟だったといえるだろう。

ソ連の「強引な権力」があったからこそこの歴史的経緯は実現した。それは3・11から二年経った現在までの「フクシマ」を取り巻く日本の政治・社会状況、つまり一方では「脱原発か否か」などと単純化された象徴として政局の具とされたままに「フクシマ」の抱える大きな問題への具体的な方策を生み出さず、他方では「決められない政治」の中で触らぬ神に祟りなし的に「フクシマ」の個別的な問題が放置されてもきた状況と比べた時に対照的だ。無論、共産主義国・ソ連的な「強引な権力」を望むつもりも毛頭ないわけだが、少なくとも、その「強引な権力」が歴史化への抗力、いわば〝初動負荷〟を軽々と押し返したからこそその後の歴史化の〝自動運動〟が進んでいったということは重要だ。無論、その〝自動運動〟は時間の経過という避けられない摩擦力の中で減速し、二〇一一年、チェルノブイリ原発事故から二五年が経った頃には「いつまでもチェルノブイリのことばかりというわけにもいかない。原発事故だけではなく、他の災害も含めた展示を」という議論が出ていた通り、停止しかけようとしたこともあったわけだが、この〝歴史化の自動運転〟のきっかけをつくる何らかの力が「フクシマ」にも必要となるだろう。

もう一方で見逃せないアクターはその歴史化を担った〝実務家〟たちだ。今回の取材で言えば、博物館についてはコロレーヴスカやハイダマカ、ゾーンについてはミールヌイ［88ページ インタビュー参照］やナウーモフ［98ページ インタビュー参照］、シロタ［100ページ インタビュー参照］らがそれにあたるだろう。もちろん今回インタビューをしたり、コンタクトをとれた人々以外にも〝実務家〟たちは様々な所にいただろうし、今後も生まれていくだろう。

まず、博物館という場を通したチェルノブイリの歴史化について、今回の取材を通して現在の展示の背景に込められている思惑と既に述べたような博物館が現在に至るまでに歩んできたクロノロジカルな展開とが比較的明確化できたことは大きな収穫だった。

例えば、東方正教が示す世界観が一つの重要な背景になっているということは極めて興味深い。日本の博物館は物（陶器、骨、衣服、地図、ジオラマ、証言……）や数字（事件の規模、経過を示す年表……）を中心に、ドキュメンタリー的に歴史を示すが、チェルノブイリ博物館のそれは違った。いや、もちろん物も数字もあるのだが、それ以上に前景にせり出すのは〝現代美術の作品〟のように抽象的でアーティスティックな展示の形式だった。宗教的な物語を背景に、様々な暗喩がこめられたそれは、一方では見る者に解釈と感じ方の自由を任せているとも言えるし、他方ではただ「客観中立的な描写と解釈」の中で歴史を消化することを許さない姿勢をもっているとも言える。

立ち入りが不可能になった村の名前が目に入る階段を登り、最初に目に入る展示の出発点には事故直後の収束作業員の姿。そこから事故当時の原子炉の3D模型、支援物資が入っていた箱、広島の原爆までチェルノブイリに関わりうる様々な展示が始まり、最後はノアの方舟を模したというボートで終わる。そこに乗る人形は犠牲になった子どもたちを指すという。例えば、これが、キリスト教における原罪から救済に至る物語を示すのだとすれば、チェルノブイリ事故の歴史が展示デザイナーらによって極めて主観的に編成され、見る者の主観にも直接的に迫ってくるものとして提示されていることに気づく。

興味深かったのは、しばしば戦争博物館については大きなテーマとなる〝戦争責任〟のような、「責任問題」についてのスタンスだった。私は展示を見てすぐに得た違和感をコロレーヴスカに聞いた。

「日本の戦争関連の博物館やドイツのアウシュヴィッツなどでは、しばしば責任の所在が裏テーマになっている。それは、日本の軍国主義や帝国主義であったり、ドイツのナチスだったりする。しかし、ここではそのような責任の所在、絶対的な悪の存在が感じられない。責任の所在はどこにあるのか」

彼女の答えは明快だった。

「全員だ」

一九八六年四月二六日のあの瞬間、あのボタンを押し、事故に至ってしまった〝私たち〟を省みることこそが重要であり、一つの責任の所在を定めない中で歴史を問うてきたという。

現在の「フクシマ」における議論は、しばしば原発事故の、あるいはその後も続く種々の不手際の責任問題に焦点が当てられがちだった。例えば二〇一二年までの四つの事故調査委員会の報告書の発表の際には、メディアでは「事故当初の菅直人の対応に問題があった」（民間事故調について）、「天災ではなく人災だった」（国会事故調について）などと「どこに責任があったのか」、もっと言えば「誰が悪いのか」をセンセーショナルに問い、吊るし上げる対象を探す形での報道がなされた。

しかし例えば、私自身、民間事故調のワーキンググループのメンバーとしてあの報告書の作成に関わった立場から言えば、確かに「菅直人責任」については重要ではあるが、それだけが特筆されるべき問題ではないという感覚が調査委員会内部では共有されていたと考えている。それほど簡単に責任の所在は定められるものだとは誰も思わずに報告書を作っていたが故に、報道があった当初には内部で困惑の声が上がっていた。

「フクシマ」をめぐる二年間の議論においては、「わかりやすい議論」「カタルシスを得やすい結論」をメディアが描き、あるいはそれを少なからぬ人々が求めていた状況の中で、「敵」を探す形での描写が行われてきたのではないか。

ただ、チェルノブイリと福島の間に存在する違いがなぜ生まれたのか、という点までは今回のチェルノブイリ訪問では理解しきれなかったというのが正直なところだ。ソ連政府が一時は原発作業員に全ての責任を負わせることで事故にけりをつけようとしたことへのカウンターだったのか、東方正教が根付く故の「原罪」思想的な発想なのか、あるいは、戦争とは違う高度な科学技術の事故の責任を西洋合理主義的に考えぬいた結果なのか。いずれにせよ、この責任の所在を「全員」に求める中でこそ、この原発事故という人類にとって十分な経験の蓄積がない歴史の形成が一定の成功を収めているということは重要だった。逆に、これが「ソ連のせい」「作業員のミスのせい」「そもそも原発っていう発電方法のせい」などと単純化されていれば、現在のような、時間が経ってもそこに来た人々に考えさせ続ける展示にはならなかったのかもしれない。

しかし、この〝意図〟が必ずしも生きていない。一つは、日本での解釈だ。震災前からこの博物館を訪れる日本人はいたが、とりわけ3・11以後、チェルノブイリの歴史を学ぼうとここを訪れる人は増えているという。ところが、事前に調べていった限り日本では、私たちが今回見聞きしたような展示の背景や歴史継承の志向が踏まえられている情報に行き当たることはほとんどなかった。あったのは、例えば、奇形の動物の骨格標本や最後の部屋にある子どもたちの顔写真が並べられた展示を以て「こんなに酷いことがあったことがわかりました」と原発事故や被曝被害の恐怖をわかりやすく強調するような「脅迫型」の解釈だったり、そうではなくても、彼らの「歴史化」のあり様を十分に汲んだとは言えないものが主だった。展示の趣旨、「歴史化」の作業をしてきた者が意図した展示の全体像が日本に伝えられているとは言いがたかった。

もう一つは、既に述べた通り、事故から二五年のタイミングでこの博物館の原発事故というテーマの変更が検討されたことだ。もちろん、一方でゾーン内に博物館を作る計画も当時から進んでいたわけだが、この「歴史化」の重要性が周囲に十分には伝わっていなかった側面があったのは確かなのだろう。その背景については推測するしかない。ウクライナ国内での歴史の風化や原発を前提としたエネルギー政策の影響、あるいは世界規模で露呈してきたリスク社会的課題、原子力ルネサンスの気運など様々な要因があったのかもしれない。いずれにせよ、3・11という偶然の外部要因を受けてその「テーマ変更の変更」がなされたということも含めて、博物館を作ってきた者たちの意図せざるところで「歴史化」がなされてきたと言えるだろう。

「博物館という場を通したチェルノブイリの歴史化」のもう一方にある「ゾーン内の歴史化」を担ってきた者たちにも目を向けてみよう。彼らの場合は、それぞれの意図がバラバラだった点が興味深い。その詳細はミールヌイやナウーモフ、シロタらの各ページに譲るが、それぞれが一九八六年の事故当時、全く違った立場の〝当事者〟としてそこにいて、その体験や今のゾーン内の姿をそれぞれの仕方で伝えようとしてきた。そして、彼らが静かに自発的に始めた動きは、近年、一定の規模をもった産業となりつつあるチェルノブイリ観光の成立にすくなからぬ影響を与えたことは確かだろう。

ただ、現在チェルノブイリ観光事業を営むジャチェンコも含め、今回のインタビューイーに共有されていたこともある。それは、「過度に商業主義化するチェルノブイリ観光」への懸念だった。客に三〇〇－四〇〇ドル払わせ大型観光バスを使ってゾーン内を見せるような業者が出てきているという。これを単純に悪であると断罪できない事情もあるだろう。サッカーの「ユーロ二〇一二」の開催などが大きな要因となりつつチェルノブイリを訪れることを望む者が増えれば、当然これまでのようなこぢんまりとしたシリアスな形態の観光ではなく、マス化が進むことはありえる展開だ。しかし、今回のインタビューイーらはあくまで事故があったという事実とその歴史を感じ学ぶ機会にすることの重要性を強調していた。また、政府側の担当者であるボブロ［82ページ インタビュー参照］も、この流れが「観光」ではなく「国民が等しく知る権利」から始まり、今でも政府としては「観光」という言葉は使わないということを説明しながら、同様の見解を述べた。

異なる立場と意図をもつ者が始めた〝未熟のチェルノブイリ観光〟が、時の流れと偶然の中で成熟した結果、それぞれの意図とは違った商業的な色を帯びつつも発展してきているのが現在の姿だと言える。

ここまであえて〝意図せざる結果〟という観点を提示しながら、今回の取材によって理解したチェルノブイリの現在を整理してみたが、一歩引いて考えてみれば、歴史は多くの場合〝意図せざる結果〟の中でこそ紡がれるものであることにも気づくべきだろう。広島の原爆ドームも「取り壊す」「自然の風化に任せる」といった案がある中で現在の「原爆ドームとしての固定化」という選択肢が偶然に選び取られたものであるし、靖国神社にしても、今ほど政治的な対立点として象徴化されることをその歴史を紡いできた者たちの全員が意図していたなどとは到底想定できない。

あったのは、絶えずそこに関わる人々が「歴史化」を続けようとした不断の努力に違いなく、それ故に今もその〝自動運動〟が続いている。しかし、繰り返しになるが、「チェルノブイリ博物館の災害博物館化」の例を挙げるまでもなく、その〝自動運動〟は時間とともに減速していくものでもある。

福島を歴史に残していく上でも、その時代、そこに生きる人が「歴史化」への意図を持ち続ける仕組みが求められるはずだ。その点において、本プロジェクトに少なからぬ可能性が見出されることは確かだろう。

4

チェルノブイリで見られたような「歴史化への意図」とその延長にあった「観光地化」。その萌芽は、事故から二年経った現在の福島にも存在するのだろうか。

現時点では、先述したソ連体制下の「歴史化」と同レベルでの〝国家・行政レベル〟での「歴史化」の萌芽は、少なくとも福島第一原発事故については存在しないと言えよう。無論、事故の収束もおぼつかず、避難者や補償の問題も十分に進んでいるとは言い難い中では国家・行政も「歴史化」どころではないという側面はあるだろう。

その一方で、いくつかの〝自治体・住民レベル〟からの自発的な動きにその萌芽が見られる。

例えば、「ふくしま浜街道・桜プロジェクト」は、立ち入りが禁止された区域内も含めて「国道六号及び常磐道・県市町村道沿線に桜並木をつくり今回の震災、原発事故のシンボルとして、末永く維持管理していくことにより、後世に語り継」ぐことを掲げ[★5]、二〇一三年三月三日には根本匠復興大臣や森まさこ内閣府特命担当大臣（少子化・消費者担当）らを呼び祈念式典を行うなど、既に活動は始まっている。「歴史化」への意図とともに、いわき市から新地町まで、「総延長一九三キロの桜並木」をつくるという構想は、「観光地化」を掲げる本プロジェクトと発想が近いものと見ることもできるだろう。

また、必ずしも「歴史化」への意図が明確ではないものの、原発事故があったという事実と、それによる放射性物質による汚染の存在を引き受けつつ、産業や地域イメージを未来に向けて持続的に改善しようとする動きも生まれている。

例えば、その一つが、川内村の野菜工場だ。一度は住民の多くが避難をした川内村では、村内下川内に野菜工場「川内高原農産物栽培工場」を二〇一三年四月二六日にオープンした。発光ダイオード（LED）と蛍光灯を用いた「完全人工光型水耕栽培を導入する完全密封型野菜工場」で、震災以前から盛んだった高原野菜の栽培を通して雇用創出と「復興のシンボル」の契機にしようとしている。

もう一つ、「南相馬ソーラー・アグリパーク」も似た試みだが、こちらはより「観光地化」志向だ。公式サイトには「太陽光発電と農業の仕事体験を通じ、南相馬など福島の子供たちの成長を継続的に支援するとともに、全国の人々との交流により風評被害の払拭と福島への信頼回復に努め、福島の人々の生活と産業の復興に貢献します」という目的が掲げられるが[★6]、ここでは太陽光発電を用いて野菜工場を動かし外部からやってきた者がそこで見学・体験学習できる。津波被災をした市有地を活用し、雇用創出や再生可能エネルギーの導入を行いつつ、全国から人を呼び、とりわけ子どもの訪問を積極的に進めるため「キッザニア」の運営会社・KCJ GROUP株式会社の社長も役員として関わっていることは興味深い。さらに、代表を務める半谷栄寿は南相馬市出身で、二〇一〇年に執行役員まで務めた元東電社員であり、地元の復興を強く押し出していることも特筆すべきことだろう。

「川内高原農産物栽培工場」「南相馬ソーラー・アグリパーク」も一見、農業や新技術、あるいは雇用創出や地域イメージの再生といった「実利」を前面に押し出しているようであるし、実際に事業性をもつことで持続的な運営を目指しており、「博物館的なもの」とは似つかぬもののように思われるかもしれない。しかし、実際は震災前からあった地域性や震災後の変化をその前提としてもち、地域社会との交流も明確に打ち出すそれは、明確な〝展示〟こそないが博物館以上に「博物館的なもの」となる可能性もある。チェルノブイリにはこれらのような事例は確認できなかったが、福島の「歴史化」につながっていく萌芽と捉えていくことは十分に可能だ。また、これらはいわゆる〝二〇キロ圏〟の外の動きではあるが、今後、より福島第一原発に近いところで同様の試みが出てくることも十分にありえるだろう。

他方、ベタな「博物館的なもの」も作られようとしている。白河市に二〇〇三年に移転・再オープンした「アウシュヴィッツ平和博物館」は「市民による手づくりのミュージアム」を謳うNPO法人運営の博物館だが、震災後、ここが中心となって「原発災害情報センター」の建設が進められ二〇一三年五月一九日にはオープンセレモニーが行われた。これは「福島原発事故事件が検証されたときに展示資料として後世に語り継ぐための施設」とされ［★7］、今後「原子力資料情報室」「たんぽぽ舎」「ピースボート」等と協力して展示が行われるという。

日々福島県内でのフィールドワークを続ける者として言えば、他にもまだ具体的に目に見える成果が出ていないものも含めて、住民レベルでの「歴史化への意図」の萌芽は既に多数出てきているようにも感じる。例えば、旧警戒区域への訪問も含めたスタディーツアーは、南相馬側（福島第一原発の北）でもいわき側（同南）でも様々な団体によって行われている。今後、数年以内に常磐道が開通し、旧警戒区域の中も貫通することになるが、そこを一般客が車で通ること自体にも「おれ、昨日、高速道路で福島の大熊・双葉の中通り抜けてきたんだ」と「観光地化」や「歴史化」の意味が付与されることも十分にある。

本プロジェクトとは全く別に進むこれらの〝萌芽〟は、本プロジェクトと対立するものではない。むしろ〝萌芽〟と共存し、取り入れることを想定しながら本プロジェクトを進めることで、チェルノブイリのような〝意図せざる結果〟を生み出していくことにつながるだろう。

5

ゾーン内を移動している時、原子炉や関連施設以外で、記憶に残っている場面が二つある。一つは野生の馬を見つけるたびにウクライナ人たちが「あれ見てみろ、馬を見れるのはラッキーだ」と車を止めて見てこようとする場面。もう一つは、立ち寄った廃墟になった幼稚園の部屋の中で、明らかにここに訪れた者が写真を撮るためきれいに教科書を配置しなおしたであろう机の上を見た場面。

前者については「あなたらは馬が珍しいのかしらないが、こっちは、そんなことはどうでもいいんだよ。早く石棺連れてけよ」という、後者については「いい画を作りたいからっていじってんじゃねぇよ」という心の中でのツッコミと共に覚えているわけだが、しかし、少し冷静になってみた時に、これもまた事故から二七年経ったチェルノブイリの姿に違いないんだと受け入れようとも思えた。

チェルノブイリは今も動いており、そこに他者が常に関わり続けている現実がある。「自分の中で事前に用意してきた、変にいじられていないチェルノブイリ像」を壊されるのは当然のことだ。そして、その体験は恐らくそこに来た他者が、それ以後もチェルノブイリを考え続ける大きなきっかけとなるはずだ。

福島において、チェルノブイリがそうしてきたような、他者が関わり考え続ける仕組みがいかに整えられるのか、未だその展望は明確ではない。ただ、その先に様々な可能性があることをチェルノブイリは教えてくれた。

★1 **四国遍路の貧者や病人**　門田岳久『巡礼ツーリズムの民族誌』、森話社、二〇一三年、八一頁。
★2 **知識階層による観光**　同書、八二－八三頁。
★3 **原発立地地域の郵便番号**　長谷川公一『脱原子力社会へ』、岩波新書、二〇一一年、四〇頁。
★4 **デートスポットとしてのチェルノブイリ博物館**　宮腰由希子「若者たちがデートで訪れる国立チェルノブイリ博物館」、『日経ビジネスオンライン』 http://business.nikkeibp.co.jp/article/report/20130410/246428/
★5 **ふくしま浜街道・桜プロジェクト**　http://www.happyroad.net/project.html
★6 **南相馬ソーラー・アグリパークの試み**　「企業概要」、『南相馬ソーラー・アグリパーク』 http://minamisoma-solaragripark.com/company/
★7 **原発災害情報センター**　「原発災害情報センター 設立目的」、『アウシュヴィッツ平和博物館』 http://www.am-j.or.jp/schedule/120906.htm

✚

読解する

Читати

空想のなかのチェルノブイリ

Чорнобиль в уяві

ライター
速水健朗《はやみず・けんろう》

フランス革命は歴史的な事件であるとともに、その後の芸術や大衆文化に大きな影響を与えた出来事でもあった。

ベートーベンがフランス革命、さらにはその後に近隣諸国の封建制を打ち破っていったナポレオンの活躍の影響で『交響曲第三番』を書いたのは有名な話。また、この革命をモチーフにした小説には、フランス革命で革命裁判にかけられる元貴族を主人公としたディケンズの『二都物語』などがある。一方で、まったくフランス革命に関するエピソードは登場しないが、ゴシック小説の『フランケンシュタイン』は、フランス革命を擬人化して怪物として描いたホラーであるというのが定説である。ちなみに著者のメアリー・シェリーは、革命後の生まれだ。そして、時代も国境も越えて、池田理代子『ベルサイユのばら』のように、その後の少女漫画や宝塚に大きな影響を与えるに至る作品も存在する。

さて、ここからが本題である。チェルノブイリ原発事故という人類史に太文字で残されるであろう事故も、同時代のさまざまな表現、作品、大衆文化に影響を与えたであろうということは、想像するまでもない。そこには、クラフトワークの『RADIO-ACTIVITY』の「チェルノブイリ」というフレーズが加えられたリミックス版『THE MIX』から、放射線汚染地帯を舞台にしたディザスター&悪趣味ホラー映画の『チェルノブイリ・ダイアリーズ』まで、あらゆる分野の作品が連なっているのだ。

ここでは、それらがどのように事故からの影響を受け止め、チェルノブイリを描き出しているのかについて考察してみたい。

宮崎駿が一九九五年に描いた終末の物語

宮崎駿は、チェルノブイリの事故以前から、テクノロジーの発展がもたらす世界の終焉を描いてきたアニメーション作家だった。初期の代表作『風の谷のナウシカ』は、かつての文明が衰退し、自然の多くも破壊された世界を舞台にしていた。その宮崎は、チェルノブイリ後の一九九五年に、まさに原子力発電所が事故を起こした後の世界を描いた作品を発表している。スタジオジブリ制作の長編『耳をすませば』と併映された六分ほどの短編アニメーション『On Your Mark～ジブリ実験劇場』である。

舞台は未来。特殊警察とおぼしき主人公たちグループは、超高層ビルが建ち並ぶ中にある怪しい格好をした信者たちに守られた宗教施設に突入を行う。そして、教団施設内に幽閉されていた羽の生えた少女を救出して、都市からの脱出を試みる。

この未来都市の周囲は、厳重な壁が巡らされているようだ。しかし、トンネルを抜けて域外に出ると、緑豊かな自然と牧歌的な村の光景が広がっている。ただしその入り口には、「EXTREME DANGER」という警告が掲げられており、放射能の危険を示すサインが描かれている。一見美しい風景の中心には、巨大な原子力発電所風の黒い建物が建っているのだ。

地上で暮らすことができなくなった人類は、放射能を避けて厳重な壁を巡らせた中の超高層都市で生活を営んでいる。そして、その外側には、自然やかつて人々が暮らした家々が取り残されている。主人公たちは、羽の生えた少女を都市の外部に連れ出し、この汚染された自然の世界に解き放つ。

この超高層都市と汚染された周囲の自然という対比は、最初に触れた宮崎駿的な世界観そのものである。だが、この作品からはチェルノブイリの事件からの影響を見出すことができるかもしれない。

ナウシカでは、腐海という人間の手によって汚染された森が描かれた。だが、醜い腐海は人がまき散らした有害な物質を取り込んで浄化するという環境再生の装置を内側に持つ希望的な存在でもあるのだ。『On Your Mark』で描かれる世界は、ナウシカとは逆に緑の自然が溢れた光景が広がっている。一見美しく希望に溢れた世界だが、その自然は実は人がもう住むことのできない汚染された世界なのだ。このPVには、直接チェルノブイリが描かれはしないが、これはチェルノブイリ事故によって提示された世界のように見える。また、この『On Your Mark』は、見ようによっては、原発と見て取れる建物を取り巻く自然がそれを浄化しているようにも見える。

ハリウッド映画が描いたチェルノブイリ

終末の世界を描き続けた宮崎駿にとって、チェルノブイリの事故とは現実世界からの返答だったのだろう。いち早くそれが影響として作品に現れたのは興味深い。

一方で、核兵器や核戦争を描くことの多いハリウッドは、このチェルノブイリをどう扱ったのだろう。一九八〇年代までは、敵国ソ連の軍や諜報機関を悪役にしてきたハリウッドは、東西冷戦の終焉以降、悪役としてアラブや東欧のテロリスト、超国家組織や多国籍企業などを描くことが増えていく。典型は、ソ連解体後に拡散した核兵器をその悪役が手に入れようとするといったものだろう。

『ダイ・ハード』シリーズの最新作『ダイ・ハード／ラスト・デイ』（二〇一三年公開）では、現在のロシアの権力者とその過去のソ連時代の悪事をモチーフにしている。このシリーズでは、舞台となる都市がロサンゼルス（1）、ニューヨーク（3）、ワシントン（2、4）と移り変わってきたが、今作の冒頭の舞台となる都市はモスクワである。

ここから先は、ネタバレが含まれる。物語は、ある政治犯の釈放から始まる。男は、現ロシアの実力者の旧ソ連時代の同胞で、彼の秘密を握っているのだ。その秘密とは、ウクライナ北部の都市プリピャチにある現在は使用されていない銀行の地下倉庫に隠されている。主人公のジョン・マクレーンは、CIAのエージェントになった（もちろんそれは秘されているのだが）息子を追いかけてモスクワに来て、この事件に巻き込まれるのだが、政治犯らを追ってプリピャチにやってくるのだ。

プリピャチは、チェルノブイリ原発から約四キロの距離にある都市である。元々、原発の従業員用の居住地として創建された近代的な施設や住居が並ぶ街だったが、原発事故によって住民は避難を余儀なくされる。以降、時間が止まったままの街として放棄されているのだ。マクレーンたちがプリピャチで見つけたものは、四半世紀ずっと隠されてきた濃縮ウランだった。件の実力者は、この濃縮ウランの横流しで得た資金を持って政界でのし上がってきたのだ。

この映画の最後の戦いの場面では、プリピャチの廃ホテル、ホテルポリーシャが使われる。もちろんセットとしてつくられたものである。ここは、二〇〇五年にバイクでプリピャチに行った女性バイク乗りのエレナ・フィラトワさんが、ウェブサイトにこの街の写真を公開したことで有名になった場所でもある。彼女は、この街を「ゴーストタウン」と呼ぶが、その象徴的存在がこのホテルだ。その誰しも見覚えのあるホテルの看板が、映画の中では戦闘用のヘリコプターによってガリガリと破壊されていく。

これまでにシリーズにおいて、東欧のテロリスト、南米の軍事政権の大統領などといった、その時代の国際政治情勢をモチーフにしてきた『ダイ・ハード』だが、この映画におけるチェルノブイリの取り扱いは、決してリアルタイムの人々の関心事ではない。むしろ、歴史上の事件として消化されているのだ。四半世紀の時間経過とともに、チェルノブイリの描き方は変化していく。それを本作は示している。

そんな中でこの作品がプリピャチを舞台にして、ホテルポリーシャをセットで再現して壊したことには、また別の意味がありそうだ。それは、今時のミリタリーマニアへの目配せとでもいうべきものだろう。

なぜならプリピャチは、FPS（ファースト・パーソン・シューティング）と呼ばれるゲームの舞台として有名な場所でもあるからだ。チェルノブイリ原発は、いまや観光地として多くの人々が訪れる場所になっているが、その写真を見るとミリタリールックに身を固めた人々がそれなりの割合で存在することに気づくだろう。彼らはミリタリーマニアでFPSのファンである。現在のチェルノブイリ原発周辺、およびプリピャチは、ミリタリーマニアの聖地巡礼のための場所になっているのだ。

聖地巡礼スポットとしてのプリピャチ

『コール オブ デューティ4 モダン・ウォーフェア』（以下、COD4）は、元はPCゲームだが、家庭用ゲーム機に移植され、全世界で一四〇〇万本以上売れた大ヒットゲームである。CODは、ミリタリー物のFPSでもっとも有名なシリーズだが、その中でも過去の戦争ではなく、現代を舞台にしたCOD4はその人気を決定づけた作品だ。

ゲーム序盤の舞台は現代の中東である。クーデターによって政変が起きた某国に米英軍が介入する。ゲームの前半、主人公はクーデター指導者アル・アサドの潜伏先と思われる箇所を諜報部の情報を元に攻撃を仕掛ける。革命軍の抵抗、情報の混乱で苦戦するが、最終的には大兵力をもって大統領宮殿に侵攻を仕掛けることになる。だが米英の攻撃は、失敗に終わる。アサドは敵を欺き、海外へ逃亡し、宮殿の核爆弾を起爆し、展開していた米英部隊は全滅に追い込まれる。

クーデター勢力の背後にいるのは、旧ソビエト連邦を再興しようとするロシア超国家主義勢力である。その指導者は、スターリンを崇拝するイムラン・ザカエフである。ゲームの後半は、彼らとの戦いになる。

ゲームの前半と後半をつなぐ場所として登場するのが、チェルノブイリである。かつて、ザカエフはソ連邦解体後に宙に浮いた核物質を中東のテロリストらに横流しをする武器商人だった。主人公のひとりであるイギリス陸軍特殊部隊員のプライスは、一五年前にザカエフを暗殺するため、プリピャチに潜入した任務の記憶を呼び起こす。

ここでゲームは過去に遡る。一九九五年、主人公は、当時の上官であるマクミラン大尉とともにプリピャチに潜入する。このミッションは、大勢の武装勢力によって守られた場所を、ギリースーツ（風景に完全に溶け込むためのスナイパー用迷彩服）に身を包み、草原やトラックの下を匍匐前進して進むという困難を極めるものである。めざす狙撃ポイントは、この街で一番高い建物である。この建物は、前述のエレナさんの写真集にも載っている。原発事故の日には、この街の人々がここの屋上から発電所の上に輝く雲を眺めたという場所でもある。向かう途中には、これもプリピャチの写真では必ず登場する飛び込み台のある市民プール「青空」の脇も通る。

ザカエフを撃つためのライフルのスコープからは、事故を起こした四号機の姿も映っている。エレナさんが、この建物の屋上から撮った写真にも、遠くに四号機が映っている。このゲームでは、まさに四号機の目の前にザカエフが現れる。これは、いくらなんでも近すぎて放射線量が心配なのだが。

非対称戦争時代のエンターテインメント

COD4に詳しく触れるのは、筆者自身がこのゲームにはまった人間のひとりだからである。このゲームのハイライト場面は、このザカエフ狙撃の直後から始まる。建物から脱出したプライスは、プリピャチの集合住宅群（これもかなり忠実に現実のものを再現している）を抜け、もうひとつのこの街の象徴である観覧車にたどり着く。ここは、『ダイ・ハード／ラスト・デイ』にも登場する場所だし、エレナさんの写真集でも彼女はここをバックに自分のプロフィール用写真を撮っている。観覧車の脇に、負傷したマクミラン大尉を降ろすと、このゲーム最大の攻防戦が始まる。筆者が操作するプライスは、五〇回くらいこの場所で死なせている。思い出深い場所である。

「非対称戦争」という言葉を使ったのは、かつての米国防長官のラムズフェルドだ。国家が保有する軍事力が正面から衝突する戦争の時代は終わり、米軍が対処する相手は、民間武装勢力やテロリストらに変わった。こうしたゲリラ戦においては、大型兵器が無用化して特殊部隊が重要な役割を果たすようになる。そんな、冷戦以後の戦争を予言したのは、ハリウッド映画の、例えばダイ・ハードのシリーズなどだったように思うが、それをエンターテインメントとして送り出したのは、ハリウッド映画ではなく、むしろテレビゲームのFPSだったように思う。COD4は、徹底して新しい戦争＝非対称戦争を題材にしているが、逆に『ダイ・ハード／ラスト・デイ』は、国家の陰謀という相変わらずのネタを扱っていたように思う。中東の市街地やコーカサス山脈の奥地が舞台となるCOD4において、ゴーストタウンのプリピャチが舞台となるのは、アクセントやインパクトの要素はもちろんだが、多くの人々にとって既視感のある場所を舞台にすることに意味があったのだろう。エレナさんがインターネットで公開したこの街の写真群が話題を呼んだのが二〇〇五年。ゲームの発売が二〇〇七年だ。そして、このCOD4の続編である『コール オブ デューティ モダン・ウォーフェア2』に至っては、実在する場所を忠実に再現し、戦場にしてしまうという路線が強化された。このゲームでは、モスクワのシェレメーチエヴォ国際空港やワシントンのホワイトハウスが、さらに続編の3ではマンハッタンやパリのモンマルトルの丘が再現され、誰もが映画などで見覚えのある舞台が再現され、戦場に仕立てられた。

ちなみに、本シリーズで再現された舞台でもっとも記憶に焼き付くのは、ハンバーガーショップやコーヒーショップといった店舗が軒を連ねるアメリカの典型的なロードサイドに、装甲車が走り、ロシア兵が降下してくるというミッションである。もっとも戦争と遠い日常の風景が戦場となるギャップは衝撃だった。もちろん、こうした実在の場所が忠実に再現される背景には、ゲーム機の3D描画能力の向上もある。これも、いまチェルノブイリが描かれる理由のひとつだ。

チェルノブイリを舞台にしたFPS

チェルノブイリが登場するFPSとして、COD4の話を延々書き連ねてきたが、ゲームファンはそろそろしびれをきらしているはずである。なぜなら、そのものずばりチェルノブイリ原発周辺を舞台にしたFPSが存在するからだ。

『S.T.A.L.K.E.R. Shadow of Chernobyl』（以下、SSoC）は、COD4と同じ二〇〇七年に発売され、販売本数ではCOD4と桁は違えど、それでも四〇〇万本以上が売れたヒットタイトルである。このゲームは筆者は未だプレイしたことのないもので、しかもいざやろうとすると、プレイ時間、手間含め相当な覚悟が必要になりそうな大作である。このゲームに関しては、ネット上の4Gamerのサイトに載っている徳岡正肇氏が書いたレビュー［次ページ コラム参照］、これは海外の情報サイトに点在する開発チームを取材したインタビュー映像などを基にしながら、さらに徳岡氏のウクライナ史や哲学や文学の知識を動員して書かれた力作なのだが、これを参考にしながら取り上げていきたい（ここもネタバレ注意だ）。

このゲームは、チェルノブイリのその後の世界を舞台にしているのだが、ゲーム内の世界では、再び二〇〇六年に原因不明の大爆発が起きたという設定になっている。一帯は、放射線の影響によって突然変異を起こした生物が生息するようになり、「ゾーン」と呼ばれている。この「ゾーン」こそがこのゲームのフィールドであり、この世界では「ゾーン」に立ち入るものたちは「ストーカー」と呼ばれている。さらに徳岡氏の言葉を借りると「チェルノブイリの周辺跡地を自由に移動して物語を進めていく、RPGタイプのFPS」ということになる。決められたミッションを繰り返していくCOD風のFPSとは違って、SSoCは「広大なマップを自由に探索するゲーム」なのだ。

ここまでがゲームの前提だが、徳岡氏曰く、これは「普通のゲーム」ではないという。まず制作期間に六年の月日がかけられていることからして尋常ではない。ゾーンの中には、放射性物質による汚染やそれ以外が原因と思われる超自然的現象によって生まれたミュータント（突然変異で生まれた生き物）が徘徊している。当初は、「Artificial Life」と呼ばれる、ミュータントたちが「自分の意思で判断して行動し、勝手に物語を進めていくというギミック」がこのゲームの目玉として開発されていたのだが、そこは未完成に終わり、あくまでチェルノブイリを舞台とした「RPGタイプのFPS」という枠のゲームに収まったのだという。

『S.T.A.L.K.E.R.』の物語と思想　徳岡正肇　とくおか・まさとし

本作の舞台は2012年のチェルノブイリ。1986年の原発事故以降封鎖されていた地域で2006年に謎の大爆発が発生し、その影響でミュータントや異常な物理現象《アノーマリー》が生じる「ゾーン」が発生した、という設定だ。第1作『Shadow Of Chernobyl』には7つのエンディングが用意されているが、ここでは真のエンディングとされるものを紹介しよう。

物語の主人公は記憶を失っており、自分が何者なのか、ゾーンとはなんなのかを知るためにその内部へと足を踏み入れる。ゾーンの中心にはあらゆる願いを叶えてくれるというモノリスがあるのだ。探索の末にそこへ到達した主人公は、下記の真相にたどり着く。モノリスは、ソ連時代に生み出された7人の人間の精神を統合した超意識体「C-consciousness」による実験計画を隠蔽するための隠れ蓑にすぎなかったのだ。その実験とは、全生物の精神に接続している情報空間「Nous-Sphere」に接続し、人間から残虐性や攻撃性を奪い去るというものだ。しかし実験は失敗し、それが原因でゾーンで異変が発生した。主人公が記憶を失ったのは、かつてモノリスの正体に気づき、彼らによって実働部隊として洗脳の対象となったためだ。主人公はC-consciousnessからゾーンの拡大阻止に協力するよう依頼を受けるが、これを拒否し、C-consciousness装置を破壊してしまう。するとゾーンが消滅し、チェルノブイリ周辺には豊かな自然が戻るのだ――。

ここで語られるのは、かつての共産党（あるいは理想と善意に支えられた支配体制）への批判だ。黒幕の目的は往年のソ連で語られた、より幸福で完成された人民を生み出すという思想に酷似している。また、主人公には洗脳の際、「自分自身を殺せという命令」が誤って与えられていたという設定になっており、これも肥大化した官僚システムが生む、あり得ないミスを想起させる。

ゾーンを中心とした異常は終焉を迎え、緑なす草原と動物たちが戻ってくる。美しいウクライナの大地は取り戻された。現実においても、高濃度放射能汚染によって立ち入り禁止地区に認定されているチェルノブイリ原発周辺は、事故から27年の時を経て野生動物が闊歩する土地になっている。開発チームが6年の歳月をかけて実際のチェルノブイリと向き合うことで生み出された本作には、現実に通じる生々しいリアリティが描かれている。Ⓖ

※上記の文章は、「4gamer.net」に掲載された「徳岡正肇のこれをやるしかない！」第6回「『S.T.A.L.K.E.R.』でZONEをさまよってみるしかない」（http://www.4gamer.net/games/007/G000711/20090319077/）を著者および掲載元の了解のもと要約、転載したものです。

チェルノブイリを遊ぶ

『S.T.A.L.K.E.R.』シリーズ

［ゲーム］
GSC Game World

Shadow of Chernobyl
2007

Clear Sky
2008
日本語版 2009年

Call of Pripyat
2009
日本語版 2010年

Shadow of Chernobyl

現象としての『S.T.A.L.K.E.R.』　河尾基　かわお・もとい

ウクライナのゲーム会社GSC Game World制作による、チェルノブイリ原発事故が題材のサバイバルホラーFPS（1人称視点シューティングゲーム）シリーズ。タルコフスキーの映画『ストーカー』やストルガツキー兄弟の原作［154ページ参照］に着想を得て制作されたもので、ロシア語版のほかに、英語版や日本語版（2作目と3作目）もある。事故から15周年にあたる2001年に開発が発表され、2007年に第1作『Shadow Of Chernobyl』、翌年に第2作『Clear Sky』、2009年に第3作『Call of Pripyat』が発売された。米Infinity Wardが2007年に発売したFPS『Call of Duty 4』と並び、チェルノブイリ、プリピャチを舞台とした代表的なゲーム作品のひとつだ。4作目の制作も予定されていたが、制作会社の閉鎖に伴い開発中止となっている。

本シリーズの舞台は、2006年にチェルノブイリ原発の2度目の爆発事故が起こり、物理法則が乱れ怪物が発生した「ゾーン」。実在の場所の精密なモデリングやソ連、ロシアのマニアックな武器、複数の派閥が絡む複雑な設定や高度なAIによるゲーム進行の管理などが、ゲーマーたちに高く評価された。

本作品の人気に乗じて、ロシアの大手出版社エクスモなどから、ゲーム世界を舞台とする小説シリーズの刊行も始まった。これまでにロシアやウクライナのSF作家らが80冊以上の『S.T.A.L.K.E.R.』小説を出版しており、発行部数は累計600万部に達するという。小説のファンサイトではプロとアマチュアの交流も行われており、大手サイトhttp://stalker-book.com/等では多くの作品が作者の了解を得て公開されている。関連書籍数は150冊を超え、音楽CDや詩集など、多様な商品展開が進んでいる。ファン活動も盛んで、ロシア語のポータルサイトhttp://stalker-portal.ru/では、2013年4月時点で登録ユーザー数が累計13万3000人、PV数は3億7000万、フォーラムのコメント数は150万を記録している。

本作は現実の原発事故という土台を持ち、ファンの事故そのものへの関心も深い（例えばhttp://chernobil.info/のように、事故関連ニュースのポータルサイトにS.T.A.L.K.E.R.コーナーが設置されている場合もある）。今後も通常のゲームファン・コミュニティとは異なる、新しい進化を遂げる可能性もあるだろう。Ⓖ

しかし、ゲームの世界観は極めて複雑だ。当初のコンセプトからは方向修正が加えられたというこのゲームの方向性は、主に「チェルノブイリとは何か」という方向に向けられた。ゲームの制作者たちは、「チェルノブイリやプリピャチの取材を繰り返し、何千枚という写真や何十時間というビデオテープ、そして当時の関係者へのインタビュー——その中には当時のチェルノブイリの責任者も含まれる——を積み重ね、『チェルノブイリとは何か？』を徹底して調べていった」のだという。

徳岡氏のレビューサイトには、実際のプリピャチの写真と、ゲームのショットが並べて載せられているが、このゲームのグラフィックスの描写は、かなり忠実に現実のプリピャチに沿って作られていることがわかる。徹底して追求されたのは、グラフィックスだけではない。このゲーム自体が持つメッセージを読み解くために、徳岡氏は「スラブ的とは何か」を問うところから始まり、ロシア正教の中心的教義とマルクス・共産主義の共通性などを考察していく。徳岡氏がたどり着いたこのゲームのメッセージとは、「より幸福で完成された人民を生み出すという思想」への批判だという。このたどり着いた答えをここで伝えたところで、ゲームをプレイしていない人間には、何のことやらということになるだろう。

徳岡氏の文章は、ゲームレビューといっても文明批評としかいいようのない重厚な内容である。興味を持った向きはそちらを読み、ゲームもプレイしてみることをおすすめする。

旧ソ連時代のSF小説『ストーカー』

ちなみに、このゲームについて論じるには、ソ連時代のロシアが生んだSF作家ストルガツキー兄弟の『ストーカー』という小説に触れないわけにはいかない。このゲームをプレイする上で知っておく必要はないとはいえ、「ストーカー」や「ゾーン」という言葉や、前提となる世界観含め、SSoCで取り上げられる多くのモチーフはこの小説がベースになっているからだ。

この『ストーカー』は、タルコフスキーによって映画化されたこともあり、旧共産圏以外の国でも比較的知られている作品である。ちなみに、SSoCは、ウクライナの地元のゲームメーカーが開発したものであり、ゲームのバックボーンに『ストーカー』の影響が強くあるのはある意味当然なのかもしれない。ストルガツキー兄弟は元々ソ連では有名なSF作家なのだ。

『ストーカー』という小説は、まったく異星人が登場しないという、変わり種の〝接触《コンタクト》〟ものである。

人類は、「来訪」した異星人との接触《コンタクト》は果たした。だが、通常の接触ものと違って、この小説の人類は、宇宙人とコミュニケーションを取ることができなかった。そして、彼らはすでに去ってしまっている。ただし、来訪者が飛来した場所には多くの謎が痕跡として残されている。彼らが降りてきたポイント（五ヶ所あるとされている）の中には、人が住んでいた町だった場所もある。だが、そこは「来訪」以後、封鎖されて立ち入り禁止になっている。住んでいた人々は、疫病（皮膚がむけ爪がとれてしまう）にかかって死ぬか、移住を余儀なくされたという。

そして、その一帯には壁が巡らされ、中の状態を研究するための研究所がつくられている。そこでは、地球の科学の常識では解明できない不思議な現象が起こるのだ。ただし傍目には、「ここでなにか起こったとはとても思えない」（『ストーカー』三五頁）状態だという。町は人々の生活の跡が残ったまま、閉鎖されてしまったのだ。ここを人々は「ゾーン」と呼ぶが、「ゾーン」の中に入り、さまざまな〝宝物〟を持ち帰ることを職業とする「ストーカー」と呼ばれる職業の男たちが存在している。彼らは、銃弾すら貫通せず火の中にも入れる保護服を身につけるが、「ゾーン」の中では、地球上の科学では計り知れないことが起きるため、事故死するものは後を絶たない。

「ゾーン」の中には、何があるのか。例をひとつあげてみると、金属だろうがプラスチックだろうが触れるものみな溶かしてしまう液体の「魔女のジェリー」がある。これが溢れ出る事故において、実験所の建物がまったく使い物にならなくなり、三五名の死者を出した。

つまり、「ゾーン」の中は人間が制御できない物質で溢れているのだ。現状の人類のテクノロジーでは制御できなかったものの代表がまさに原子力だろう。その意味では、未知の存在との接触《コンタクト》を描く『ストーカー』は、極めて的確にチェルノブイリの事故を暗喩しているのだ。

現実とフィクションの関係

当然、この小説『ストーカー』もチェルノブイリ事故の影響下にあるものと思ってしまうが、ストルガツキー兄弟がこの作品を最初に発表したのは一九七二年。つまり、チェルノブイリの事故の遥か以前のことである。チェルノブイリの事故を起こしたソ連という同じ国で、まるでその事故を予見していたかのようなSF小説が書かれていたというのは驚くべきことだ。

もちろん、SF小説という分野は、未来に起こることを事前に予言しておくという意味合いを強く持つ分野である。また、非現実を描くフィクションが、事実を事実として取り上げたノンフィクション以上の力をもって、実際の社会を批評的に切り取ることも少なくない。逆に、それがあるからこそフィクションは、いつの時代においても生まれ続けるのだろう。

そして、『ストーカー』に描かれた「ゾーン」やそこに入ろうとする「ストーカー」の在り方が、チェルノブイリやプリピャチの姿にあまりにも似ているという偶然に気づいたからこそ、このゲームの制作者たちは、チェルノブイリを舞台にしたSSoCを思いついたのだ。このようにして重層的に物語は生まれ、そこに批評性は積み重ねられていく。

SSoCは、旧ソ連のSF小説を題材に、実際の旧ソ連で起こった原発事故の場所をリアルに再現したFPSとして、ウクライナのゲームメーカーによってつくられたものである。その意味において、SSoCは特別な部類に含まれるだろう。

SSoCは、チェルノブイリを押しつけられたウクライナ人によって自らを探求する物語という要素を持っている。ディズニーランドが、その中にアメリカ建国の物語を持っているように、『トイ・ストーリー』が、カウボーイと宇宙船パイロットという、アメリカにとっての二つのフロンティアの開拓者（西部と宇宙）を主人公にしているように、優れた表現には、自分の国の根源的な部分を含めている自己言及的な物語という要素がついて回ることが多い。冒頭でも触れた、ホラー映画の『チェルノブイリ・ダイアリーズ』とSSoCは、外からものを作ることと、自己言及としての物語という違いがあるのだ。

ここまで、アニメーション、映画、ゲームというフィクションの中に登場するチェルノブイリについて論じてきた。

フィクション、つまり想像の中のチェルノブイリとは、制作者の目から見たチェルノブイリという咀嚼された存在である。SSoCのように過去のSF小説と現実のチェルノブイリの状況を重ね合わせるということも、フィクションであるゲームだからこそ可能だった重層的な批評である。また、ウクライナのバイク乗りの女性が撮った写真が、ゲームの題材となり、さらにハリウッド映画の舞台になっていくという重層化もあり得る。これも連鎖を重ねることでチェルノブイリを巡る重層的な状況への言及になっている。

実際のチェルノブイリに足を踏み入れ、それを見ることと作品に描かれたチェルノブイリを見ることとでは、まったく意味合いが違う。しかし、どちらか片方を見たからといって真実がわかるわけではないのだろう。フィクションの中に浮かび上がるものとは、重層的に積み重ねられたチェルノブイリである。真剣にそれを捉えようとした作品であれ、悪趣味に過ぎるホラー映画であれ、フィクションはあらゆる角度からその物事を眺め、その新たな側面を生み出し、チェルノブイリを重層的に積み上げていく。現実とフィクションは、衝突させて善し悪しをいう関係性にはないのだ。

チェルノブイリを解く

Розплутувати Чорнобиль

文＝上田洋子＋尾松亮＋河尾基＋小嶋裕一
松本隆志＋八木君人＋東浩紀＋編集部

チェルノブイリの記憶はさまざまな言葉に取り囲まれている。ゾーン、サマショール、ストーカー、ニガヨモギ……。本書では最後、その複雑な編みものを解きほぐすため、25本の糸を引き出して紹介することにした。原発事故はウクライナの大地に放射性物質を撒き散らしただけではない、わたしたちの文化もまた「汚染」されたのだ。

〈凡例〉

00 タイトル（書籍名など）
［カテゴリ名］
著者名（訳者）
発行情報
発行年
***title* название**
author
publishing information
date of issue

過去を知る

01 チェルノブイリ一般情報

［ウェブサイト］

1 **Чорнобильська АЕС**
🌐 http://www.chnpp.gov.ua/

2 **Чорнобильський центр з проблем ядерної безпеки, радіоактивних відходів та радіоекології**
🌐 http://www.chornobyl.net/en/

3 **Державне агентство України з управління зоною відчуження**
🌐 http://www.dazv.gov.ua/en/

4 **Державна служба України з надзвичайних ситуацій**
🌐 http://www.mns.gov.ua/

5 **Департамент по ликвидации последствий катастрофы на Чернобыльской АЭС. МЧС Республики Беларусь**
🌐 http://www.chernobyl.gov.by/

6 **Чернобыль, Припять, Чернобыльская АЭС и Зона отчуждения**
🌐 http://chornobyl.in.ua/en/category/zone-en/

7 **Chernobyl, Pripyat and Exclusion Zone after Nuclear accident**
🌐 http://www.youtube.com/user/ChernobylWildZone/

ロシア語、ウクライナ語のチェルノブイリ関連サイトは、おおよそ次の五つのカテゴリーに分けることができる。①政府・公の機関の公式サイト、②有志による非公式情報サイト、③ゲーム『S.T.A.L.K.E.R.』関連、④旅行会社関連、⑤被害者連盟のサイト、である。言語としては、ウクライナ語、ロシア語、英語の三ヶ国語が主に用いられている。ロシア語がもっとも強いが、それは事故がウクライナ、ベラルーシ、ロシアにまたがっているため、旧ソ連の共通語が用いられているということを意味している。

まずは関連機関の公式サイトを紹介しよう。国営特殊企業「チェルノブイリ原子力発電所」のサイト［🌐1］では、事故から現在までの歴史、新石棺の建設状況、廃炉作業などについて、ウクライナ語、ロシア語、英語で詳細な説明があり、機関紙『チェルノブイリ原発ニュース ЧАЕС Новини』もダウンロードできる。原発の状況や周辺の研究活動に関しては国立科学研究所「原子力安全、核廃棄物、放射生態学問題チェルノブイリ・センター」のサイト［🌐2］も情報が詳しい。この機関は原子力技術の安全に関する国際協力機関「チェルノブイリ・センター」も兼ねており、日本の公益財団法人原子力安全研究協会もそのメンバーになっている。

ゾーンを管轄するのはウクライナ立入禁止区域庁。同庁のサイト［🌐3］はウクライナ語、英語の二ヶ国語だが、英語で読める部分はまだ少ない。立入禁止区域庁の発足そのものが二〇一二年で、サイトも新しいためである。同庁発足以前の情報は非常事態局のサイト［🌐4］で見ることができるが、こちらは二〇一三年五月現在ウクライナ語のみで、英語版は準備中。ベラルーシでチェルノブイリ問題を扱っているのはチェルノブイリ原発事故収束庁［🌐5］で、こちらはなんとベラルーシ語もなくロシア語のみ。賠償や事故後の処理に関する法令などが網羅されている。

他方、公のサイトでは知ることができないチェルノブイリのいまを伝えてくれるのが、非公式の情報サイトである。特筆すべきは「チェルノブイリ、プリピャチ、チェルノブイリ原子力発電所、立入禁止区域」［🌐6］。ロシア語がメインだが、かなりの部分が英語とウクライナ語に訳されている。作者のセルゲイ・パスケーヴィチはウクライナ科学アカデミー原子力発電所安全問題研究所の上級研究員で、放射能に関する安全と環境保全の専門家。専門知識とゾーン内勤務という条件を生かして、放射能汚染の状況、チェルノブイリ地区の歴史、サマショールやゾーンの生態系の現状、隠れた観光名所、現在福島で導入されている事故処理技術まで、莫大な量の情報を提供している。彼は「世界めぐりGPSガイド・チェルノブイリ編」［→ϟ13］の作者でもあり、別の専門家と二人で小説版『S.T.A.L.K.E.R.』シリーズ［→ϟ20］の一冊を書いていたりもする。研究所勤務の放射能専門家が、娯楽性を持たせながらチェルノブイリの魅力を発信しているというのはじつに

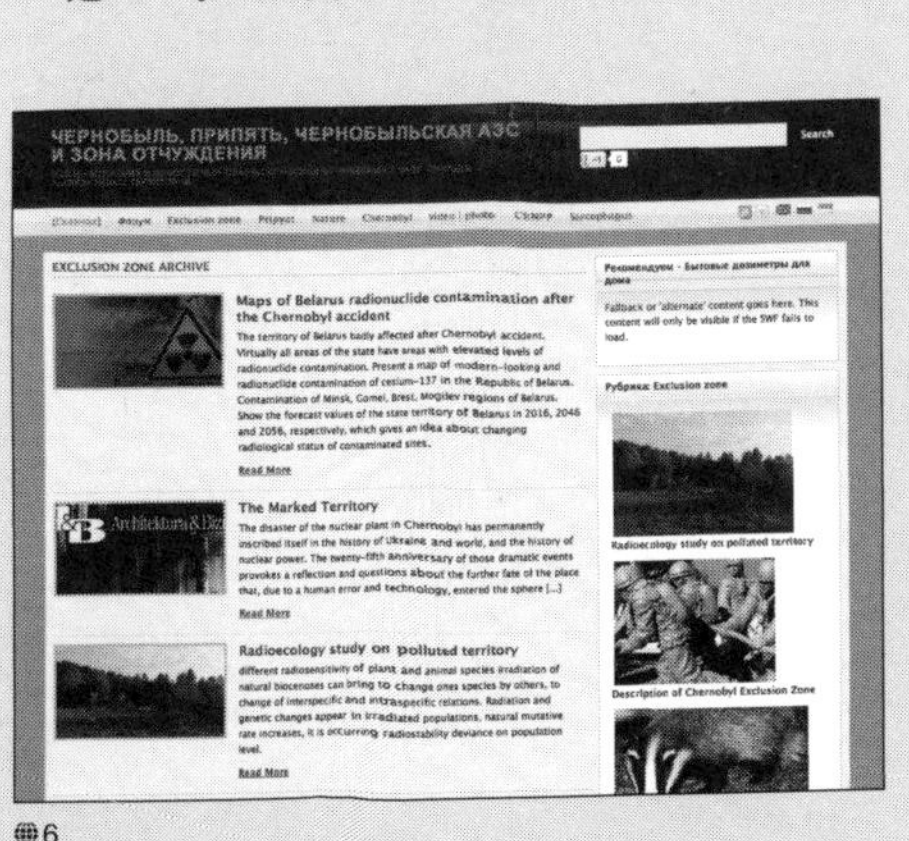

🌐6

興味深いが、事故後年月が経過したゆえの可能性と必然性なのだろう。パスケーヴィチのサイトはNPOプリピャチ・ドット・コムのサイト［→⚡10］と並び、チェルノブイリの現在を知るのにもっとも役に立つサイトである。パスケーヴィチはさらにYouTubeのチャンネル［🌐7］で、ゾーン内の美しい自然や廃墟、現在の人間の活動の様子を映像でも紹介している。

⚡02 シェルター 1986-2011

［書籍］
A・クリュチニコフほか（未邦訳）
Объект "Укрытие": 1986–2011
Ключников, А.А., Краснов, В.А., Рудько, В.М., Щербин, В.Н.
Институт проблем безопасности АЭС НАН Украины
2011

一九八六年に爆発したチェルノブイリ原発四号機。そこからの放射性物質の拡散を防ぐため建設された建築物「シェルター」、通称「石棺」に関する報告書。この本では石棺建設のプロセスや、工学上の特徴と問題点、新たに建設される新安全密閉設備（新石棺）のプロジェクトについて詳細に解説されている。崩壊が危ぶまれる石棺を新石棺へ変容させていく道筋とその展望が示される。

石棺建設は事故の年から始まり、半年で完了した。建設従事者の被曝負担が少なく、短期間で建設を完了させるための設計・工法が選ばれた。例えば工期短縮のため、爆発しきらなかった四号機の建物が、そのまま石棺の構成部として使われている。

この本の特徴は、石棺と新石棺の計画の重要性を評価しつつも、建築物としての欠点や計画の遅滞状況も客観的に指摘していること。著者たちは石棺を「チェルノブイリ事故の被害最小化に向けた初期対応の最大の成果」と評価する。しかし、建築物としての技術基準を満たしたものではないことも認めている。不完全な石棺の補修作業や、組み立て部分から漏れる放射性物質のモニタリングの施策も、詳しく紹介される。

石棺建設から一〇年以上を経て、より安全で耐久性の高い新石棺建設に向けた動きが本格化した。アーチ型の設計が採用され、国際コンソーシアムが受注した。一〇〇年以上の耐用年数が求められる。しかし準備や設計は遅れ、建設の完了は二〇一四年以降になるという。建設費用も当初の見積もりの二倍以上になり、一〇億ユーロ以上と評価されている。このように変容の難航も指摘される。

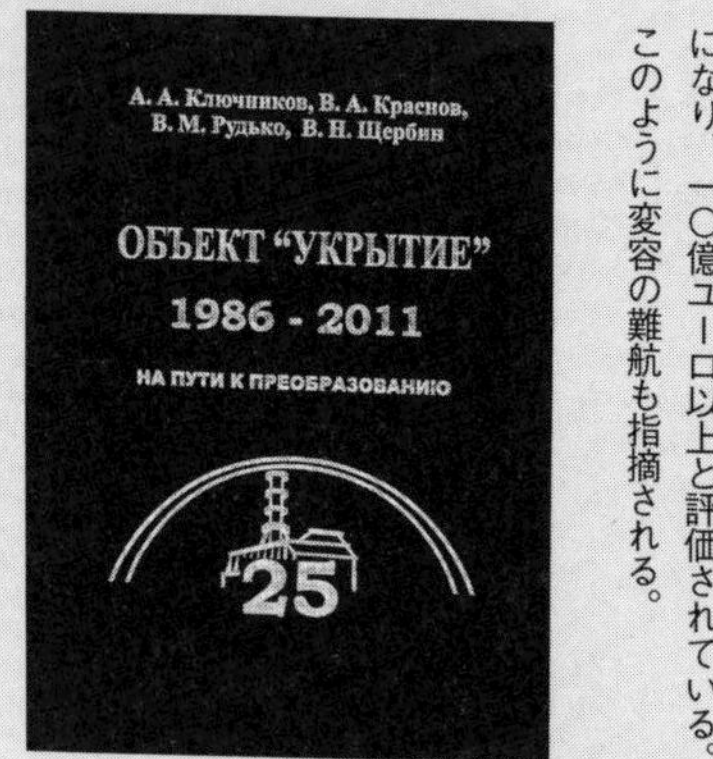

⚡03 ナージャの村
⚡04 アレクセイと泉

［ドキュメンタリー映画］
本橋成一監督
1997年／2002年

ベラルーシはチェルノブイリ原発事故による被害を最も深刻に受けた国である。広範囲に放射性物質が降り注ぎ、東南部に点在する高汚染地域には政府から退去命令や移住勧告が出された。ドキュメンタリー映画『ナージャの村』および『アレクセイと泉』の舞台はそのようにして地図から消えた村である。

本橋成一は一九九一年からチェルノブイリをテーマにした写真を撮り始めた。初監督映画『ナージャの村』以前にも、『チェルノブイリからの風』『無限抱擁』の二冊の写真集を発表している。これらの作品で本橋がカメラを向けるのは、原子炉や病を患う子供たちではなく、汚染された土地で、それでも大地とともに生きることを選んだ人々の日々の営みである。放射能汚染という過酷な現実に見舞われても、彼らは変わることなく畑を耕し、牛馬を育てる暮らしを愚直に守り続けている。その姿は「いのち」とは何か、「生きる」とはどういうことか、見るものに訴えかけてくるようでもある。

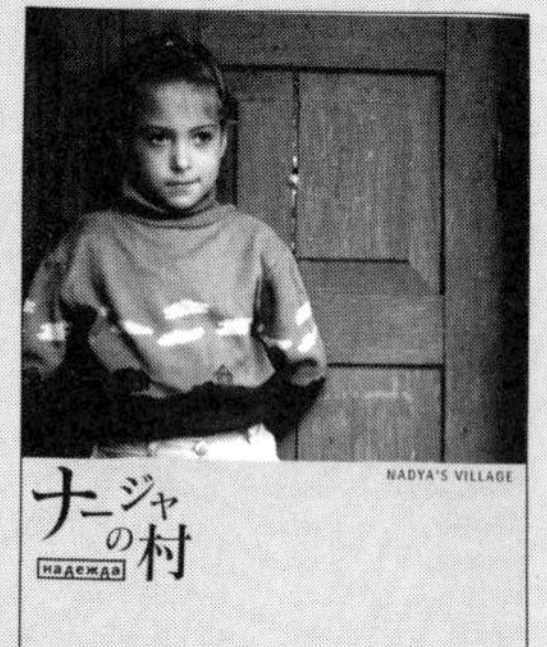

⚡05 プリピャチ

［ドキュメンタリー映画］
ニコラウス・ゲイハルター監督
2012年
Pripyat
Nikolaus Geyrhalter
1999

チェルノブイリ原発事故の一二年後を、『いのちの食べかた』のニコラウス・ゲイハルター監督が記録したドキュメンタリー。事故後、原発の周辺三〇キロは立入禁止区域＝ゾーンとなっており、タイトルとなっている原発労働者の街プリピャチもゾーンに含まれる［37ページ参照］。

作品が完成した一九九九年は、一九八六年のチェルノブイリ原発事故と二〇一一年福島

本編映像
提供：有限会社アップリンク

第一原発事故のちょうど中間。撮影当時稼働中だったチェルノブイリ原発の作業員やサマショールなど、ゾーンで生きる人々の姿が白黒の映像で映し出される。ナレーションやテロップ・音楽を排し、長回しを基本としたスタイルは観客がその空間を体験し、自ら考えることを要求する。

3・11を経て、この映画は当時とは違った意味を帯び、二〇一二年に日本初公開されることとなった。本書に登場するシロタ氏も日本を訪れた際に観たそうだ。

06 内部告発

［書籍］
グレゴリー・メドベージェフ（松岡信夫訳）
技術と人間
1990年
Чернобыльская тетрадь
Медведев, Григорий Устинович
Новый Мир, № 6
1989

著者は、チェルノブイリ原発に立ち上げから関わり、事故発生時に現場にこそいなかったものの、原発運転の現役の専門家だった人物。その著者が、事故後まもなく現地に赴き、処理作業に携わる中で関係者から情報を集めて克明なドキュメンタリーにまとめた一冊。専門家としてソ連行政を批判したため、

一九八九年の出版時には大きな話題を呼んだ。論調があまりに攻撃的で留保が必要との声もあるが、圧倒的な情報量と臨場感あふれる描写には、行間から放射線が照射してくるような錯覚すら覚える。爆発時の現場のパニックや人命救助の試み、汚染された黒鉛を素手で回収する作業員たち、事情を知らないまま吐き気を覚えて次々と交代する現場の人員、「この仕事には二、三人の生命を割くことにしよう」と指揮を執る対策本部など、絶望的な光景が続く。福島第一原発の事故の際にも、ロシアでは本書に言及する人がいた。

07 爆発後の二〇日間

［論文］
エヴゲーニイ・ミローノフ（未邦訳）
Двадцать дней после взрыва
Миронов, Евгений Васильевич
Нева, № 4
2006
🌐 http://magazines.russ.ru/neva/2006/4/mi9.html

チェルノブイリ原発事故にかかわった当事者たちの証言や回想、当時の新聞や雑誌の記事、政府高官の発言、そして、著者自身工学博士として原発事故処理班に加わり、事故直後から現地を訪れていたときの印象や判断を織り交ぜながら、事故後二〇日間の事故処理の模様や街の様子が描かれているエッセイ。著者は同様の方法でより長い期間にわたる様子を描いた『チェルノブイリ：布告のない戦争』を著してもいる。当事者、とりわけ処理にあたった軍人たちによる証言・回想は驚愕せざるをえないが、著者はこのなかで、政府による事故処理の「早さ」に疑義を呈している。一方ではソ連の沽券を保つための早さが、他方では四号機以外の一号機から三号機を再稼働させるための早さが求められ、本来は技術問題であり社会問題だった原発事故が内政問題と国際問題に巧みにすり替えられたと著者は語る。

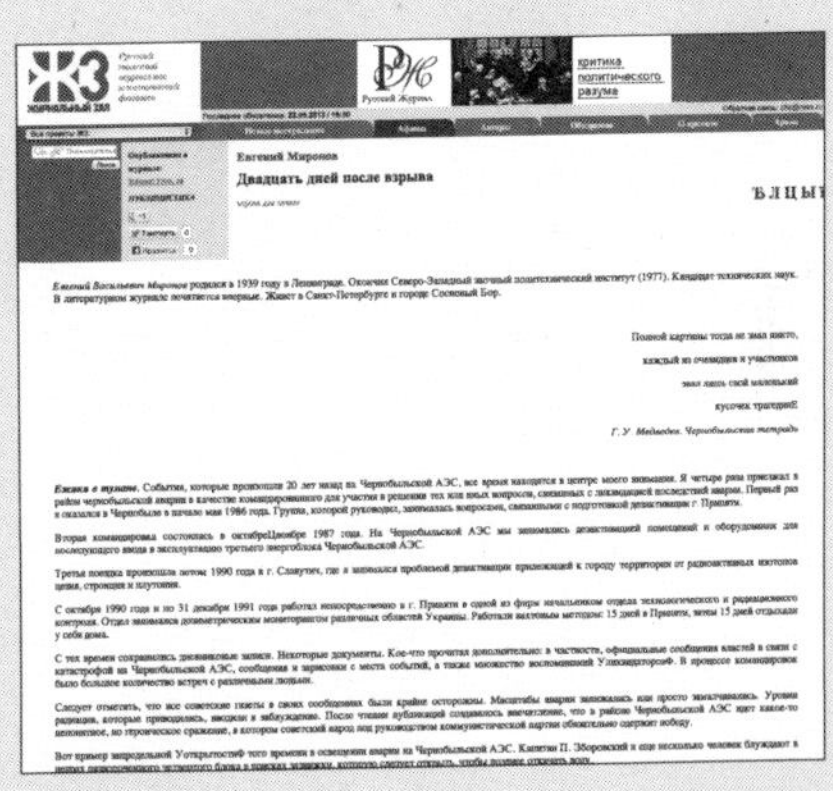

08 チェルノブイリの祈り

［書籍］
スベトラーナ・アレクシエービッチ（松本妙子訳）
岩波書店
2011年
Чернобыльская молитва
Алексиевич, Светлана Александровна
Дружба народов, № 1
1997

著者はウクライナ生まれのベラルーシの作家。被災地の住民、事故処理作業員、そしてその親族たちを訪ねて書き記した、事故から一〇年後の記録。主題は事故そのものではなく、「この未知なるもの、なぞにふれた人々がどんな気持ちでいたか、何を感じていたかということです」と著者は語る。取材対象の人々は、声を詰まらせ、ときに語ることを拒みながら言葉を探す。著者に非難を浴びせることもある。忘れることも、語りきることもできない人々の苦闘が印象的。同書はロシアとドイツで賞を受ける一方、ベラルーシでは出版を禁じられた。

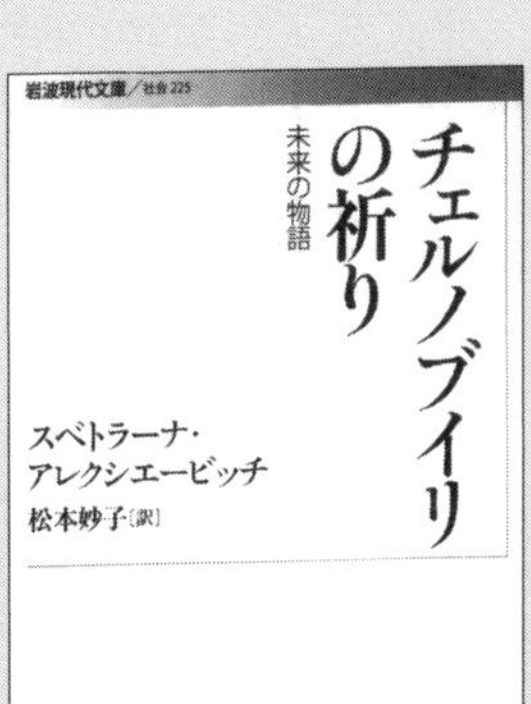

09 ゴーストタウン

［書籍／ウェブサイト］
エレナ・ウラジーミロヴナ・フィラトワ（池田紫訳）
集英社新書
2011年
elenafilatova.com
🌐 http://elenafilatova.com/
2003-

本書は、キエフ生まれの女性写真家エレナ・フィラトワが自身のウェブサイトで公開したルポルタージュをまとめたもの（日本版オ

リジナル書籍）。ウェブサイトは一〇ヶ国語以上に翻訳されており、本書の翻訳家である池田紫により日本語版ページも公開されている（http://www.geocities.jp/elena_ride/）。本書に収められているのは二〇〇三年から二〇〇八年にかけて行われた四回の旅の模様。写真や体験記のあいだに、事故以前のプリピャチや事故後間もない原発についての記述、作業員の画像やエピソードが挿入される。簡潔な文体に込められた諦念にも似た感覚が印象深い。廃墟を背景にカワサキのバイク「ニンジャ」にまたがる写真家のすがたはセンセーションを巻き起こし、ゾーンツアーへの注目が集まるきっかけになった。

現在を学ぶ

10 PRIPYAT.com

［ウェブサイト］
PRIPYAT.com Сайт города Припять
http://pripyat.com/
2003-

ソーシャル・プロジェクト「PRIPYAT.com」（プリピャチ・ドット・コム）は、元プリピャチ市民の有志が、二〇〇三年に同名のサイトおよびコミュニティフォーラムを立ち上げたことに端を発する。二〇〇六年に活動を本格化させ、二〇〇七年からはNPO法人となった。代表はアレクサンドル・シロタ［**100ページ インタビュー参照**］。アレクサンドル・ナウーモフも理事を務めている［**98ページ インタビュー参照**］。サイト管理者はロシアのサラトフ在住のドミトリー・ヴォロパイ。ロシア語・英語・ドイツ語で閲覧可能。

当初の目的は、原発事故とソ連崩壊で世界中に離散した「プリピャチっ子」のコミュニケーションの場をつくることだった。法人化とともに、サイトもチェルノブイリ立入禁止区域全般についての情報を共有する場として機能し始める。情報は一一の項目に分類され格納されており、とくに「プリピャチとチェルノブイリ」「メディア」「写真ギャラリー」「文学と芸術」などが充実している。たとえばグーバレフの『石棺』［↓25］もここで読むことができる。原発の現状、原子力技術の可能性、サブカルチャーなどの情報は原則として掲載されない。

ウクライナ政府は廃墟を解体する方針を明らかにしている。プリピャチ・ドット・コムはその方針に対して、町そのものを博物館として保存すべきだと主張し、署名活動や世論調査を行っている。活動の一環として、写真展、カーレース（！）、植樹などさまざまなイベントを支援している。また、廃墟警備や清掃のボランティア、新石棺を監視するビデ

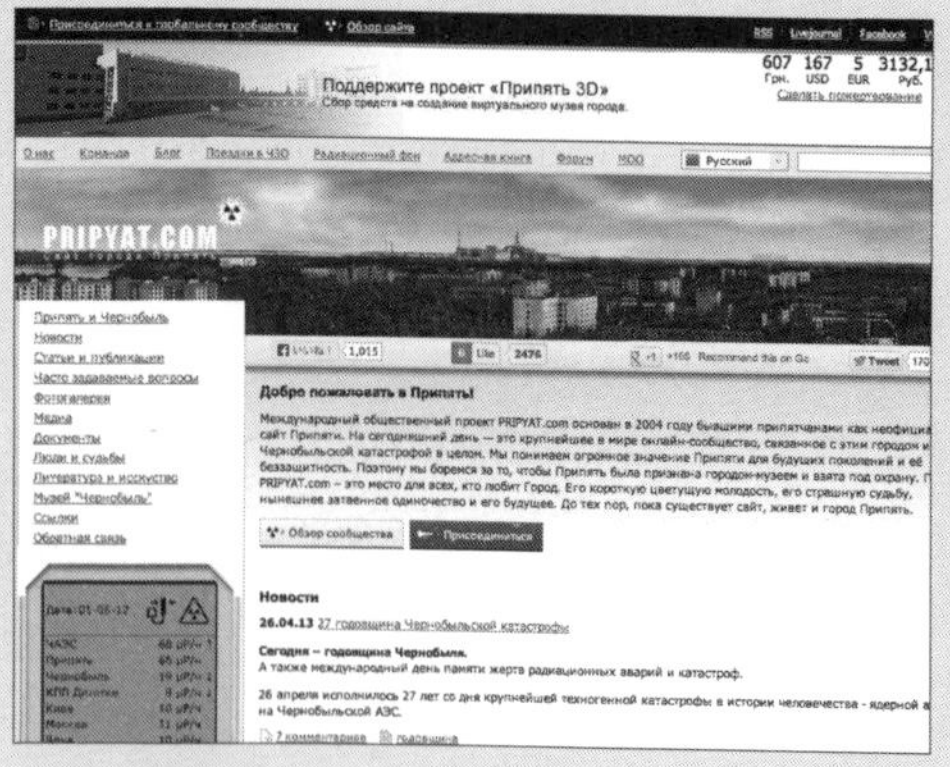

オモニターの設置、写真付きの地図や3D動画による事故以前のプリピャチ市街の再現、映画制作、独自ツアーの開催なども行っている。ツアーはロシア語のサイト（http://www.chernobylzone.com.ua/）で予約するかたちになっているが、プリピャチ・ドット・コムに直接問い合わせれば英語スタッフが柔軟に対応してくれる。

なお、サイトの言語にウクライナ語がない理由は、「読者の八〇％が旧ソ連であるCIS諸国の人々だから」とのこと。言語選択のアイコンとして使用される国旗のマークも、ロシアではなくソ連のものが用いられている。

11 ヴァーチャル・プリピャチ

［ウェブサイト］
Виртуальная Припять
http://addyour.name/view.php?id=1&lang=en/
2006-

プリピャチ・ドット・コムが主宰する、プリピャチ市の住所を基盤とした記憶のデータベース。「チェルノブイリ立入禁止区域住所録」の副題をもつ。元プリピャチ住民のコミュニケーションの場として構想された。地図上の道をクリックすると、その通りに存在した建造物や組織の写真、そして一九八六年以前／以後についての情報が現れる。元住民がログインして住所を登録すると、建物の情報欄に部屋番号と名前が表示され、個人情報へのリンクが貼られる。登録者は自分の家だけでなく、街のあらゆる建物について自由に情報やメッセージを書き込むことができ、画像も挿入できる。掲示板では元住民同士の記憶の確認や情報交換がスムーズにできるしくみになっている。創設者はサンクトペテルブルグ在住の

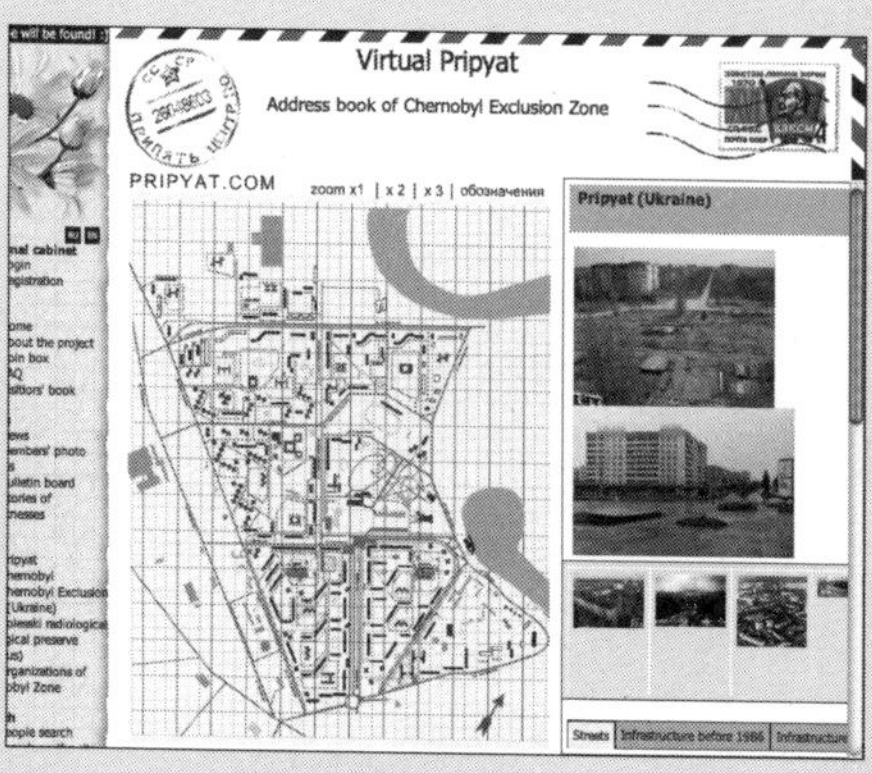

アンナ・ゴレルィシェワ。彼女は二〇一一年に事故で亡くなったが、投稿は続き、サイトは少しずつ拡大している。チェルノブイリ市やベラルーシ側立入禁止区域についても同じ仕組みが立ち上げられているが、プリピャチ市と比較すると写真も情報も少ない。

12 プリピャチ 3Dプロジェクト

［動画］
Припять 3D. Первый официальный трейлер проекта
http://www.youtube.com/watch?v=9UVKSyDL_e8
2013-

事故以前のプリピャチの街を3Dで再現しようという試みで、プリピャチ・ドット・コムが主催するヴァーチャルプロジェクトのひとつ。事故後二〇年の二〇〇六年頃に、サイトの元住民フォーラムで浮上したアイデアが

ベースとなっている。現在ではサイト編集責任者で建築家のドミトリー・ヴォロパイを中心に、デザイナー、写真家、測量士らによる共同作業が進められている。ロシア人のヴォロパイをはじめ、プリピャチ出身以外の参加者も増えている。個々の建物は、何度も現地調査を経た上で、空間における位置関係や建物同士の相関関係等、細かな点まで再現される。最終的には、街が生きていた頃の記録をもとに、人々の生活の様子も取り入れ、さらにそこにユーザーが客として入っていけるような精巧な拡張現実を目指している。もっとも、リアルで美しい画像を目指すあまり、ひとつの建物を仕上げるのに三ヶ月を要しているといい、完成がいつになるかは未定。

旧ソ連の原発衛星都市建設は一九四九年、シベリア原発のセーヴェルスクから始まった。一九七〇年に建設が開始されたプリピャチは、ウクライナでもっとも古い原発衛星都市。その特有のユートピア的景観が、いつ取り壊されるかもわからない廃墟の儚さと相まって、観光客を惹きつけ、クリエーターたちの想像力を刺激するようだ。街の記憶を残す試みのなかでは、ウクライナ3Dプロジェクト内の三六〇度パノラマ写真もすぐれている(http://ukraina3d.com/category/northregions/chernobyl/)。

⚡13 世界めぐりGPSガイド チェルノブイリ編

［アプリケーション］
GPS-Путеводитель для мобильных: Чернобыль
http://gps.vokrugsveta.ru/list/chernobyl/
Вокруг Света
2007–

一八六一年創刊の由緒あるロシア語地理雑誌『世界めぐり』。その出版社が提供するスマートフォン向けGPSガイドアプリのチェルノブイリ編。iPhone・android対応。ガイドはロシア語のみの対応だが、八三の土地・施設について一九二の音声解説（九三分相当）とテキスト、写真を備えており、画面上でのヴァーチャルツアーも可能となっている。ガイド役は、ウクライナ科学アカデミー原子力発電所安全問題研究所研究員で、ウェブサイト「チェルノブイリ、プリピャチ、チェルノブイリ原子力発電所、立入禁止区域」作者のセルゲイ・パスケーヴィチ［→⚡1］。ツアーは立入禁止区域の南方の検問所に始まり、チェルノブイリ市街の施設を回る。そのあとは巨大なOTH（超水平線）レーダーが配備される秘密都市であった第二チェルノブイリへ立ち寄りながら旧原発施設へと向かい、石棺を探訪した後、北側に位置するプリピャチ市街を巡り終了となる。

⚡14 チェルノブイリの森

［書籍］
メアリー・マイシオ（中尾ゆかり訳）
NHK出版
2007年
Wormwood Forest
Mary Mycio
The National Academies Press
2005–

人間がいなくなった世界で繁殖し、かつての居住区をのみ込むほどの勢いを見せる森や動物たち。まるでマンガやゲームの世界のようなイメージだが、その構造は複雑で、放射能汚染の拡大防止の努力との危ういバランスの上に成り立っている。チェルノブイリを含むポリーシャ（ポレシエ）地方は、もともと湿原や泥炭地に富む湿地帯。しかしソ連時代には湿原を灌漑し原子力発電所に必要な貯水池をつくるなど、人の手が大胆に加えられてきた。現在、人間は同地域を立入禁止に指定、人工的に自然の楽園を生み出す一方で、火災予防や水系・食物連鎖の管理にも細心の注意を払い、放射性核種を封じ込めようとしている。人工の産物でありながら非人間的な冷酷さを持つ放射能災害と、人間の意図など気にも留めず放射能まみれのまま楽園を謳歌する自然の間で、もはや支配者ではなくなった人間は茫然とするほかない。著者はウクライナ系アメリカ人ジャーナリスト。原発事故により「自分の一部を失ったような気持ちに襲われ」、憑かれたようにチェルノブイリに通い始める。ゾーンの自然に浸透した汚染のシステムを詳細に追跡する彼女の姿を通して、読者は核技術の負の遺産の生々しさに直面することだろう。

⚡15 永遠のチェルノブイリ

［ドキュメンタリー映画］
アラン・ド・アリュー監督
2011年
chernobyl 4 ever
Alain de Halleux
2011

ゾーンを訪れる若者たちに密着し、関係者や専門家の証言を交えながら、現在のウクライナが抱える問題を描き出したベルギー人監督による映像作品。原発事故から二五年が経ち、事故の記憶は風化しつつある。事故を直接知る人も少なくなり、子どもたちにとって原発事故はゲームで体験するヴァーチャルな過去の出来事となった。しかし現実には放射能の問題はまったく片付いていない。周辺の土壌は汚染されたままであり、新しい石棺の建設も進まない。事故後に生まれた世代は健康上の問題を抱える者も多く、ウクライナ人の平均寿命は二〇年近く短くなると予想する医師もいる。他方で事故処理や石棺の維持管理には多額の費用を要する。そうしたなかウクライナでは、脱原発を進める欧州各国に電力を売るため、新たな原子炉を二二基建設する計画も進められている。「チェルノブイリ」はまだ終わっていないのだ。

16 Chernobyl 25 years on

［動画］
http://www.youtube.com/watch?v=F9URUQvGE9g
2011–

国際コンソーシアムの「ノヴァルカ」が二〇〇九年一〇月に公開した新石棺建設シミュレーション動画。英語解説付き。建設現場を「既存シェルター」「組立て」「待機」の三つのエリアに分け、巨大なアーチ型の構造物を作る。建設現場を除染し、現場作業を最小限に抑え、作業者の被曝負担を軽減する建設法を提案する。

17 ポストチェルノブイリ

［ウェブサイト］
Пост Чорнобиль
http://www.postchernobyl.kiev.ua/
2004–

チェルノブイリ原発事故の処理作業員をはじめ、直接的・間接的に障害を負った人たちで構成される団体「チェルノブイリ86」のウェブサイト。被害者のコミュニティ形成を促し、権利や社会保障を訴えていくと共に、国内外の関連施設・組織との連携を図ることを目的としている。ウクライナ法務省の認可を受け、二〇〇四年には機関誌『ポストチェルノブイリ』も創刊。サイトでは、事故に関する論考、回想・告白、被害者の社会保障に関する政府法案や裁判記録など、社会面で様々な情報が集められている。団体参加者による作品を含め、事故に関連する詩や散文、音楽、舞台、映画、絵画、書籍の紹介といった文化面の情報も豊富である。サイトはウクライナ語だが、紹介される作品にはロシア語のものも多い。

18 チェルノブイリ博物館

［ウェブサイト］
Національний музей «Чорнобиль»
http://www.chornobylmuseum.kiev.ua/
1992–

キエフのチェルノブイリ博物館は、事故六周年にあたる一九九二年四月二六日に開館した。詳細は特集に譲るとして［**42ページ参照**］、ここでは博物館の公式サイトで公開されている特筆すべきデータベース「記憶の書」を紹介する。同データベースには事故処理に従事した労働者や軍人など五〇〇〇名以上の氏名がアルファベット順に登録されており、現在でも情報の追加更新がなされている。それぞれの名前には、生年月日や出身地、国籍などのほかに、放射線被曝量、事故処理にあたった期間や場所、活動内容、そして、その後の人生などが記録されている。

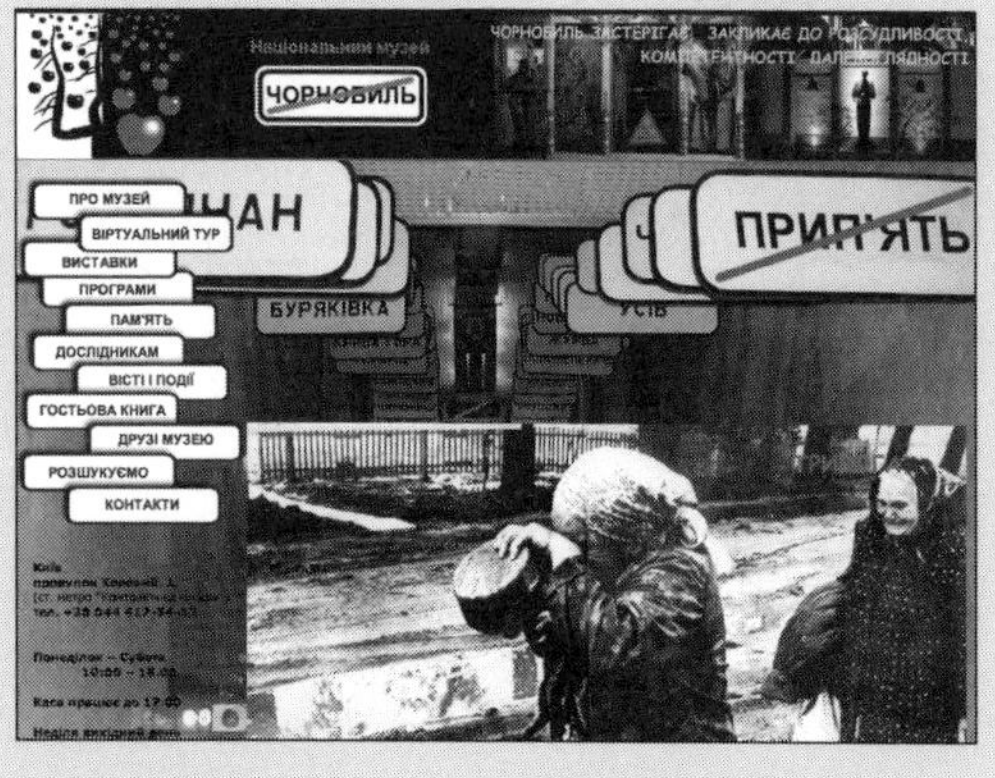

汚染地域はウクライナだけではない。ベラルーシのホイニキ市でも、住民や移住者たちの働きかけによって二〇〇七年に博物館「チェルノブイリの悲劇」が開館した。展示品は約二三〇〇点、部屋は五つで小ぶり。公式サイトもなく州政府内に紹介ページのみ存在する（http://khoiniki.gomel-region.by/ru/society/culture/tragediya-chernobylya/）。

想像力を解放する

19 ストーカー

［映画］
アンドレイ・タルコフスキー監督
1979年
Сталкер
Тарковский, Андрей Арсеньевич
1979
［小説］
『路傍のピクニック』（邦題『ストーカー』）
アルカジイ&ボリス・ストルガツキー（深見弾訳）
ハヤカワ文庫SF
1983年
Пикник на обочине
Стругаций, Аркадий Натанович
Стругаций, Борис Натанович
Аврора, № 7-10
1972

人知を超えた現象が起こる「ゾーン」と、その案内人である「ストーカー」をめぐる物語。ストルガツキー兄弟の原作小説、またそれを映像化したタルコフスキーの『ストーカー』は、チェルノブイリ原発事故後、事故を予見したかのような作品として人々の想像力を刺激するようになった。とりわけタルコフスキーが描き出す、人間が消失した廃墟に繁茂する自然、畏怖すべき静謐な空間、生まれつき足を患う娘が発現する特殊能力といった要素は、人々の想像力を原発事故後の現実に接続するものである。

映画版『ストーカー』のあらすじは、ストーカーがゾーンにある「あらゆる願望を叶える部屋」へ「作家」と「教授」とを連れて行くというもの。美しい映像と共に同作の魅力を構成しているのは、「部屋」へ向かう過程で交わされる、幸福とはなにか、生の意味とはなにかをめぐる三者の対話である。ゾーンは、そこを訪れる人の精神によって変化する神秘的な場所とされ、ストーカーはゾーンを畏敬する聖職者のように描かれている。

他方でストルガツキー兄弟の原作小説は、映画とは大きく異なっている。主人公は案内人というより密猟者である。彼は、地球外生命体の来訪により生まれたゾーンから、不可思議な力を持つ品々を調達しては売り捌いている。そんな主人公が、妻や娘、研究所の学者たち、同業者のストーカーたちとの複雑な関係の中で、ゾーンから持ち帰った獲物を狙う謀略に巻き込まれながら生きていく様子がサスペンスタッチで描かれる。地球外生命体の来訪とは何なのか、ゾーンとは何なのか、それらが明らかにされるわけではない。むしろ描かれるのは、ゾーンという未知、人知を超えた抗えないシステムとの遭遇に対して、人や社会がどう対峙するかというテーマである。なお、ストルガツキー兄弟は、タルコフスキーの映画の公開後、『路傍のピクニック』を元にした別の映画シナリオ『願望機』を発表している。

20 『S.T.A.L.K.E.R.』

→146ページへ

21 ストーカー報知

［同人雑誌］
Вестник Сталкера, № 1-4 и спецвыпуск
2008-2011
http://zona-mod.org/news/vestnik_stalkera_1_4_vypusk/2012-02-07-141/

ゲーム『S.T.A.L.K.E.R.』のロシア語のファン雑誌。ネットでPDF形式でダウンロード可能。「ストーカーによるストーカーのための雑誌」としてゾーンで発行されたという設定で、新人ストーカーのためのガイドブックという体裁をとっている。ゲームに登場するミュータントや武器の解説を多く掲載しているが、いずれも実際にゾーンで生活しているかのような視点で書かれており、ゲーム攻略情報というよりは二次創作的な性格が強い。このほか「ストーカー星占い」や「ゾーンでの暇つぶしのため」と称したクロスワードパズルが毎号掲載されているなど、雑誌自体がきわめて虚構的な性格を持っている。他方で同誌は、ゲームの舞台となるプリピャチ市の歴史やゾーンに関するウクライナの法律など、現実世界に基づいた話題も取り上げている。とくに原発事故に関する情報は充実しており、原子炉の構造や事故経緯の科学的解説、作業員のエッセイやインタビューなどの記事が掲載されている。ゾーンをめぐる現実と虚構の交差が窺える興味深いテクスト。

22 チェルノブイリの聖母

［小説］
グレッグ・イーガン（山岸真訳）
ハヤカワ文庫SF（『しあわせの理由』所収）
2003年
"Our Lady of Chernobyl"
Luminous
Greg Egan
Millenium
1998

著者は一九六一年生まれのSF作家。量子論やナノテクノロジー、認知科学など最新の科学的成果を取り込みつつも、文化相対主義やジェンダー論など人文的な問題提起も行う先進的作風で知られる。本作は事故八年後の一九九四年に発表された短篇。奇しくも舞台設定は二〇一三年に設定されている。主人公は探偵。イタリア系の大富豪が、オークションで競り落とした小さなイコン（聖像画）を盗まれたので探し出してくれと依頼するところから物語は始まる。盗まれたイコンは一八世紀のウクライナ製で聖母マリアが描かれていた。凡庸な筆致のわりには法外な額で取引され、捜査過程で殺人も起きる。イコンの正体に疑問を抱いた探偵は、ついにある宗教集団と接触することになるが……。原発事故が招く夢想と祈りを、東方教会特有の神秘主義と融合し提示した佳作。原発作業員が奇蹟を見て新たな宗教を創始するという本作の設定は、これからの日本で現実になってもけっしておかしくない。

23 ソルトレーク
24 チェルノブイリの子どもたち

［写真作品／写真集］
ボリス・ミハイロフ
Солёное озеро
Михайлов, Борис Андреевич
1986
Salt Lake
Boris Mikhailov
Steidl
2002
Дети Чернобыля
Михайлов, Борис Андреевич
1987

チェルノブイリ原発事故に即座に敏感に反応したソ連の芸術家は実はあまりいない。イデオロギー的理由に加えて、情報不足によって事故の重要性をよくわかっていなかったのだ。当時のソ連はモスクワ中心主義で、それ以外の場所では物資も情報も欠如していた。

そのなかでウクライナの写真家ボリス・ミハイロフが一九八六年夏に撮影した「ソルトレーク」シリーズは、原発事故の状況を隠喩

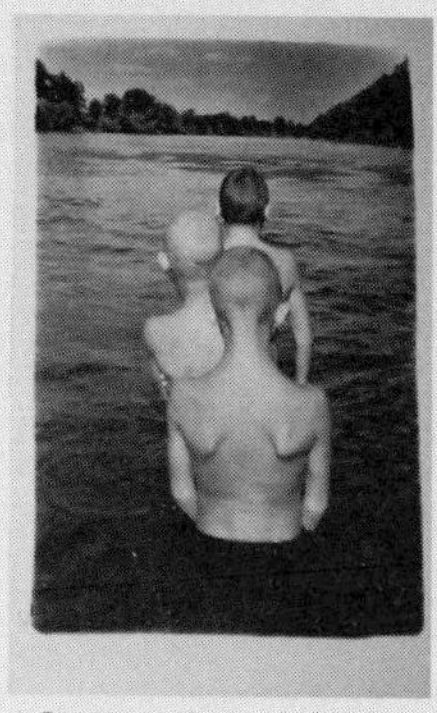

左「チェルノブイリの子どもたち」／右「ソルトレーク」

©Boris MIkhailov

として反映した注目すべき作品である。被写体は南ウクライナ、スロヴャンスク近郊の湖で水浴を楽しむ一般市民。隣接する炭酸水工場が廃水を垂れ流すせいでこの湖は塩分が高い。明らかに環境汚染だが、なぜか地元民はその水が健康と美容にいいと信じ、夏の手軽なリゾート地として人気だった。水辺に立ち並ぶ工場と煙突、自然と産業のあいだにいる無知な人々の光景は、プリピャチ河の向こうに原発が聳《そび》えるチェルノブイリの風景と重なる。そこには、事故当時のソ連市民の生活を規定していた麻痺状態が、ユーモアとともに反映されている。ミハイロフはまた翌一九八七年にはルハンスクの保養地で水浴するチェルノブイリの子どもたちを撮影している（「チェルノブイリの子どもたち」）。この時期、ソ連の写真家による風刺的で生々しいドキュメントが一般の人々の目に触れることは、国内でも国外でもなかった。ミハイロフの写真はソ連時代は芸術家の私的な場所で公開されるだけで、国際的評価を得るのはのち九〇年代に入ってのことだ。

ミハイロフは一九三八年ハリコフ生まれ。一九九六年にベルリンに移住し、現在は両都市を往復しつつ制作している。代表作はハリコフの浮浪者たちのポートレート・シリーズ「Case History」（一九九七年－一九九八年）。このシリーズはMoMAのコレクションになっており、二〇一一年には大規模な展覧会が開かれた。

25 石棺

［戯曲］
ウラジーミル・グーバレフ（金光不二夫訳）
リベルタ出版
2011年
Саркофаг
Губарев, Владимир Степанович
Знамя, № 9
1986

作者グーバレフは一九三八年生まれのSF作家、科学ジャーナリスト。ソ連のチェルノブイリ報道でもっとも早い対応をした人物とされている。事故当時はソ連最大の新聞である共産党機関紙『プラウダ』の科学部長で、情報公開の必要性を党に訴え、五月はじめに現地入りした。『石棺』はこの取材の後、ソ連作家同盟の機関誌『ズナーミヤ』の依頼を受けて執筆されたドキュメンタリー演劇。同誌一九八六年九月号に掲載。

舞台はモスクワの放射線安全対策室研究所実験部の付属病棟。ゴルバチョフ時代には禁酒法が施行されていたが、にもかかわらず主人公は原子炉のそばで泥酔して寝入り、大量被曝した。彼はいまでは被曝者の生存記録を更新し、原子力医療の実験台となっている。そこへ原発事故が起こり、原発所長、物理学者、消防士、農婦ら被曝者が次々に運ばれてくる。取材に基づくチェルノブイリ原発事故の状況が対話の中で明らかにされ、話題を呼んだ。初演は一九八六年のタンボフ劇場（タンボフはモスクワから四八〇キロ南東の地方都市）。公演は高い評価を受けてモスクワにも巡業。ドイツのテレビ局がこの公演を収録し世界のメディアに流れた。その後、ソ連国内の劇団が上演する機会は多くはなかったが、ウィーン、ロンドン、東京ほか、国外の劇場で次々に上演され、グラスノスチを象徴する作品となった。日本初演は一九八七年一〇月の俳優座・新人会共同公演で、演出は千田是也。

グーバレフにはチェルノブイリに関する多くの著作・映像作品があり、そのうち『チェルノブイリのファントム』『誰も知らなかったソ連の原子力』が日本語で読める。Ⓖ

千田是也演出 1987年　©早稲田大学坪内博士記念演劇博物館

［担当］
上田洋子＝1、10、11、12、23、24、25
尾松亮＝2、8、16
河尾基＝6、14
小嶋裕一＝5
松本隆志＝3、4、15、21
八木君人＝7、13、17、18、19
東浩紀＝22
編集部（徳久）＝9

編集後記

Від редактора

東浩紀

入稿直前の喧騒のなかでこの原稿を記している。本書の編集は困難をきわめた。弊社ゲンロンは社員数人の零細企業で、ムックや旅行ガイドの編集経験者はひとりもいない。そもそも弊社は、文字だらけの人文書出版のために起業された会社だった。それが時代のめぐりあわせで海外取材に取り組むことに。それもテーマは「ダークツーリズム」。悲劇の記憶は商業主義との接続なしには継承されない、否、むしろ商業主義との接続こそが記憶の継承を可能にするのだというその思想を実践するとなれば、本書もまた素っ気ない報告集ではまずいだろう。そう考えて、取材報告は旅行ガイド風に、写真も白黒ではなくカラーで、グラビアも入れよう、データはイラストで見せようなどと考えたのが運のつきで、最後まで慣れない作業に苦しめられることになった。そんな素人仕事の馬脚が誌面に現れていないことを祈っている。

素人仕事、といま記した。それは普通は侮蔑の言葉だ。けれども、本書の編集を通じてぼくは「素人であること」の重要性を認識することになった。というのも、本書はある意味で素人仕事のかたまりだからだ。むろん、参加者はそれぞれの領域でプロ中のプロだ。津田大介は有名なジャーナリストで、開沼博はポスト3.11を代表する論客で、新津保建秀はよく知られた写真家だ。けれども、彼らはチェルノブイリについてはみな「素人」だった。津田と開沼は海外取材に不慣れで、新津保も報道カメラマンではない。調査と通訳を担当した上田洋子も、専門はロシア演劇でウクライナには詳しくない。取材陣には、チェルノブイリのプロも報道のプロもいなかった。しかし、今回の取材では、まさにそのような座組みこそが新鮮な視点を可能にしている。

ぼくたちはみなチェルノブイリの素人だ。だからこそぼくたちは、いままでの「悲劇のチェルノブイリ」報道の文法に囚われず、取材対象を自由に選び、訪問先の現実を素直な言葉で書き記すことができた。ぼくたちはなにも予断をもたなかった。だからこそ、好奇心の赴くまま、ニガヨモギの星公園ではデザイナーの熱弁に耳を傾け、原発敷地内では陽気で誇らしげな作業員に声をかけることができた。結果として、まえがきにも記したように、本書は既存のチェルノブイリ本とはかなり印象の異なる内容を含むことになった。読者のなかにはもしかしたら、「こんなのチェルノブイリじゃない」と感じるひともいるかもしれない。しかし、これもまた原発事故後の現実の一面なのだ。現実はつねに複雑で、悲劇一色で塗りつぶされるものではない。

素人の視線、それは観光の視線でもある。ぼくたちはチェルノブイリの観光地化を取材したはずだが、ある意味ではぼくたち自身が観光客だった。ぼくたちは取材を「楽しんだ」。そしてそれはけっして悪いことではない。観光客は無知で無責任だが、そのぶん自由で予断をもたない。そしてそのような視線でしか発見できない現実もある。ジャーナリズムとツーリズムの関係について、あらためて論じ始めるほど深くは考えていないし、またここはそのような場でもない。けれども、福島第一原発事故をめぐる言葉が徐々に硬くなり、いわば「退屈」になり、そして世間の注目を失いつつあるように見えるいま、ぼくたちはもういちど、「楽しむこと」のシリアスな価値について考えてもいいのではないかと思う。希望は喜びのなかからしか生まれないのだから。

支援者一覧

株式会社セージ

日置克史
奥野弘幸

Y戊个堂
岡田智靖
☆大山結子☆

河村信	高山信一
永江ゆい	李紗里
後藤聖仁	加藤賢策
佐藤誠一	Jun Ernesto Okumura
齋藤宇紀	川瀬康
古坂貴徳	福永英樹
新見永治	山本大輔
鈴木孝	奥村亜由美
梶文乃	中之前英之
坂直樹	河本孝久
崎山伸夫	三木崇
高橋大介	森崇雅
井内真也	朝倉明日
清水琢	辻田真佐憲
楊柳岸	豊島恵子
中村匠秀	阿部純一郎
たちかわのぞみ	鈴木勢將
高畑明	岡本麻希
小松俊也	篠田和則
川口洋佑	
佐藤嘉亮	
佐藤勝	
佐藤宏	

「友の会会員番号順」

協力者一覧

友の会会員のみなさま
キャンプファイヤー支援者のみなさま
石川翔平
大久保圭人
小倉秀夫
香月啓佑
助田徹臣
関根和弘
登尾建哉
羽立孝（LLC uto）
早野龍五
日野淳
保坂三四郎
松山直希
栁田美恵子
在日ウクライナ大使館
有限会社エヌエー・トラベルソリューション
ジオカタログ株式会社
国立チェルノブイリ博物館
株式会社ドワンゴ
有限会社ネオローグ
株式会社ハイパーインターネッツ
株式会社ユビキタスエンターテインメント
Alex Ko Ransom
KiKi inc.
PRIPYAT.com
Ольга Балинська
Денис Вишневский
Анастасія Заморська
Юлія Заморська
Юрій Кушнарьов
Сергей Паскевич
Марія Певна

執筆者一覧

東浩紀 あずま・ひろき

1971年生まれ。作家。ゲンロン代表取締役。主著に『動物化するポストモダン』（講談社）、『クォンタム・ファミリーズ』（新潮社、三島由紀夫賞受賞）、『一般意志2.0』（講談社）、対談集『震災ニッポンはどこへいく』（小社）等。東京五反田で「ゲンロンカフェ」を営業中。

井出明 いで・あきら

1968年生まれ。観光学者。博士（情報学）。追手門学院大学経営学部准教授。「あえて地域の悲しみの跡をたどる」ダークツーリズムの展開を提唱している。2013年より福島第一原発観光地化計画のコアメンバーに参加。

上田洋子 うえだ・ようこ

1974年生まれ。ロシア文学・演劇研究者。ロシア語通訳・翻訳者。早稲田大学非常勤講師、同大演劇博物館・北海道大学スラブ研究センター招請研究員。訳書に『瞳孔の中　クルジジャノフスキイ作品集』（共訳、松籟社）等。

尾松亮 おまつ・りょう

1978年生まれ。リサーチャー・コンサルタント。モスクワ大学留学後、ロシア情報誌の編集、ロシア調査に従事。著書に『3・11とチェルノブイリ法』、共著に『ロシア文化の方舟』（ともに東洋書店）。

開沼博 かいぬま・ひろし

1984年生まれ。福島県いわき市出身。社会学者、福島大学うつくしまふくしま未来支援センター特任研究員。東京大学大学院学際情報学府博士課程在籍。著書に『「フクシマ」論』（青土社）、『漂白される社会』（ダイヤモンド社）等。

河尾基 かわお・もとい

1978年生まれ。ロシア経済ジャーナリスト。株式会社ＪＳＮ発行のロシア経済情報誌「週刊ボストーク通信」及び「月刊ロシア通信」編集長。共著に『ロシア極東ハンドブック』（東洋書店）。

越野剛 こしの・ごう

1972年生まれ。北海道大学文学部文学科卒、同大学院文学研究科博士課程単位取得退学。現在は北海道大学スラブ研究センター准教授。専門は19世紀ロシア文学、ベラルーシ文学。

小嶋裕一 こじま・ゆういち

1982年生まれ。映像作家。日本映画学校卒業。映画の助監督などを経て、東日本大震災直後からジャーナリスト・津田大介のアシスタントを務める。監督作品に『おくの細道2012』。

新津保建秀 しんつぼ・けんしゅう

1968年生まれ。写真家。作品集に『Rugged TimeScape』（共作、FOIL）、『Spring Ephemeral』（FOIL）、『\風景』（角川書店）等。

津田大介 つだ・だいすけ

1973年生まれ。ジャーナリスト／メディア・アクティビスト。大阪経済大学客員教授。早稲田大学大学院政治学研究科ジャーナリズムコース非常勤講師。東京工業大学リベラルアーツセンター非常勤講師。主著に『ウェブで政治を動かす！』（朝日新聞出版）。

徳岡正肇 とくおか・まさとし

1974年生まれ。ライター・ゲームレビュアー。季刊誌『TH叢書』（アトリエサード）ではゲームのみならず舞踏、演劇、映画、文学の紹介記事やレビューを執筆。著書に『ソーシャルゲーム業界最新事情』（ソフトバンククリエイティブ）等。

服部倫卓 はっとり・みちたか

1964年生まれ。青山学院大学大学院国際政治経済学研究科修士課程修了。ソ連東欧貿易会・ソ連東欧経済研究所研究員、在ベラルーシ共和国日本国大使館で専門調査員を経て、現在ロシアNIS貿易会・ロシアNIS経済研究所、研究スタッフ。

速水健朗 はやみず・けんろう

1973年生まれ。フリーランス編集者・ライター。著書に『ケータイ小説的。――“再ヤンキー化”時代の少女たち』（原書房）、『ラーメンと愛国』（講談社）、『都市と消費とディズニーの夢』（角川書店）等。

松本隆志 まつもと・たかし

1982年生まれ。早稲田大学大学院文学研究科博士後期課程在籍。専門は20世紀ロシア文学。

八木君人 やぎ・なおと

1977年生まれ。ロシア文化研究者。

チェルノブイリ・ダークツーリズム・ガイド
思想地図《しそうちず》β vol.4-1

2013（平成25）年7月10日 第1刷発行
2013（平成25）年8月12日 第2刷発行

編集人　東浩紀《あずまひろき》
発行人　東浩紀

発行所　株式会社ゲンロン
141-0031 東京都品川区西五反田1-16-6 イルモンドビル2F
電話　03-6417-9230
URL　http://genron.co.jp/

調査・監修　上田洋子
アートディレクション　加藤賢策（LABORATORIES）

印刷　株式会社シナノパブリッシングプレス

編集
中島洋一
徳久倫康（ゲンロン）
阿部洋子（ゲンロン）

デザイン協力
中野由貴（LABORATORIES）
内川たくや（ウチカワデザイン）
後藤知佳
大原愼也
佐藤真美（ゲンロン）

ISBN 978-4-907188-01-6 C0010